大飞机出版工程　总主编／顾诵芬

民机先进航电系统及应用系列

主编／冯培德　执行主编／金德琨

国家出版基金项目
NATIONAL PUBLICATION FOUNDATION

U0275393

数字
航空
电子技术

（第 3 版）（下）

Digital Avionics Handbook
(Third Edition)

【美】C.R. 斯比策（C.R. Spitzer）乌玛·费雷尔（Uma Ferrell）

托马斯·费雷尔（Thomas Ferrell）／著

肖刚　程宇峰／译

CRC Press
Taylor & Francis Group

上海交通大学出版社
SHANGHAI JIAO TONG UNIVERSITY PRESS

内容提要

本书从航空电子技术、元件到列举最新军用与民用飞机的各种现代系统，全面介绍了航空电子技术。本书分为 4 部分，撰写本书各章的作者均为目前从事该领域研究和发展工作的资深专业人员，并且充分考虑了读者的需求。因此，本书适用于需要航空电子某些方面信息的工程师和其他读者。

Digital Avionics Handbook，Third Edition，/ Edited by Cary R. Spitzer, Thomas Ferrell and Uma Ferrell

Copyright@ 2017by CRC Press.

Authorized translation from English language edition published by CRC Press，part of Taylor & Francis Group LLC；All rights reserved；本书原版由 Taylor & Francis 出版集团旗下，CRC 出版公司出版，并经其授权翻译出版．版权所有，侵权必究．

本书中文简体翻译版授权由上海交通大学出版社独家出版并限在中国大陆地区销售．未经出版者书面许可，不得以任何方式复制或发行本书的任何部分．

Copies of this book sold without a Taylor & Francis sticker on the cover are unauthorized and illegal. 本书封面贴有 Taylor & Francis 公司防伪标签，无标签者不得销售．

上海市版权局著作权合同登记号：图字 09 - 2017 - 438

图书在版编目（CIP）数据

数字航空电子技术 /（美）C. R. 斯比策
（Cary R. Spitzer），（美）乌玛·费雷尔（Uma Ferrell），
（美）托马斯·费雷尔（Thomas Ferrell）著；肖刚，程
宇峰译．—上海：上海交通大学出版社，2019（2020 重印）
大飞机出版工程
ISBN 978 - 7 - 313 - 19749 - 8

Ⅰ．①数…　Ⅱ．①C…　②乌…　③托…　④肖…　⑤程…
Ⅲ．①航空电气设备　Ⅳ．①V242

中国版本图书馆 CIP 数据核字（2018）第 161447 号

数字航空电子技术（第 3 版）

SHUZI HANGKONG DIANZI JISHU(DI - SAN BAN)

著　　者：[美] C. R. 斯比策　乌玛·费雷尔　托马斯·费雷尔	译　者：肖　刚　程宇峰
出版发行：上海交通大学出版社	地　址：上海市番禺路 951 号
邮政编码：200030	电　话：021 - 64071208
印　　制：上海盛通时代印刷有限公司	经　销：全国新华书店
开　　本：710 mm×1000 mm　1/16	印　张：29.25
字　　数：399 千字	
版　　次：2019 年 12 月第 1 版	印　次：2020 年 8 月第 2 次印刷
书　　号：ISBN 978 - 7 - 313 - 19749 - 8	
定　　价：498.00 元（上下册）	

版权所有　侵权必究
告读者：如发现本书有印装质量问题请与印刷厂质量科联系
联系电话：021 - 37910000

目录

第3部分 航空电子技术的发展：工具、技术和方法

33　MIL‑STD‑1553B 数字时分制命令/响应式多路复用数据总线 / 873

34　ARINC 429 数字信息传输系统 / 911

37　时间触发协议总线 / 965

38　数字航空电子建模与仿真 / 1005

41　与 MBD 有关的 Esterel SCADE 方法 / 1073

第 4 部分　总　　结

45　未来发展前沿：共享空域并增加自主性 / 1193

第 3 部分
航空电子技术的发展：工具、技术和方法

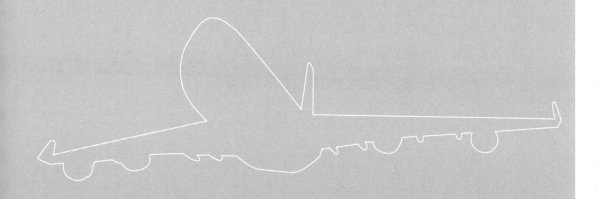

第三部分介绍了用于实现航空电子功能的工具、技术和方法,包括关于数据总线、航空电子架构、航空电子建模和导航算法的一些附加详细信息。按讨论的问题来分,本部分又分为三个组。第一组着眼于现代航空电子设备中使用的硬件可靠性和体系结构。其中第32章是关于硬件可靠性的描述,汇集了在手册的第一部分介绍的一些概念,以表明如何展示航空电子设备的可靠性,接下来的两章讲述了互联技术,紧接着的两章是关于航空电子体系结构的内容。第37章展示了在这些体系结构下实现控制功能的一种方式。综上所述,这6章提供了一些基本构建模块的整体图,在组装一个新的航空电子平台时,同时确保它能满足安全关键航空电子设备的必要的可靠性和可用性要求。

然后,本部分内容介绍了目前正在使用的方法来完成航空电子设备的发展。随着航空电子系统变得越来越复杂,已经通过建模工具来进行模拟各种系统组件和观测系统行为,确保了组件之间的交互。第43章讨论形式化方法,该方法是用于证明或反驳系统需求和设计的正确性的系统的数学表示。第44章是航空电子算法复杂性的一个例子,将详细介绍导航系统集成和跟踪的各种注意事项。

32

电子硬件可靠性

32.1　导言

航空电子系统的可靠性对于飞机和航天系统的管理和控制至关重要。航空电子设备的故障可能导致一系列程度较轻的后果(例如时间表或飞机操作中断)甚至事故状况。主要的航空电子系统是：① 飞行计算机，② 数据网络，③ 制导、导航和控制，④ 通信和追踪，⑤ 电源。电子技术在航空电子设备中占重要地位。因此，电子元件的可靠性保证在航空系统的设计和操作中起着重要作用。

以下是从可靠性方面考虑的航空电子设备的主要特性/要求：

(1) 航空电子设备是暴露于独特的生命周期环境和操作条件下的复杂系统。

(2) 电子硬件、软件和人为因素对航空电子设备的成功运行有重大影响。

(3) 出于任务关键性和安全性考虑，制定了严格的可靠性要求。

(4) 较高的预期寿命要求> 15 年或更多年限。

(5) 数字系统的技术进步要求可靠性建模方法通过减少最终可靠性估计中的不确定性的方式来解决问题。

(6) 与可靠性建模处理物理实体(如组件和系统)的传统系统不同，在航空电子设备中，"服务线程"的概念形成可靠性建模的基本特征。

(7) 航空系统设计和操作的分布式性质的建模形成可靠性评估的固有部分。

(8) 冗余、多样性和容错性是航空系统设计和管理的固有特性。

(9) 除了可靠性，可用性、可维护性和风险性也构成重要的设计和操作内容。

(10) 共因实效是一个重要问题，需要在冗余系统建模或服务线程时特别注意。

(11) 风险评估和管理活动的应用通常构成设计和操作程序的一部分。

除此之外,还需要考虑: ① 航空电子设备开发需要经过艰巨的部件选择和管理过程,因为大多数商业部件不符合航空电子生命时间的要求;② 通过可靠性设计来实现飞机资产的生命周期成本最小化;③ 用质量保证计划来确保子层供应部件的一致可靠性,以建立复杂的成体系系统形式。这是采集过程的组成部分。

可靠性定义为某一设备在规定条件下及指定时间间隔内完成其预期功能的概率。可靠性与确定性含义和概率密切相关。确定性通常通过可靠性(DfR)框架设计来解决,而概率通常通过统计理论或更准确的概率方法来评估。本章涉及两个方面的问题。32.3 节讨论需求选择方法、部件选择、确保质量的现场试验/测试、故障模式、机制和影响分析、了解各种故障机制等的根本原因分析,以确保可靠的产品/组件。可靠性的概率评估涉及基于给定环境条件下部件故障数据和任务时间的部件可靠性量化。

考虑到航空要求,除可靠性和可用性之外,本章还涵盖了与"可维护性"相关方面的问题。实际上,这些问题非常重要并且可能影响部件的可靠性。32.3 节讨论可靠性的确定性问题,后续章节讨论可靠性、可用性和可维护性的概率问题。将管理复杂系统的方法从基于可靠性的方法转变为基于风险或风险指引的方法越来越受到关注,因此风险评估是支持决策的一个重要特征。因此,本章简要讨论了风险评估。32.6 节讨论了使用可靠性信息管理航空电子设备中的电子元件。32.7 节做了进一步阐述。

在开始讨论可用于航空系统可靠性的各个方面问题之前,重要的是讨论航空分类法的主要特征[4]。

分类法使用顶层采用"成体系系统"的分层对象来表示,而信息系统、远程/分布式系统和子系统形成子节点。

信息系统又包括自动化系统、数据系统和天气系统,而显示系统构成自动化系统的一部分。与其他两个系统相比,这些系统具有高临界级别和高可用性要求。这些系统是基于容错方法、冗余、自动故障检测和恢复机制进行设计的。

监视系统、导航系统以及空中与地面之间的远程通信(RCAG)构成远程分配系统的子部分。这些系统不像信息系统那样关键,系统中的故障可能会降低系统的性能,但不会导致功能的完全丧失。

支持系统可分为两个主要的子系统,即任务支持系统和基础设施系统。诸如空域管理、紧急情况和报警以及基础设施管理等活动形成了任务支持系统的子活动,而电力子系统、通信子系统和供暖、通风和空调(HVAC)子系统构成了基础设施系统的一部分。即使是经常为实现可靠性、可用性和可维护性而设置了具体目标,但其要求不是始终通过任何特定的预定标准来优化的,而是通过可实现的标准和生命周期成本来决定的。

诸如服务线程、国家空域系统架构安全关键类别等术语已在本章进行了解释或在定义部分再现。本章使用了 MIL - STD - 721C[1] 中给出的术语。关于本文档中使用的各种术语的定义,读者可以参考本章末尾参考文献前的部分。

32.2　背景

在早期,传统的航空电子设备都采用了模拟技术。数字技术进入航空电子设备可追溯到 20 世纪 60 年代早期,当时计算机已用于飞行管理系统。大约在同一时期,可靠性预测技术得以发展。这些可靠性技术得到了广泛的使用,如 MIL - HDBK - 217F[2]。然而,业界意识到,需要新的替代方法来解决这样一些问题:① 组件和系统复杂性的增加;② 统计方法在常规建模,特别是指数建模方法中的局限性;③ 老化相关故障的建模限制,要求考虑材料性质、负载条件、环境压力的变化,以提高预测的可靠性。当典型的 MTBF 要求为 1 000 小时量级时,用于可靠性测试的传统文档是足够的,如 MIL - HDBK - 781D[3]。然而,当部件/系统的可靠性增加到约 100 万小时量级时,就需要先进的可靠性评估方法。在传统方法中,可靠性通常用 MTBF 来描述。这种方法有一些固有的局限性,如:① 即使对于不可修复的组件,仍用 $MTBF$ 描述可靠性,而不是用正确的术语,即 $MTTF$;② $MTBF$ 的描述基于平均故障率,且没有数据集的扩散或"标准偏差",这对解释组件的可靠性来说是一大挑战;③ 除非根据这些估计来提供失效标准定义,否则很难比较来自两个或多个来源的结果。

除此之外,需要改进可靠性建模方法的其他因素是:① 通过改进设计和制造技术(如冗余、多样性、容错特性等)来提高系统可靠性;② 通过测试和维护来获取可变性;③ 增加软件的使用;④ 一些管理相关问题,如现成部件的使用;⑤ 影响可靠性的存货问题。

现在已有称为可靠性、可维护性和可用性(RMA)的新框架方案,该框架解决了航空中传统可靠性评估方法的许多局限性。这个框架还包括了恢复时间的概念,以解决与"风险"和可用性相关的问题[4]。

32.3 可靠性设计

本节介绍确定可靠性方面的任务。可靠性方法的设计涉及设计和开发保证产品/服务固有可靠性的技术、方法、材料和过程。可靠性设计主要包括可靠性要求和规范制定、材料选择、加速测试(以了解预期使用寿命内的故障模式和机制)、根据标准要求测试指定负载和调试测试。除此之外,当部件或系统投入使用时,有必要开发基本的监视和测试要求。为了在整个生命周期要求中实现产品的可靠性,DfR 方法需要大量的工程/管理承诺和书面规范。这些任务通过材料、结构几何形状和设计公差、制造工艺和公差、组装技术、运输和处理方法、操作条件的选择以及维护和可维护性指南影响电子硬件的可靠性[5]。任务包括以下几个方面。

(1) 根据目标市场确定现实产品在一定有效寿命下的要求和约束,包括定义产品的功能、物理属性、性能、生命周期环境、使用寿命(具有保修)、生命周期成本、测试和认证方法、计划和寿命终止要求。制造商和客户必须根据客户的要求和制造商满足这些要求的能力来共同确定产品要求。

（2）通过指定产品从生产到生命结束的所有预期阶段来定义产品生命周期环境，包括产品的装配、存储、处理、运输、操作和非操作条件。确定每个阶段的重要生命周期负载（单个或组合），并量化产品预期承受的负载（典型范围和可变性）。

（3）通过使用明确的评估程序来选择产品所需的部件，以确保在设计之前和设计期间解决可靠性问题。该过程使得利润最大化并最大限度地缩短从产品中获利的时间，提供产品差异化，有效利用全球供应链，并确保在使用该部件时能有效评估、减轻和管理生命周期风险。

（4）使用系统方法识别产品可能失效的所有潜在故障模式、机制和位置，了解产品要求和产品物理特性（及其在生产过程中的变化）之间的关系、产品材料与负载（应用条件下的压力）的相互作用以及它们在使用条件方面对产品故障敏感性的影响。这涉及找到故障机制和可靠性模型来定量评估故障敏感性。需要优先考虑故障机制，以确定在设计中需要考虑或在操作期间需要控制的环境和操作负载。

（5）通过使用所选材料和过程，基于对预期生命周期条件的了解来设计产品。考虑各种压力限制和裕量、降额、冗余和保护结构，设置适当的规范限制。

（6）获得产品设计、制造和组装资格。进行资格测试，以验证产品在预期生命周期条件下的可靠性。资格测试应能够了解过程变化对产品可靠性的影响。此步骤的目标是为设计决策提供故障物理学基础，并评估产品的所有可能故障机制。

（7）识别、测量并优化制造和组装制造部件所需的关键过程。监视并控制设计中涉及的制造和装配过程，以减少缺陷。开发筛选和测试方式以评估制造和组装步骤的统计过程控制。

（8）使用闭环管理程序管理产品的生命周期使用，包括检查、测试和维护程序。

32.3.1　产品需求和约束

产品需求和约束根据客户要求，公司的核心竞争力、文化和目标来定义。有多种理由来证明创造产品是合理的，例如填补认知市场要求，开拓新市场，在关键市场保持竞争力，保持市场份额和客户信心，满足特定战略客户的要求，展示新技术或方法的经验，改善现有产品的可维护性以及降低现有产品的生命周期成本。

从要求和约束的角度来看，产品可分为 3 种类型：多客户产品、单客户产品和目标客户群体可变的定制产品。为了制造可靠的产品，供应商和客户应共同努力。根据 IEEE 1332[6]，在定义产品需求和约束的阶段有 3 个可靠性目标。

（1）供应商与客户合作，应确定和了解客户的要求和产品需求，以便能够产生全面的设计规范。

（2）供应商应组织和追踪一系列工程活动，以使产品满足客户的要求和产品的可靠性要求。

（3）供应商应进行一些活动，让客户确信可靠性要求和产品需求已得到满足。

如果产品直接销售给最终用户，通常通过与客户市场的互动、检查产品销售额和分析竞争，在营销时率先定义产品需求和限制。或者说，如果产品是安装在大产品上的子系统，需求和约束由子系统所在的客户产品决定。产品定义过程涉及多种影响和因素。图 32-1 显示了产品定义过程中的约束。

需求和约束定义中的两个常见风险是包含不相关的需求和忽视相关的需求。包含不相关的需求可能涉及不必要的设计、测试时间以及金钱。不相关的或错误的需求有两个来源：① 需求由不理解产品定义中隐含的约束和条件的

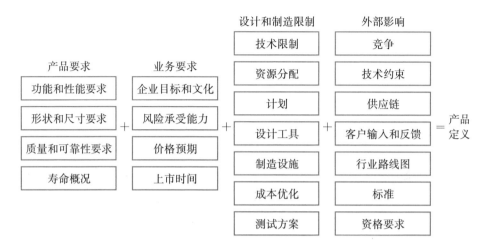

图 32-1　产品定义过程中的约束

人创建;② 出于历史原因包含的需求。忽略关键需求可能会导致产品无法正常运行,或者可能会显著降低产品的有效性和预期的市场规模。

　　对初始需求形成需求文档,并在其中进行优先级排序。需求文档应由工程师、管理层、客户和其他相关方批准。通常,批准涉及的具体人员将随组织和产品的变化而变化。例如,对于与人类安全相关的关键产品,法律代表应参加批准,以确定关于部件选择和管理团队指令实施的法律因素。抓住了产品需求和约束之后,设计团队就能选择部件并开发符合公司目标的产品。

　　一旦一组要求已经完成,产品工程功能以规范的形式对要求做出回应,规范必须陈述要满足的需求、确定满足需求的时间表、确定将从事这项工作的人并识别潜在的风险。需求文档和初步规范中的差异成为权衡分析的主题。

　　一旦定义了产品需求并开始了设计过程,就应不断比较产品的要求和实际的产品设计。随着产品设计变得越来越详细,跟踪原始产品要求相关的产品特性(尺寸、重量、性能、功能、可靠性和成本)变得越来越重要。进行更改的理由应记录在案。需求追踪执行的完整性可以显著降低未来的产品重新设计成本。通过技术监控和使用技术路线图进行的重新设计或设计更新可确保公司能够及时有效地销售新产品或重新设计旧产品,以保留其客户群并确保持续获得利润。

32.3.2 产品生命周期环境

产品生命周期环境在确定产品要求和进行可靠性评估方面发挥着重要作用,它影响着关于产品设计和开发、部件选择和管理、资格、产品安全、产品保修和产品支撑的决定。

产品生命周期包括产品的制造和组装、测试、返工、存储、运输和处理、运行(操作模式、开始—停止运转周期)、维修和维护以及处置这几个阶段。在其生命周期的每个阶段,产品都经受着各种环境和使用负载。生命周期负载可能是热(稳态温度、温度范围、温度循环、温度梯度),机械(压力水平、压力梯度、振动、冲击负载、声级),化学(侵蚀性或惰性环境、湿度水平、污染),物理(辐射、电磁干扰、高度),环境(臭氧、污染、燃料溢出)或运行负载条件(由功率引起的压力、电涌、热耗散、电流和电压尖峰)。无论是单一负载还是各种组合负载,都可能影响产品的可靠性。产品降级的程度和速率取决于这样一些负载的性质、量级和持续暴露时间。

定义和表征生命周期负载通常是在整个可靠性规划过程中最不确定的输入。由于针对相同环境条件设计的产品可能会遇到完全不同的应用条件,包括应用长度、应用数量、产品利用或非利用属性以及维护或服务条件,因此挑战会进一步加剧。例如,所有桌面计算机设计通常用于办公环境。然而,每个装置的运行属性可能根据用户行为完全不同。有些用户可能在每次使用后关闭计算机,其他人可能在一天结束时才关闭,还有一些人可能会让计算机始终通电。因此,每个产品所经历的温度分布以及由于热负载而导致的产品降级是不同的,下文将讨论用于估计产品生命周期负载的 4 种方法。

32.3.2.1 市场研究和标准

由机构独立生成的市场研究和标准对现场预期的实际环境负载进行了粗略估计。从这些来源获得的环境概况通常根据工业类型分类,例如军用、消费、电信、汽车和商业航空电子业。通常,数据包括最坏情况和示例使用条件。可用数据通常来自相似种类的环境,以估计目标设备将会经受的实际环境负载。应谨慎使用此数据作为环境负载的绝对估计值,但是由于在设计阶段的时间和成本限制,可能会不可避免地要使用这些数据源。

32.3.2.2　现场试用、服务和故障记录

现场试用、服务和故障记录用于估计以前的设备或原型设备遇到的环境负载,有时也用于估计环境概况。可用数据是用于较短的持续时间,并外推得到实际环境条件的估计。服务和故障记录通常涉及非计划维护的原因和可能由某些环境或使用条件造成故障的性质。这些数据给出了关键条件的思路,但不应该用作开发整个生命周期模式的基础。它们应该仅用于适应设备可能遇到的极端或特殊条件。

32.3.2.3　相似性分析和竞争对手基准

在类似产品有足够环境历史数据可用时,相似性分析可用于估计环境负荷。例如,SAE对汽车各个地点的环境负荷进行了研究和记录。在使用现有产品的数据之前,需要审查两种产品的设计和应用的特性差异。应对两种产品条件的变化和差异进行严格分析,以确保新产品的可用负载数据的适用性。例如,与家用洗衣机相比,商用洗衣机内的电子设备预期承受更广泛的负载、使用条件分布(有若干用户)和更高的使用率。在相似性分析中,应该考虑这些差异。

一旦定义了细分目标市场并确定了相似的产品,就可保证对某些竞争对手产品进行基准评估。这可能包括设计构建分析和/或可靠性基准测试。这对于新产品开发或公司扩展到新的市场领域是非常有用的。这可能适用于产品的特定技术或组件,或只适用于整体系统级性能。在这个过程中,我们必须小心谨慎,因为每种产品设计都以独特的方式专注于某些实用案例,而且每个公司可以从不同的角度来实现。

32.3.2.4　现场监测

产品在其生命周期中经历的环境和使用负载可在现场监测。这些数据通常使用传感器收集，这些传感器安装在外部或与产品集成在一起，并由遥测系统支持。诸如健康与使用监测系统(HUMS)等装置在飞机和直升机中普遍用于现场监测和环境负载。负载分布应通过监测不同客户使用的产品来获得数据开发，最好是从使用产品的各个地理位置来开发。应收集足够长时间内的数据，以精确估计负载及其随时间的变化。即使用户知道监测过程，设计人员也必须确保数据没有偏差。现场监测能最准确地描述用于健康(条件)评估和未来产品设计的负载历史。

32.3.3　部件选择和管理

部件选择和管理方法有助于公司在购买和使用电子部件时做出风险告知决定。部件选择和管理过程通常不是由单个人完成的，而是由多学科团队完成的。部件管理团队作为一个整体，负责以下工作[7]：

(1) 将部件选择和管理职责分配给公司内的团队。

(2) 在公司内外建立通信渠道。

(3) 管理团队内部和团队外部的信息流。

(4) 确定过程和评估标准及可接受性水平。

(5) 将部件选择和管理方法应用于候选部件。

(6) 确定潜在的供应商干预程序，在需要时授权采取此类行动，并确保相关的有效性。

(7) 定期监测并不断改进方法。

图 32-2 中的方法描述了这种部件选择和管理方法。总体目的是帮助组织在选择和使用部件时利润最大化，提供产品差异化，有效利用全球供应链，以及评估、减轻和管理生命周期风险。其中一些评估方法直接影响产品可靠性，接下来描述这些步骤。该过程也包括几个其他执行步骤，例如组装评估和生命

周期过时评估。尽管这些步骤影响整体产品性能和利润率,但并不直接影响可靠性。

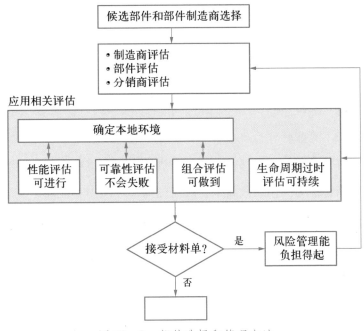

图 32-2　部件选择和管理方法

32.3.3.1　制造商、部件和经销商评估

制造商评估步骤分析部件制造商生产质量一致部件的能力,部件评估步骤测量候选部件的质量和一致性。分销商评估步骤分析分销商在不影响初始质量和可靠性的情况下提供部件的能力,以及提供某些特定服务(例如部件问题和更改通知)的能力。如果部件满足设备制造商为所有 3 个类别设置的最低可接受标准,则候选部件的流程移至"应用相关评估",如图 32-2 所示。适当实施此步骤有助于通过降低特定部件批次进入产品系列的风险来提高可靠性。

32.3.3.2　性能评估

性能评估的目的是评价部件满足产品性能要求(如功能,机械和电气)的能力。一般来说,诸如机械负载、电压、电流、温度和耗散功率等参数无明确的界限,而明确界限是指:高于此值将会立即发生故障,低于此值部件将永远工作下去[8]。然而通常无明确界限也要求存在最小和最大限制,超过该最小和最大限制,部件将不能正常工作,并且通常这些限制由部件的推荐操作条件确定。部件选择和管理团队的责任是确定部件的电气、机械或功能性能适合于特定产品的生命周期条件。如果产品必须在制造商规定的操作条件之外操作,则可能需要考虑升级[9]。另一方面,可利用降额在远离其最大限制的条件下使用部件来获得更好的可靠性空间。

32.3.3.3 可靠性评估

可靠性评估结果提供了部件在其生命周期应用环境中在指定时间段内满足所需性能指标能力的信息。如果在所需的局部环境中不能满足系统的参数和功能要求,则可能须修改局部环境,或者可能须使用不同的部件。如果通过可靠性评估过程不能确保部件可靠性,则应考虑使用替代部件或重新设计产品。

通过使用可靠性测试数据(由部件制造商进行)、虚拟可靠性评估结果或加速测试结果来进行可靠性评估。如果生命周期条件的量级和持续时间不如可靠性测试那么严格,并且如果测试样本大小和结果是可接受的,则部件可靠性是可接受的。否则,应考虑虚拟可靠性评估。虚拟可靠性评估是一种模拟方法,用于识别在生命周期条件下与所述部件相关的主要故障机制,以确定给定加速测试参数集合的加速因子和对应于所识别的故障机制的故障时间。如果虚拟可靠性证明不足以验证部件可靠性,则应在代表应用条件下对代表性部件批次进行加速测试,以确定部件可靠性。该决策过程如图 32-3 所示。几个OEM 还实施持续可靠性测试(ORT)程序,以确保不同时间的各个制造批次部件始终可靠。

32.3.4 故障模式、机制和影响分析

电子硬件通常是板、部件和互连件的组合,分别有各种故障机制,通过这些

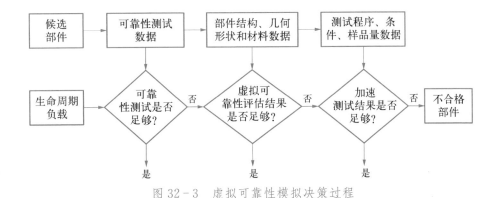

图 32-3 虚拟可靠性模拟决策过程

机制,它们可能会在生命周期环境中发生故障。潜在故障模式是故障可能发生的方式,即被审查项目无法执行其预期设计功能或执行功能但未能实现其目标。故障模式与产品的功能和性能要求密切相关。故障机制是物理、电、化学和机械压力的特定组合引起失效的过程。调查产品的潜在故障模式和机制有助于开发无故障且可靠的设计。

当超过材料的固有强度时,由于单次发生的压力事件而导致的灾难性故障称为过应力失效。由于长期积累的损伤单调增加超过材料的持久极限而导致的故障机制称为损耗机制[10]。当损坏超过部件的耐久限制时,将发生故障。意外的较大应力事件可能导致过应力(灾难性)故障,或引起损耗累积而缩短生命。意外滥用和意外暴露于损耗条件即属于这种压力情况。另一方面,在精心设计和高质量的硬件中,应力应当仅引起损耗、损坏的均匀累积,导致最终故障所需的损坏阈值不应在产品的使用寿命内发生。当前,使用新的和未经证明的材料的趋势增加了风险。

电气性能故障可能由具有不当电气参数(如电阻、阻抗、电容或介电性质)的个别部件或者由不当屏蔽电磁干扰(EMI)、电离辐射所致。由于使用较小元件尺寸的趋势增加了这种风险,所以可能会引起单一事件效应(有效的位翻转和逻辑问题)的电离辐射保护在组件设计和构造中具有重要作用。其中一些效应是短暂的,而另一些可能对组件的影响是持久的甚至是永久的。故障模式的影响可表现为瞬态和稳态响应中的可逆漂移，例如延迟时间、上升时间、衰减、信噪比和串扰。电子硬件中常见的电气故障包括由于电过载（EOS）和静电放电（ESD）引起的过压力机制；半导体部件中的这种故障示例包括电介质击穿、结击穿、热电子注入、表面和批量捕获、表面击穿和损耗机制，例如电迁移和压力驱动的扩散空洞。

热性能故障可能由电子组件中的热路径的设计不正确引起。这包括单个组件的不当导电性和表面发射率，以及不当设计的热传递对流和传导路径。热过载故障是将部件加热到超过临界温度（如玻璃化转变温度、熔点、虚点或闪点）的结果。热损耗故障的一些实例是由于解聚、金属间生长和相互扩散导致的老化。由于不当热设计导致的故障可表现为部件运行过热或过冷，并且导致运行参数超过规范，尽管降级通常在冷却时是可逆的。这种故障可直接由热负载或电阻负载引起，这又产生了过多的局部热应力。适当的设计检查需要对热应力进行适当的分析，并且应当包括传导、对流和辐射热路径。

机械性能故障包括可能损害产品性能而不引起任何不可逆材料损坏的故障，例如因机械静态负载造成的异常弹性变形，对动态负载的异常瞬态响应（例如固有频率或阻尼）、与时间相关的异常可逆（非弹性）响应以及导致材料损坏的失效，如屈曲、脆性或延性断裂、接口分离、疲劳裂纹的形成和扩展、蠕变和蠕变断裂。例如，电子封装中的细长结构的过度弹性变形有时可能由于过压力负载而导致功能故障，电子器件中的互连线、封装盖或柔性电路的过度弯曲，进而导致短路或过度串扰。然而，当去除负载时，变形（以及随之而来的功能异常）完全消失，不会造成任何永久性损坏。

主要由铀和钍污染物和次级宇宙射线引起的辐射故障可能导致电子硬件（如逻辑芯片）的损耗、老化、材料脆化和过压力软错误。在不利的化学环境中会发生化学失效，导致腐蚀、氧化或离子表面树枝状生长。

不同类型的压力之间也可能存在相互影响。例如，化学污染物和组成梯度存在时可能会加速金属迁移，并且热负载可能会加速热膨胀失配引起的故障机制。

　　如果想要设计的硬件能够承受负载且不发生故障,设计团队必须了解可能的故障机制。对规划测试、筛选审核标称设计和制造规范以及由制造和材料参数的过度变化引入的缺陷水平来说,故障机制及其相关的物理模型也很重要。

　　故障模式、机理及影响分析(FMMEA)是一种系统方法,用于识别所有潜在故障模式的潜在故障机制和模型,并确定故障机制的优先级。FMMEA 通过识别高优先级故障机制来创建行动计划以减轻其影响,增强了如故障模式及影响分析(FMEA)和故障模式、影响及危害性分析(FMECA)这样一些传统方法的价值。通过 FMMEA 可以获得关于故障机制的原因和后果的知识,这些知识能以多种方式低成本、高效益地发挥作用。

　　FMMEA 的基础是了解: ① 产品需求和产品物理特性(及其在生产过程中的变化)之间的关系,② 产品材料与负载(应用条件下的压力)的相互影响,③ 它们对产品关于使用条件故障敏感性的影响。这涉及找出故障机理和可靠性模型来定量评估故障敏感性。FMMEA 方法如图 32 - 4 所示。

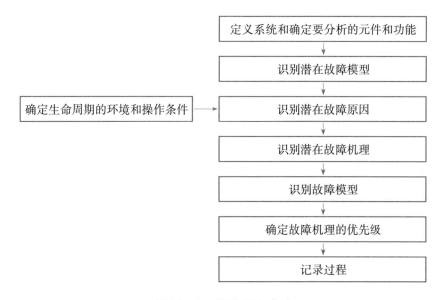

图 32 - 4　FMMEA 方法

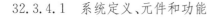

32.3.4.1 系统定义、元件和功能

FMMEA 过程的第一步是定义要分析的系统。系统由实现特定目标的多个子系统或者多层集成而成。系统分为各种子系统,直到最底层——组件或元件。在印制电路板系统中,定位故障包括封装故障、电镀通孔(PTH)故障、金属化故障以及板本身的故障。

32.3.4.2 潜在故障模式

对于已经识别的元件,列出每个制定元件的所有潜在故障模式。例如,在焊接接头中,潜在故障模式是电阻的开路或间歇变化,这些故障都可能妨碍其互连功能。在潜在故障模式信息未知的情况下,可使用数值压力分析、故障加速测试(如 HALT)、过去经验和工程判断来识别潜在的故障模式[11]。某一级的潜在故障模式可能是更高一级系统或子系统潜在故障模式的原因,或者该潜在故障模式是由更低一级组件的故障模式引起的。

32.3.4.3 潜在故障原因

故障原因定义为在设计、制造或使用期间导致故障模式的情况[11]。对于每种故障模式,列出导致故障的所有可能方式。通过找出可能导致设计、制造、储存、运输或使用过程中出现故障的基本原因来识别故障原因,了解潜在故障原因可帮助识别引起给定元件的故障模式的故障机制。如在汽车引擎盖下,诸如电阻开路和间断性变化的焊接接头故障模式可能是由温度循环、随机振动和冲击导致的。

32.3.4.4 潜在故障机制

本节前面讨论了电子设备经常发生的故障机制。文献[12,13]研究了电子材料故障机制及物理的损伤模型在可靠电子产品设计的应用,包括电子设备中的所有相关损耗和过载故障。

32.3.4.5 故障模型

故障模型使用适当的压力和损坏分析方法来评估故障敏感性。通过在给定几何形状、材料构造、环境和操作条件下,估计故障时间或发生故障的可能性来评估故障敏感性。根据 JEDEC 标准——JEP 122B(半导体器件的故障机制和模型)和 JEP 148(基于故障风险和机会评估物理学的半导体器件可靠性认证),表 32-1 给出了电子设备和相关模型中的常见故障机制清单。故障模型可能受到量化系统故障时间模型的可获取性及其准确性的限制,还可能受限于对单个故障位置的多个故障模型结果的整合能力以及对多种压力条件下相同模型结果的整合能力[11]。如果没有可用的故障模型,则可根据从先前现场故障数据开发的经验模型或从加速测试得到的模型来选择要监视的适当参数。

表 32-1 电子设备的故障机制、相关负载和模型

故 障 机 制	故 障 位 置	相 关 负 载	样 本 模 型
疲劳	芯片附着,引线键合/TAB,焊料引线,接合焊盘,迹线,通孔/PTH,接口	ΔT, $T_{均值}$, dT/dt, 停留时间, ΔH, ΔV	非线性功率,规律(coffin-manson)
腐蚀	金属化	M, ΔV, T	eyring (howard)
电迁移	金属化	T, J	eyring (black)
导电细丝形成	金属化之间	M, ΔV	幂律(rudra)
压力驱动的扩散空洞	金属痕迹	s, T	eyring (okabayashi)
时间相关电介质击穿	电介质层	V, T	arrhenius (Fowler-Nordheim)

说明:Δ,循环范围;V,电压;T,温度;s,压力;Λ,梯度;M,水分;J,电流密度;H,湿度。

32.3.4.6 故障机制的优先级排序

环境和操作条件用于所有潜在故障机制的初始优先级排序。如果不存在或可忽略由某些操作和环境条件产生的压力,则仅仅依赖于那些环境和操作条件的故障机制被指定为"低"风险水平,并且我们不会对其做进一步考虑。对于所有其他故障机制,通过压力分析确定故障是否在给定的环境和操作条件下产生,进而评估故障敏感性。为了定性测量故障效应,每个故障机制都被指定一个严重性级别。首先在所分析的级别评估故障效应,然后在下一个更高级别、子系统级别等进行评估,如此一级一级地分析评价,一直到系统级。最后一步

涉及将故障机制划分为高、中和低 3 个风险级别。

32.3.4.7 文档

FMMEA 过程使所有步骤中的数据组织、分发和分析更简单。此外，FMMEA 文档中还包括基于 FMMEA 考虑的和采取的措施。对于已经开发和制造的产品，可以对开发、测试和使用过程中发生的故障进行根本原因分析，并采取纠正措施来避免或减少这些故障的影响。文档中包含的历史和经验教训为未来产品 FMMEA 提供了框架。还可在采取纠正措施后维护和更新FMMEA，以生成新的高优先级故障机制清单。

32.3.5 设计方法

一旦确定了部件、材料、工艺和压力条件，目标就是设计产品，所使用的部件和材料已经在制造和应用条件下充分证实了其性能。可靠且价格低廉的产品只能通过使用故障物理分析、测试和根源分析的设计方法进行设计。

基于故障物理模型的设计指南也可用于确定测试、筛选和降级因素。基于故障物理模型的测试可用于测量具体的数量，检测意外缺陷的存在，发现制造或维护中的问题。基于故障物理模型的筛选可用于触发较差产品的故障，而不影响合格产品的设计寿命。基于故障物理模型的降额或安全系数可用于降低主要故障机制的压力。

32.3.5.1 保护结构

在设计中考虑了安全性的情况下，我们通常希望采用一些措施来防止部件、结构或互连件失效或在其失效时导致的进一步损坏。熔断器和断路器就是电子产品中使用的典型元件，用于感测过大的电流消耗并断开相关部件。电路中的熔断器保护部件免受电压瞬变或过大功率耗散的影响，并保护电源免受短路部件的影响。另一个例子是，恒温器可用于检测临界温度限制条件，并关闭产品或部分系统，直到温度恢复正常。在一些产品中，还用自检电路来检测异常状况并进行调整，以恢复正常状态，或激活开关装置以补偿故障[8]。

在一些情况下,我们可能期望在部件故障之后允许产品部分运行,而不是让整个产品发生故障。通过相同的推理,部件故障后产品的性能降低通常优于完全停机。一个示例是关闭故障电路,其功能在另一个控制产品的死区内提供精确的微调;因此可能在紧急情况下,仅使用死区控制产品来实现可接受的性能[8]。

同时,通过移除负载、驱动、偏置或控制,从产品中物理移除部件可能会损坏或导致另一个部件失效。在这种情况下,第一个部件应配备某种形式的互锁机构,通过关闭或其他方式保护第二个部件。最终设计除了在故障之后起作用外,还应能够感测和调整参数漂移,从而避免故障的发生。

在使用保护技术时,基本程序是在初始失效或故障后采取某种形式的措施,以防止其他故障或较轻故障的发生。通过减少故障数量,可考虑如何提高产品的可靠性技术,尽管这些技术也会影响产品可用性和有效性。维护、维修和更换部件的影响同样重要。例如,如果更换了保护电路的保险丝,则需要回答以下问题:产品重新通电时有哪些影响?哪些保护架构适用于维修后运行?已经包括或未包括故障安全保护架构时,必须记录和遵循哪些维护指南?

32.3.5.2　压力裕度

正确设计的产品应能够令人满意地运行随时间以及操作条件(如温度、湿度、压力和高度)变化的部件,只要求部件的参数保持在额定公差内即可。图 32-5 给出了产品的压力水平和裕度示意图。规范或公差值由制造商给出,以限制客户使用的条件。设计裕度是产品设计生存值,而操作裕度是产品分布

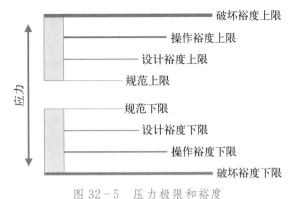

图 32-5　压力极限和裕度

的可恢复故障的预期值。产品分布的永久(过压力)故障的预期值称为破坏裕度。

为了防止超出公差的故障,设计团队必须考虑以下综合效应,即制造中所

使用部件的公差、由于预期环境条件的范围导致的后续变化、由于在可靠性要求规定时间段内因老化产生的漂移以及未来维修或维护功能中使用的部件的公差。部件和结构应设计为在参数范围的极端条件下能令人满意地运行,并且允许的范围必须包含在采购或再次采购规范中。

统计分析和最坏情况分析是处理部件和结构参数变化的方法。在统计分析中,我们建立了结构的输出特性与其部件的一个或多个参数之间的函数关系。在最坏的情况分析中,根据寿命终止性能值、超限更换部件、评估部件对产品输出的影响。

为了确保系统中使用的部件保持在规定的裕度内,可以使用降额。降额是将热、电和机械压力限制在制造商规定的额定值以下,以提高可靠性。降额允许对设计者不可预见的系统异常(例如,瞬态负载,电涌)增加保护。例如,电子硬件的制造商通常指定电源电压、输出电流、功耗、结温和频率的限制。设备设计团队可选择替代部件或在设计中做出一些改变,以确保特定参数(例如温度)的操作条件总是低于额定水平。预期这些较低的应力将延长有效的使用寿命,其中所考虑的故障机制是损耗型。当故障机制为过压力型时,通过提供安全裕度预计可提供更安全的操作条件。

术语"降额"包含该过程的两个步骤:首先从部件制造商的数据手册中确定"额定"压力值,然后再分配一些减小的值。应由降额提供的安全裕度是最大允许的实际应用压力与所显示的部件能力极限之间的差值。由制造商规范给出的部件能力被视为已被证明的极限。系统设计团队往往倾向于以牺牲整体生产率为代价使用保守压力。因此,有理由相信部件制造商在选择操作限制时已经提供了安全裕度。当这些值由用户降级时,可有效地添加二级安全裕度。

为了使降额标准真正发挥作用,必须针对正确的压力参数建立模型相关故障机制。一旦使用 FMMEA 过程识别出关键故障机制的故障模型,就可确定降额对承受给定负载部件的有效可靠性的影响。目的不应是让设备制造商提供降低压力的额定值,而应是确定每个部件和子系统的安全工作包络,然后在该包络内运行。

32.3.5.3　冗余

当系统的一个或多个部件发生故障而系统仍然可与保持操作的部件一起工作时,就存在冗余。有源和备用是两种常见的冗余。在有源冗余的系统运行期间,所有部件都通电运行,部件的寿命消耗速率与单个部件相同。

在备用冗余中,一些部件不参与系统的运行且仅在有源部件存在故障时才通电。备用部件最好应该比有源冗余中的部件维持的时间更长。备用冗余包含冷备用、暖备用和热备用3种概念类型。在冷备用中,辅助部件关闭,直到需要才开启,由此降低了部件活动的时间,并且不消耗任何使用寿命;但在开关过程中,部件上的瞬态压力可能很高。这种瞬态压力可能导致开关过程中发生更快的寿命消耗。在暖备用中,辅助部件通常是空闲的或无载的有源部件。在热备用中,辅助部件形成有源并联系统,热备用部件的寿命消耗速率与有源部件相同。

设计团队经常发现:① 在没有足够的时间来寻找替代品或在部件已经设计好时,冗余是提高产品可靠性的最快方式;② 在冗余成本低于重新设计的成本时,冗余是最便宜的解决方案;③ 在可靠性要求超出现有技术水平时,冗余是唯一的解决方案。然而出于其他原因,冗余(有源和备用)的优点常常难以表现出来。通常,其原因包括共模故障、负载共享、切换和备用故障等。

共模故障由两个或多个冗余部件之间产生依赖现象引起,这种依赖导致这些部件同时发生故障。引起共模故障的因素很多,例如,常见的电气连接、共享的环境压力和常见的维护问题。在系统可靠性分析中,共模故障与并联冗余配置中再串联部件具有相同的效果。

一个部件的故障会使其他部件的压力水平增加,这就是负载共享故障。增加的压力水平可能会影响有源部件的寿命。对于有源并联设置的冗余发动机、电动机、泵结构以及其他系统和装置,一个部件的故障可能增加其他部件的负载,并缩短其发生故障的时间(或增加其危险性)。

通常我们对备用系统的切换和监测做出几个常见的假设。假设切换仅在一个方向上进行,即切换设备仅在监视器指示切换时才响应,并且切换设备在不通电时不会失效。关于备用,通常假设非运行备用装置在不通电时不会失效。当所有这些理想化假设都无法满足时,会发生切换和备用故障。监视或监测故障又包括动态故障(当有源路径故障时切换失败)和静态(当不需要切换时)故障。

除了这些限制,设计团队可能还会发现以下缺点超过了冗余实现带来的好处。

(1) 昂贵的冗余传感器和切换设备。

(2) 超出尺寸和重量的限制。

(3) 超出功率限制,特别是在有源冗余方面。

(4) 它需要非常复杂的传感和切换电路,抵消了冗余的可靠性优势。

32.3.5.4 综合诊断和预诊

设计指南和技术应包括评估产品在其生命周期环境中的可靠性策略。产品的健康是相对于其预期正常(物理和性能方面)运行条件而产生的偏差或降级程度[14]。产品健康的知识可用于检测和间隔失效或故障(诊断)以及基于当前条件(预测)预诊即将发生的故障。因此通过基于实际生命周期条件确定出现的故障,可开发减轻故障、管理和维护产品的过程。

诊断和预诊可通过以下方式集成到产品中:① 安装了内置的保险丝和淡黄色结构的产品,当遇到生命周期条件时,比实际产品更快发生故障[15];② 监测故障前兆的参数,例如缺陷或性能下降[16];③ 监测影响系统健康的生命周期环境和操作负载以及处理测量数据,从而估计已消耗的生命[17,18]。由这种综合监测器测量的生命周期数据在将来的产品设计和报废决定中非常有用[19]。

电子产品集成预诊的一个例子是目前用于选择硬盘驱动器(HDD)计算设备的自监测分析与报告技术(SMART)[20]。监测的 HDD 运行参数,包括磁头飞行高度、误差计数、旋转时间的变化、温度和数据传输速率,以提供故障的预先警告,并通过计算机的启动程序(BIOS)和硬盘驱动器之间的接口来实现。

32.3.6　鉴定和加速测试

鉴定包括确保铭牌设计和制造规范达到或超过所需可靠性目标的所有活动。鉴定验证产品的铭牌设计和制造规范满足客户期望的能力,并评估产品在整个生命周期的生存概率。鉴定的目的是为受设计和制造影响的所有关键产品参数(如几何尺寸、材料性能和操作环境限制)定义可接受的变化范围。超出可接受的变化范围的产品属性称为缺陷,因为它们有可能损害产品的可靠性[21]。

鉴定测试应仅在最初产品开发期间进行,并且在已有产品的任何设计或制造更改后也应立即进行鉴定测试。在新产品开发或产品受制造和过程变化影响时,精心设计的鉴定程序有助于做出经济且快速的转变。

如果产品的寿命很长,调查其故障机制和评估其可靠性可能会很困难,因为在实际操作条件下,需要很长的测试周期才能获得用以确定实际故障特性的足够数据。应使用 FMMEA 的结果来指导这一测试过程。要想在较短时间内获得高可靠性设备的重要鉴定数据,应该使用诸如虚拟鉴定和加速测试的方法来缩短测试时间。

32.3.6.1　虚拟鉴定

虚拟鉴定是检验部件在其生命周期环境中的性能的一个过程,所需的时间和金钱远少于加速测试。这种模拟方法用于识别部件在生命周期负载下的主要故障机制并对这些主要故障机制的优先级进行排序,从而在给定一组加速测试参数的情况下确定加速因子,并确定与所识别的故障机制相对应的故障时间。

每个故障模型都包括一个压力分析模型和一个损坏评估模型。其输出是基于故障时间对不同故障机制的排序。压力模型获取的是产品结构,而损坏模型则取决于材料对所施加压力的响应。因此,虚拟鉴定过程适用于已有产品和新产品。虚拟鉴定可通过使产品的所有部件的最短故障时间大于其期望寿命这种方式来优化产品设计。虽然从虚拟鉴定获得的数据不能完全替代从物理测试获得的数据,但它们可通过指示可预期的潜在故障模式和机制来提高物理测试的效率。

在理想情况下,虚拟鉴定过程将涉及质量供应商、质量部件、故障物理鉴定以及风险评估和缓解计划的识别。因为虚拟鉴定允许快速且经济有效地实施设计、制造和测试,所以允许将虚拟鉴定过程纳入产品开发的设计阶段,同时允许用户鉴定现成部件在特定环境中的使用情形,无须进行广泛的物理测试。由于虚拟鉴定不太重视对物理样本的检查,因此必须考虑制造商的制造技术和质量保证能力。如果执行虚拟鉴定所使用的数据不准确或不可靠,那么所有结果都是可疑的。此外,若只是为了验证虚拟结果而执行少量的物理测试,则操作员需要确信所选择的部件组足以代表产品。此外,应当记住虚拟鉴定结果的准确度取决于过程输入的准确度,即生命周期负载的准确度、所用故障模型的选择、分析域的选择(如 2D,伪 3D,全 3D)、故障模型中的常数、材料属性等。因此,为了获得可靠的预测,应使用分布函数来指定输入的变异性,并且应该通过加速测试来鉴定故障模型的有效性。

32.3.6.2　加速测试

加速测试基于如下的概念:即产品在高压力条件下短时间内表现出故障机制和模式,而在实际生命周期压力条件下会在较长时间内表现出相同的故障机制和模式。其目的是减少获得有关所研究产品的可靠性信息所需的总时间和成本。通常我们可以合理地从加速环境定量推断到使用环境。

加速测试大致可分为两类:定性测试和定量测试。定性测试可能是最古老的可靠性测试形式,通过对产品施加过压力使其发生故障来完成测试。这些测试通常用单个负载条件进行,例如冲击、温度限制和电气过载压力。定性测试通常产生故障模式信息,但不显示故障机制和故障时间信息。定量测试的目的是测试损耗故障机制,在测试中出现的故障是由累积的负载条件所致,并且故障时间是定量加速测试的主要结果。

最简单且最常见的加速寿命测试形式是连续使用加速。例如,洗衣机的平均使用时间为 10 小时/周。如果运行不停止,加速因子为 16.8。然而,该方法不适用于高使用率的产品。对于这种情况,加速测试可通过测量所测试产品在比日常负载或压力更严苛的条件下的性能,以便在较少的时间段内加快损坏累积的速率。这种测试的目的是加速与时间相关的故障机制和损坏累积速率,以缩短产生故障的时间。根据这些加速测试的数据,可推断在正常使用条件下的寿命。

加速测试首先识别所有可能的过压力和损耗故障机制。选择直接导致时间相关故障的负载参数作为加速参数,通常称为加速负载。常见的加速负载包括:

(1) 热负载,如温度、温度循环和温度变化率。

(2) 化学负载,如湿度、腐蚀性、酸和盐。

(3) 电气负载,如电压或功率。

(4) 机械负载,例如振动、机械负载循环、应变循环以及冲击。

加速环境是这些负载的组合。解释组合负载的结果需要定量地理解它们相互作用的相对大小以及每个负载对总损坏的贡献。

由特定机制导致的故障可由几个加速参数引起。例如,腐蚀可通过温度和湿度加速,蠕变可通过机械压力和温度加速。此外,单个加速压力可同时通过几个损耗机制引起故障。例如,温度不仅通过电迁移而且通过腐蚀、蠕变等加速损耗损坏的累积。在常见运行条件下,主导性故障机制可能会随着压力升高而失去其主导性。相反,在正常使用条件下,休眠的故障机制可能在加速条件下触发设备故障。因此,如果要使它们代表实际使用环境和操作条件,而不引入无关的故障机制或非代表性的物理或材料行为,需要仔细规划加速测试。压力加速的程度通常由加速因子控制,加速因子定义为产品在正常使用条件下与加速条件下的寿命之比。加速因子应该针对所讨论的硬件来定制,并且可根据所有硬件参数的加速变换(即加速压力和生命周期压力之间的函数关系)来估计。

一旦确定故障机制,就必须选择适当的加速负载;确定测试程序和压力水平;确定测试方法,如恒定压力加速或步进压力加速;执行测试;解释测试数据,包括将加速测试结果外推到正常操作条件。测试结果提供了故障信息,可用于通过设计或过程改变来改进硬件。

32.3.7 制造问题

制造和装配过程可显著影响硬件的质量和可靠性。不正确的组装和制造技术可能会引入缺陷、不足和残余压力,在产品的寿命后期会成为潜在的故障点或压力集中点。图 32 - 6 描绘了制造变化对故障时间的影响。在制造期间,关键几何参数的平均值偏移或标准偏差增加可能会导致由产品的强度降低引起的早期故障。如果这些缺陷和压力可识别,设计分析人员可在设计和开发阶段主动解决。

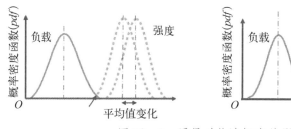

图 32 - 6 质量对故障概率的影响

审核制造过程的优点涉及两个关键步骤。一是需要鉴定程序,如设计鉴定,以确保制造规范不会受硬件长期可靠性的影响。二是需要按批次筛选,以确保所有制造相关参数的变异性在规定的公差范围内[21,22]。换句话说,筛选通过提前识别潜在缺陷来确保产品的质量。

32.3.7.1 过程鉴定

与设计鉴定一样,过程鉴定应在原型开发阶段进行。该步骤的目的是确保名义制造规范和公差产生可接受的产品可靠性。当改变过程参数、材料、制造规格或人为因素时,需要重新进行过程鉴定。

过程鉴定测试可使用在设计鉴定中使用的相同加速疲劳测试集合。正如设计鉴定一样,过压力测试可在预期的过压力负载下判定产品的符合性。过压力测试也可用于确保制造过程不会使硬件的内在材料的强度降低程度超过规定的限制。然而,除非过压力测试结果和损耗故障数据之间有明显的物理学相关性,此类测试应补充而不是替代加速损耗测试程序。

32.3.7.2　可制造性

控制和纠正制造缺陷通常是生产和过程控制工程师(而不是设计团队)关注的问题。然而,在并行产品开发环境中,硬件设计团队必须了解材料限制、可用过程和制造过程能力,以选择材料并构建架构,从而提高生产力并减少缺陷发生,同时提高产量和质量。因此,如果未明确讨论制造缺陷和可接受限度,就不会有完整的规范。可靠性工程师必须明确定义可接受质量的阈值和不符合性。受到硬件性能和可靠性影响的不符合性被认为是缺陷,故障机制模型为制定此类标准提供了一个方便的工具。对可靠性分析人员来说,重要的是要了解哪些规范偏差可能会损害性能或可靠性,哪些规范偏差是良好的并且可接受的。

损害或可能损害产品性能的过程(制造或组装)中的任何时候都可能产生缺陷。缺陷可能在单个过程中产生,也可能在一系列过程中产生。某一过程的产量是随后制造序列或产品生命周期可使用的部分产品。通过计算每个单独过程步骤的单独产量可以大致确定该过程的累积产量。特别是在不进行筛选的情况下,过程产生的缺陷可能直到产品到达该过程序列中的某个下游点才能检测到,所以缺陷的来源并不总是显而易见的。

通常通过简化制造和组装过程,可减少工艺缺陷的可能性。然而,随着过程变得越来越复杂,过程监控和控制需要确保所生产的产品无缺陷。指定过程是否在公差限制内的边界(通常称为过程窗口)根据过程中要控制的独立变量以及过程对产品或相关产品变量的影响来定义。目的是了解每个过程变量对每个产品参数的影响,以形成过程的控制限制,即可变刻度上的某一点,超过此点,缺陷有可能导致故障。在定义过程窗口时,必须确定每个过程变量的上限和下限,超过此上限和下限将产生缺陷。制造过程必须包含在过程窗口中,包括缺陷测试、缺陷原因分析和通过过程控制消除缺陷,例如采用闭环校正动作系统。重要的是建立有效的反馈路径,以报告与过程相关的缺陷数据。一旦完成并确定了过程窗口,过程窗口本身就成为过程操作者的反馈系统。

几个过程参数相互作用产生与单独参数独立作用时的不同缺陷。这种复杂情况可能需要在一系列实验中评估各种过程参数的相互作用。在一些情况下,缺陷在过程序列后期才能检测到。因此,缺陷可能导致产品在被添加相当大的价值之后被拒收、返工或失效。由于缺陷的存在,这些成本项目可能会增加隐藏的工厂成本,进而减少投资回报。所有关键过程都需要特别注意,以通过过程控制来消除缺陷。

32.3.7.3　过程验证测试

过程验证测试通常称为筛选,涉及对所有制造产品进行 100% 的审核,以检测缺陷或加快缺陷的产生。这一步骤的目的是在产品到达现场之前提前发现可能存在的质量问题。因此,筛选有助于减少保修退货并提高客户商誉。原则上,控制良好的过程不需要筛选;然而,它经常用作安全网。

一些产品表现为故障的多模态概率密度函数(见图 32-7),由于使用的材料有缺陷、制造和组装技术不当或者操作不当,峰值出现在其使用寿命的早期。这种早期故障通常称为早期故障率。适当应用筛选技术可成功地检测或加快这些故障的产生,消除或减少其在实际使用中的发生率。就算有故障,也只应考虑在生产的早期阶段且仅在产品预期会出现早期现场故障时进行筛选。如果在故障概率密度函数中只有一个主峰,筛选将无效且非常昂贵。此外,由于天灾(如闪电、地震)等的意外事件导致的故障可能会使筛选成本过高。

因为筛选是基于所有器件来完成的,所以筛选不能损坏良好部件这一点非常重要。因此,最好的筛选方法是非破坏性评估技术,例如微观目视检查、X 射线、声学扫描、核磁共振(NMR)、电子顺磁共振(EPR)等。而压力筛选可能会

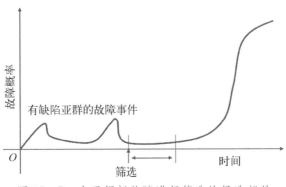

图 32-7　由于损耗故障进行筛选的候选部件

应用高于额定操作限制的压力,可能会破坏部件。如果压力筛选不可避免,则过压力测试将优于加速损耗测试,因为后者更有可能影响良好部件的使用寿命。如果在压力筛选期间不可避免地损坏了良好的部件,就必须根据故障机制模型对筛选损坏进行定量估计,以便设计团队能够考虑这种筛选对使用寿命造成的损失。我们必须针对特定硬件定制筛选的合适压力水平。在鉴定测试中,故障机制的定量模型可帮助确定筛选参数。

压力筛选不需要模拟现场环境或使用可能在现场条件中触发该缺陷的相同故障机制。相反,筛选应当利用最方便、最有效的故障机制来激发可在现场出现的缺陷,以作为早期故障率。显然,这需要了解可能发生在硬件中的潜在缺陷并且广泛熟悉相关的故障机制。

与鉴定测试不同,当引入一定会造成缺陷的操作后立即进行筛选,可实现筛选有效性的最大化。鉴定测试最好在成品上进行或尽可能接近最终操作;此外,当所有操作已经完成时,仅在最后阶段进行筛选会不太有效,这是因为故障分析、缺陷诊断和故障排除难以进行并且会削弱纠正措施。此外,若在制造过程的早期引入缺陷,则浪费了通过新材料和工艺添加的后续价值,还另外增加了操作成本并降低了生产率。

诚然,这种方法也有几个缺点。在每个制造点进行筛选的成本可能太高,特别是对于小批量作业。此外,当部件经过几个制造步骤时,部件将被反复地筛选负载,这增加了由于压力筛选而在良好部件中累积损耗损坏的风险。为了得到筛选矩阵,以在每个筛选测试中解决尽可能多的缺陷和故障机制,必须通过分析成本效益、风险和缺陷临界性来寻求最佳情况。所有缺陷都必须追溯到引起变异的根本原因。

任何压力筛选委托必须包括必要的资金和工作人员,以确定所有故障装置的故障发生根本原因和采取适当的纠正措施,压力筛选类型应由设计、制造和质量团队选择。虽然在生产的早期阶段可能需要进行压力筛选,但压力筛选在资本、经营费用和周期方面都承受了极大负担,随着产品日趋成熟,其收益将减少。如果所有产品在适当设计的筛选测试中均不合格,则设计可能是错误的;如果大量产品不合格,则需要修改制造过程;如果筛选中的不合格数量较少,则过程可能在公差内,并且所观察到的故障可能超出设计和生产过程的资源。

32.3.8　闭环监测

需要使用闭环过程来确保产品的可靠性,该闭环过程在产品生命周期的每个阶段(包括产品运输并在应用环境中使用之后)提供对设计和制造的反馈。从现场故障、维护、检查和测试健康(状况)和使用监测方法获得的数据可用于执行及时维护,以维持产品运行和防止灾难性故障。图32-8描绘了用于整个生命周期内管理产品可靠性的闭环过程。

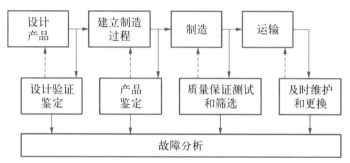

图32-8　使用闭环过程的可靠性管理

闭环监测的目的是分析在测试和现场条件中发生的故障,以确定故障的根本原因。根本原因是最基本的偶然因素,如果得以纠正或消除,将能防止该情况的再次出现。确定根本原因的目的是从最基本的来源解决问题,所以它不会再次发生,即使对其他产品也是如此,而不是仅仅确定故障症状。

根本原因分析方法旨在帮助描述在特定情况下发生了什么事情,确定如何发生,并了解为什么会发生。只有当我们能够确定事件或故障为什么发生,我们才能够确定纠正措施。根本原因分析不同于故障排除,故障排除通常用于消除给定产品中的症状,而不是找到根本原因的解决方案,以防止和其他产品发生故障。

在设计和制造过程中正确识别根本原因,然后采取适当的措施来修复设计和过程,从而减少现场故障、节约成本并提升客户信誉。如果不知道故障发生期间和之前的条件,则现场故障的根本原因分析可能更具挑战性,需要记录从每个故障分析中获得的经验教训,并且需要采取适当的措施来更新设计、制造过程和维护措施或时间表。

32.4　可靠性,可维护性和可用性(RMA)

在航空术语中,通常将可靠性、可维护性和可用性一起称为 RMA。尽管可靠性和可维护性本质上是在操作阶段使用的实时性能数据(故障率、修复率和任务时间等)可追踪的设计特性,但可用性是系统的操作特性。部件和系统的可维护性方面也是设计工程师的主要关注点之一。在操作阶段通过考虑修复率(与故障率同义)和实际维修时间来量化系统可维护性。航空系统的设计采用冗余、自动故障检测和恢复的概念,以实现关键服务所需的可靠性和可用性目标,目的是使服务在没有中断或极少中断的情况下"恢复",以确保更高的可靠性和可用性。

实际上，除了量化可靠性之外，我们还可使用其他指标（如平均故障时间、故障间平均时间、可用性或甚至故障率表本身）来度量可靠性。例如，在航空工业中，通常用 $MTBF$ 和可用性估计来描述可靠性。需要注意，单独使用 $MTBF$ 可能并不能提供关于部件可靠性的整体情况，不考虑任务时间（对于不可修复部件）或测试间隔（对于可修复部件）时，可能无法估计指定部件的可靠性。例如，对于相同的 $MTTF$，如果两个部件的任务时间不同，可靠性也会不同。此外，恢复时间略有增加时，$MTBF$ 可从初始可接受的 $MTBF$ 急剧变成非常低且不可接受，不可接受的 $MTBF$ 可能无法达到系统性能标准。

通常，平均故障时间（$MTTF$）和平均故障间隔时间（$MTBF$）这两个术语在商业领域中可互换使用。但需要知道，术语 $MTTF$ 用于不可修复部件，而 $MTBF$ 用于可修复部件。因此，在估计不可修复部件的可靠性时使用任务时间，而对于可修复部件使用修复时间。同样地，对于经受定期测试的备用部件，测试间隔应用于估计可用性。

数据的统计分析成为可靠性建模、可维护性和可用性的基础，包括现场/实验数据收集、选择适用分布、采用统计概率分布的数据分析和最终评估 RMA 方面。32.4.1 节解释了概率模型的基本特征，32.4.2 节和 32.4.3 节介绍了可维护性和可用性。

32.4.1　可靠性建模

在设计部件时，即使考虑最佳设计实践并在部件投入正常操作之前进行测试，与随机和损耗故障相关的方面仍需要基于概率处理，以增加对生命周期可靠性的理解。

部件和产品的生命周期可靠性可使用浴盆曲线来表示。部件的运行寿命可分为 3 个阶段，即早期故障期、使用期和老化期。想象一个测试环境可以更好地理解这一情形，在该测试环境中，对一组部件进行测试，以收集这一组中每个部件的故障时间数据。该信息用于估计部件的"瞬时故障率"或"危险性"。

预计在测试的早期阶段,故障率很高,随着时间的推移,故障率呈现下降趋势。这个测试阶段的特点是下降趋势,称为"早期故障期"。早期较高的故障率可能是由于设计缺陷、制造缺陷或材料相关问题所致,也可能是由于测试人员或操作维护人员不会使用所致。然而,当初始问题得以解决时,故障率进入下一阶段,称为部件的"使用期"。该阶段的特征是随机故障、故障率或危险性通常保持恒定。预计这是部件最长的运行阶段,一般是几年。对于电子元件,这个阶段的时间范围可以是1～5年以上。使用期结束的特征是故障率增加,部件进入第三阶段,即"老化期"。这里的困难在于识别该阶段的开始,该信息对确定部件的寿命至关重要。

当在现场环境中看到相同的浴盆曲线时,可看出在部件的初始阶段,故障相对频繁,维护和操作人员需要更努力地识别和消除故障。当部件进入恒定故障率区域时,定期或根据情况进行的维护活动可解决可靠性问题,以满足运行目标。然而,当部件进入老化阶段时,不管是否具有适当的维护计划,故障率都将增加。事实上,在这一阶段,甚至加强维护可能也无法阻止故障率增加的趋势(见图32-9)。

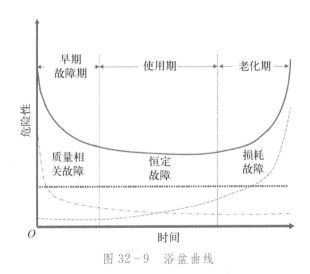

图 32-9 浴盆曲线

尽管浴盆曲线表示在可靠性工程中广泛用于模拟部件的故障率,但有一些具体的现场观察和文献与浴盆曲线表示的生命周期现象并不一致。维护指导小组(MSG)关于航空系统的数据显示,只有 4% 的故障数据遵循浴盆曲线,68% 的数据不显示老化故障,而 14% 数据显示恒定故障率趋势,剩余数据遵循变化趋势,这与浴盆曲线表示不一致[23]。这一观察非常重要,它强调需要理解整个生命周期的特定可靠性,即从部件的初期到终止期的整个周期。例如,如果产品在进入现场使用之前已经过筛选或鉴定测试,那么早期故障率就不会像在浴盆曲线中出现的那样突出。原因是,筛选或鉴定测试将消除所有与设计、制造缺陷相关的故障。同样,周期性测试和维护,或基于条件的测试和维护,或可靠性集中维护(RCM)程序可确保故障率趋势保持恒定,正如在使用寿命周期中所描述的情况一样。在某些现场情况下,在观察到老化症状之前就更换了部件,因此这些部件的老化期可能不如在浴盆曲线中看到的那样突出。

即使故障率是恒定的,可能仍需要在设计或操作/维护过程中对现场条件进行一些修改,这可降低故障率。因此,可认为浴盆曲线是生命周期可靠性的一般或理想表示,并且现场条件会直接影响部件的故障率。

假设对具有 N 个部件的群体进行寿命测试实验。经过一段时间 t 之后,测试终止。假设在时间 t 内无故障的部件数量为 $N_S(t)$;在时间 t 内有故障的部件数量为 $N_F(t)$,则可靠性定义为

$$R(t) = \frac{N_S(t)}{N} \qquad\qquad (32-1)$$

此外,时间 t 的故障概率 $F(t)$ 可以由下式给出:

$$F(t) = \frac{N_F}{N} \qquad\qquad (32-2)$$

如果增加任何时间 t 的无故障和有故障的部件数量,可以得到

$$N_S(t) + N_F(t) = N$$

因此,联立式(32-1)和式(32-2)得到

$$R(t) + F(t) = 1$$

或

$$R(t) = 1 - F(t)$$

反之，

$$F(t) = 1 - R(t)$$

上式表示可靠性和故障概率之间的关系。$F(t)$ 也称为累积分布函数。详细信息可参考可靠性工程方面的书籍。

有两个重要结论与"故障"的解释有关。首先，不可能预测确切的故障时间。这表明，故障时间基本上是随机的。其次，可靠性的定性概念不足以解决与部件工程管理可靠性相关的问题，特别是如航空系统这样的一般系统和复杂系统。因此，不仅要量化可靠性，而且要量化可用性、可维护性和风险。概率方法可量化 RMA。概率方法的另一个优点是能够量化估计中的不确定性，这有助于组织评估设计和安全裕度，以支持决策。

可靠性定义为部件、产品或服务在指定条件下指定时间段内运行的能力。这里需要指出的是，"能力"是一种定性语言表达，涉及与性能功能相关的任何确定性参数。当处理与部件相关性能的随机性质时，能力用"概率"这一术语代替，并且可通过使用故障率和任务时间参数（指数分布）来量化可靠性。因此，可接受的更一般化的可靠性定义如下所述。

可靠性是部件、系统或服务线程在指定条件下指定时间段内令人满意地运行的概率，数学表达式为

$$R(t) = \mathrm{Prob}(T \geqslant t \mid c_1, c_2, c_3, \cdots)$$

式中：T 是一个随机变量，表示部件的实际故障时间；t 是任务时间（对于不可修复部件）；$c_1, c_2, c_3, \cdots$ 表示操作和环境条件，如温度、湿度、电压力等。

考虑到恒定故障率的情况,其中指数分布可用于建模,可靠性定义为

$$R(t) = \exp(-\lambda t)$$

式中:λ 是故障率(单位时间);t 是任务时间(单位时间)。

对于指数分布的情况,其中故障率被认为是恒定的(浴盆曲线中的使用寿命),平均故障时间为

$$MTTF = \frac{1}{\lambda}$$

以上是可靠性介绍,其中假定适用分布为指数分布,直接估计的故障率用来估计可靠性。实际上,我们需要分析数据,选择合适的概率分布,并评估用于估计可靠性的故障率。下面将讨论这些方面的可靠性建模。

32.4.1.1　故障率

估计故障率需要收集数据并评估这些数据的适用分布。预测的准确度在很大程度上取决于数据的充足性或可用性,并选择适当的故障模型来表示和评估数据。可以注意到,故障和相关概念的定义形成基本的部件级可靠性建模。故障率和任务要求通常以时间单位来定义。例如,故障率单位被定义为每小时(或每天或每年,取决于所建模的数据类型)的故障。有时,故障率也被定义为每个周期的故障数。对于备用部件,故障率被定义为每个要求的故障。例如,在要求产生之前保持备用的紧急电源(如柴油发电机)的故障率,即每个要求的故障数。在某些特定情况下,例如,对于飞机的故障可定义为每次着陆或起飞的故障数。有时,需要按照"每百万飞行小时故障"来定义故障,这涉及用于评估故障率的时间和航班数量。应评估故障率,以确定正在建模的部件类型。这些模型是任务模型、备用模型、修复模型、测试模型和要求模型。例如,在任务相关的建模中,将使用任务模型,其中的输入将是任务时间,并且 λ 将表示任务故障率;对于备用部件,主要使用测试模型,其中 t 表示测试间隔,λ 表示备用故障率;对于连续操作或过程相关的部件,将使用修复模型,其中输入将是修复

时间,λ 表示操作故障率;对于按要求驱动的部件,将使用要求模型,其中参数 Q 表示的要求故障概率是唯一输入。在某些情况下,需要多个模型。例如,若要求服务线程进入服务,则还需要提供连续的服务。因此,要求模型和任务模型都将用于评估服务线程故障概率。设计和操作文档提供部件的特定类别信息。

用于评估故障率的主要输入是(如果情况需要时域评估)部件的累积运行时间、任务时间 t(取决于系统的确定性要求)、故障定义。使用这些输入,可估计部件的可靠性。然而,该过程假定适用模型为指数分布,且来自操作系统的性能数据可用(见表 32 − 2)。

32.4.1.2　概率分布

通常需要检查两个方面。在研究这两个方面的问题之前,先讨论对概率建模至关重要的各种故障模型(或故障分布)。故障数据可分为两类,离散数据和连续数据。第一类是离散数据,给定时间内的故障数,如按需启动的开关或继电器故障数就是离散数据。第二类是连续数据,诸如逻辑卡故障的连续操作系统的故障数,或者在指定时间间隔内步进电机的故障数,这些就是连续数据。相应地,故障分布也有两种,即连续分布和离散分布。本节将讨论在电子元件寿命和可靠性预测中最常用的分布,如指数分布、正态分布、对数正态分布和 Weibull 分布。概率密度函数(pdf)这一分布参数用于表征数据的性质和趋势,是理解可靠性的基础。因此,在下一节中,我们将使用 pdf 来表征一些选定的故障率模型。

32.4.1.3　硬件部件可靠性数据

作为制造系统构造块的单独物理工程实体被称为部件。例如,当考虑电子板作为子系统时,如微芯片、电容器、电阻器和二极管等组件就被称为组成逻辑板的部件。板集成到一个模块中可形成通道。此外,连接到各种分布式设备的冗余通道(例如 2 个或 3 个)可构成系统。然而,当分析师认为可将电子卡作为部件甚至商用货架产品(COTS)时,这种产品也可被视为部件。

因此,正是分析师才能选定构成部件的产品。在本节,部件是指要执行

表 32-2 概率分布函数(pdf)$f(t)$;可靠性 $R(t)$;累积分布函数 $F(t)$ 和平均故障时间;指数,Weibull,正态和对数正态分布的 $MTTF$ 及其应用

分配	概率密度函数 (pdf) $f(t)$	可靠性 $R(t)$	不可靠性或累积分布函数 $F(t)$	平均故障时间 $MTTF$	应用
指数	$\lambda\exp(-\lambda t)$	$\exp(-\lambda t)$	$1-\exp(-\lambda t)$	$1/\lambda$	考虑恒定故障率的寿命和可靠性预测
Weibull	$\dfrac{\beta}{\alpha}\left(\dfrac{t}{\alpha}\right)^{\beta-1}\exp\left[-\left(\dfrac{t}{\alpha}\right)^{\beta}\right]$	$\exp\left[-\left(\dfrac{t}{\alpha}\right)^{\beta}\right]$	$1-\exp\left[-\left(\dfrac{t}{\alpha}\right)^{\beta}\right]$	$\alpha\Gamma\left(\dfrac{1+\beta}{\beta}\right)$	许多损耗/降级相关故障的寿命预测
正态	$\dfrac{1}{\sqrt{2\pi}\sigma}\exp\left[-\dfrac{1}{2}\left(\dfrac{t-\mu}{\sigma}\right)^{2}\right]$	$1-\displaystyle\int_{t}^{\infty}\dfrac{1}{\sqrt{2\pi}\sigma}\exp\left[-\dfrac{1}{2}\left(\dfrac{\tau-\mu}{\sigma}\right)\right]d\tau$	$\displaystyle\int_{t}^{\infty}\dfrac{1}{\sqrt{2\pi}\sigma}\exp\left[-\dfrac{1}{2}\left(\dfrac{\tau-\mu}{\sigma}\right)\right]d\tau$	μ	高压力部件的设计、制造和寿命预测
对数正态	$\dfrac{1}{\sqrt{2\pi}\sigma_t}\cdot\exp\left[-\dfrac{1}{2\sigma_t^{2}}(-\ln t-\mu_t)^{2}\right]$	$1-\displaystyle\int_{0}^{t}\dfrac{1}{\sqrt{2\pi}\sigma_t}\dfrac{1}{\theta}\exp\left[-\dfrac{1}{2\sigma_t^{2}}(\ln\theta-\mu_t)^{2}\right]d\theta$	$\displaystyle\int_{0}^{t}\dfrac{1}{\sqrt{2\pi}\sigma_t}\dfrac{1}{\theta}\exp\left[-\dfrac{1}{2\sigma_t^{2}}(\ln\theta-\mu_t)^{2}\right]d\theta$	$\exp\left[\left(\mu_t+\dfrac{1}{2}\sigma_t\right)\right]$	数据来自不同来源、缺陷分布、一些部件的寿命预测

注:λ 为故障率;t 为时间;μ 为平均值;σ 为标准偏差;β 为形状参数;α 为尺度参数;θ 为对数正态分布的参数。

故障率评估的最低级电子设备。部件的可靠性评估有 3 种方法。

32.4.1.3.1　手册方法

这种方法是基于对电子元件进行寿命测试研究而发展起来的,该研究在实验室环境中在预定的和模拟的操作和环境压力下进行。在电压、电流、结温和环境压力(如温度,湿度,粉尘负载)等操作压力的强度下,模拟振动,以加速故障机制。这样获得的信息被外推到使用条件,以了解部件在使用条件下的主要故障机制和寿命或可靠性。手册记录了数据和模型以及修正因子。

对于有兴趣使用手册方法的分析师,该知识库提供了指定部件的基准/参考故障率和部件质量的修正因子、技术(如 CMOS,TTL 等)、构造特征(如集成电路的封装类型等)以及引脚数量。同样,操作压力也有修正因子,例如结温、湿度、振动水平等。

这种方法广泛用于估计电子元件的可靠性,在文献中也提到一些手册方法的应用[24]。手册方法也可用作商业软件工具,通过易于使用的图形用户界面提供分析平台。

32.4.1.3.2　运行经验

许多组织机构记录了系统可靠性数据。即使记录不可用,当执行可靠性研究时,我们仍可收集运行和维护记录的历史,并且引出关于累积运行经验、故障事件数量、测试和维护实践、故障模式等信息。系统特定数据成为估计可靠性的最佳输入数据来源。优点在于,在系统中运行的类似部件提供了相当好的累积运行经验数据。例如,在运行了 5 年的系统中,指定微芯片总数假设为 200,则总累积经验为 $5 \times 200 = 1\,000$ 年。假设在这 5 年中观察到 8 次故障,则平均故障率为 $9.2 \times 10^{-7}/h$。如果使用条件包含用于未来建模的所有系统运行特性,包含在其运行过程期间遇到的压力,那么在改变原始设计时,这种运行经验可为未来使用或外推提供重要输入。如果部件设计与原始规范相差不大,这种方法比其他方法更好。

对这种方法持反对意见的观点是电子系统的设计变化如此之快,以至于在构建新的设计时,旧部件上的数据可能不适用。因此,在选择可靠性估计方法时,应审查这些问题。

32.4.1.3.3　加速寿命测试和故障物理方法

加速寿命测试方法广泛用于部件和系统的寿命及可靠性预测。这种方法对新设计的或新一代部件特别有用,例如连接器或现场可编程门阵列(FPGA)的新设计等。手册方法和系统特定方法可能不适用于部件的新设计,或只适用于新部件。即使对于使用制造和涂覆触点、回弹机构的先进技术和材料设计的通用部件(如连接器)仍需要使用加速寿命测试方法来表征部件的寿命和可靠性。前面所讲的寿命测试模型就用于估计部件的寿命。

故障物理(PoF)方法本质上是一种科学方法,该方法在了解各种故障机制或降级机制的基础上,提供了一种有效的方法来构造预测部件寿命和可靠性的模型。该方法涉及第一原理模型的应用,通过理解各种故障机制,预测部件的剩余使用寿命和可靠性。该方法基于部件特性进行预测,如给定操作和环境应激源的适用降级过程的材料性质、几何属性和活化能。加速寿命测试是故障物理方法的核心。由于 PoF 能够识别主要故障模式和机制,因此能根据一些预兆来监测部件的健康。FMMEA 形成了这种方法的基础,以确定优先适用的降级机制(见图 32 - 10)。

PoF 模型的一般形式为

$$t_{50} = f(x_1, x_2, x_3, \cdots)$$

式中：t_{50} 为中位数寿命；x_i 为模型的参数。

用于寿命预测的常见 PoF 模型是 Arrhenius 模型,公式如下：

$$t_{50} = A\exp\left[\frac{E_a}{kT}\right]$$

式中：A 为过程常数；E_a 为过程的活化能,单位为 eV(电子伏特)；k 为 Boltzmann 常数 $= 8.617 \times 10^{-5}$ eV/K；T 为 Kelvin 温度。

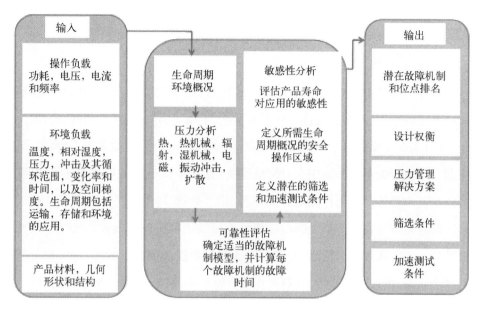

图 32 - 10　基于故障的 CALCE 物理学方法

(摘自 Pecht,M. ,复杂系统的故障物理,DARPA/NIST 研讨会,阿灵顿,VA,http：//
www. isd. mel. nist. gov/meso_micro/Pecht. PDF, 1999 年 3 月 11—12 日)

这一代高级微芯片(如 FPGA)很复杂,由数百万个晶体管以及复杂布局和
高密度互连来构建。最终的结果是,即使这些芯片具有极高的能力(包括速
度),这些部件的可靠性仍是一个问题,还是需要进一步研究。一些传统方法,
如手册方法,可能无法提供令人满意的答案。因此,PoF 方法(包括 FMMEA)
和寿命测试成为部件寿命预测模型必不可少的一部分。

32.4.1.4　系统可靠性建模

系统可靠性建模涉及从基本部件或子系统来建立系统的可靠性模型。整
个系统配置和部件的相互关系形成了系统可靠性建模的基本信息。系统是设
备和技能的复合体,技术能够执行操作,或支持操作,或执行并支持操作[26]。
因此,在系统可靠性建模中,除了硬件和人为因素,系统可靠性估计还须考虑软
件。部件故障模型(如备用,连续操作,可修复/不可修复等)和适用分布(如指

数,正常,对数正态等)的选择形成系统可靠性建模过程的一部分。此外,系统中冗余系列的常见故障分析对于估计系统可靠性也至关重要。

32.4.1.4.1　可靠性框图

在这种技术中,系统配置以图形方式表示。由两个基本对象构成可靠性框图(RBD),即"框"和"线"互连。框表示系统、子系统、设备或基本部件。这取决于 RBD 正在开发的水平。例如,如果正在对电子卡建模,则微芯片、电容器、电阻器可用框图表示。如果正在对模块建模,则逻辑卡、致动继电器和开关、电源可能是基本部件。如果正在对系统建模,则子系统 1、子系统 2 等可能是形成系统的基本部件。两个框之间的功能关系用线或箭头连接表示。每个可靠性框图有一个输入和一个输出,分别用输入和输出箭头表示。此外,每个框可能有两个状态,即成功和失败。同样,在每个模拟中,只能考虑一种故障模式。

图 32 - 11 所示为串联和并联结构。图 32 - 11(a)为两个部件串联连接的服务线程的可靠性框图。对于服务线程的成功,每个部件应该正确地运行。输入和输出之间的连接中断,即任何一个部件发生故障,称为"线程损失"或"线程故障"。

图 32 - 11(b)所示为包括线程中两个部件的并联结构。

从串联系统可以看出,所有部件都正常运行才能保证系统成功。任何一个部件(见图 32 - 11(a)中的 1 或 2)故障导致输入(I)和输出(O)之间的连接中断。逻辑板上连接的大部分部件被认为是串联连接,除非有特定的备份。

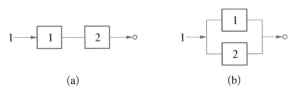

(a)　　　　　　　　　　(b)

图 32 - 11　显示串联结构和并联结构的 RBD
(a)串联结构　(b)并联结构

串联系统的可靠性＝部件 1 的可靠性和部件 2 的可靠性,则图 32 - 11(a)所示的结构的可靠性可表示为

$$R_S(t) = r_1(t) \cdot r_2(t)$$

式中：$R_S(t)$ 是系统可靠性；$r_1(t)$ 和 $r_2(t)$ 是部件 1 和 2 的可靠性；t 是任务时间。

如果假设部件 1 和部件 2 的可靠性遵循指数分布

$$R_S(t) = \exp(-\lambda_1 t) \cdot \exp(-\lambda_2(t))$$

式中：λ_1 和 λ_2 是部件 1 和部件 2 的故障率。

$$R_S(t) = \exp[-(\lambda_1 + \lambda_2)t]$$

如果 $\lambda_1 + \lambda_2 = \lambda_T =$ 系统中部件 1 和部件 2 的故障率之和，则

$$R_S(t) = \exp(-\lambda_T)t$$

因此，在串联系统中，所有部件的故障率总和表示总系统故障率。因此，对所有部件的故障率相加并且采用上面的方法来评估系统可靠性将非常方便。

并联结构如图 32 – 11(b)所示，由于备用路径可以用于实现系统的成功运行，任何一个部件发生故障，例如部件 1 或部件 2 发生故障，不会导致输入(I)和输出(O)之间的连接中断。这可通过一个示例进一步澄清。假设一个主服务线程可由执行主服务线程功能的另一服务线程备份。这种结构可用并联结构表示。请注意，两个服务线程并联工作，不需要切换操作(与备用配置不同)。因此，在并联结构中，系统保持运行，直到最后一个部件失效。

如果 $R_S(t)$ 和 $F_S(t)$ 表示系统 S 对于任务 T 的可靠性和故障概率，则可给出如下并联配置的系统可靠性建模。

易知

$$R(t) + F(t) = 1$$

这意味着在时间 t，部件工作将"成功"或"失败"。因此，这两个概率的总和必须是一致的。

$$R_S(t) = 1 - F_S(t)$$

或

$$F(t) = 1 - R(t)$$

$F_S(t)$是并联结构的系统故障概率。

假定$q_1(t)$和$q_2(t)$分别表示部件 1 和部件 2 的故障概率,并联结构的故障概率可表示为[21]

$$F(t) = q_1(t) \cdot q_2(t)$$

如果$r_1(t)$和$r_2(t)$是部件 1 和部件 2 的可靠性,则

$$F(t) = (1 - r_1(t))(1 - r_2(t))$$

$$R_S(t) = 1 - [(1 - r_1(t))(1 - r_2(t))]$$

假设数据遵循指数分布

$$R_S(t) = 1 - [(1 - \exp(-\lambda_1 t))] \cdot [(1 - \exp(-\lambda_2 t))]$$

$$R_S(t) = \exp(-\lambda_1 t) + \exp(-\lambda_2 t) - \exp[(\lambda_1 + \lambda_2)t]$$

如果假设$\lambda = \lambda_1 = \lambda_2$,则意味着如果部件 1 和部件 2 的可靠性分别用r_1和r_2表示,则$r_1 = r_2 = r$。

$$R_S(t) = 2\exp(-\lambda t) - \exp(-2\lambda t)$$

或

$$R_S(t) = 2r - r^2$$

因此,如图 32 - 11(b)所示,具有两个部件的并联系统的可靠性定义为各个部件的可靠性总和减去各个部件的可靠性乘积。

32.4.1.4.2 事件树

航空系统的设计应确保单一故障或启动事件不会导致意外情况。因此,系

统中的部件须首先保持在减少冗余条件下运行或安全地终止运行,因此其效率会损失。如果系统进一步降级,应进行修复或维护操作,并减轻安全后果。只有当冗余部件失效并且不可恢复时,事故才会成为现实。事件树分析是模拟事件进展现象的有效方法。

事件树分析法是一种图形方法。该分析根据给定的不期望启动事件集合来评估系统。当然,使用事件树一次可映射一个启动事件。事件树发展过程是基于系统/设施对给定发起事件的响应所做的情境传播。例如,在发生关于电源故障的启动事件时,事件树的发展过程可能就包括现场冗余设施(如柴油发电机,不间断电源系统,电池等)以及作为恢复条件的人为操作如何响应恢复/减轻后果等。适用的安全系统,人为操作和恢复等构成事件树中的标题。启动事件构成第一树冠事件,安全系统按照功能进行时间排序。这种方法本质上是归纳法,常用于评估冗余部件的防御深度或充分性,是复杂系统中风险分析的一部分。航空系统中的大多数安全关键服务线程都具有容错功能,包括提供独立性、冗余、多样性和故障安全设计以及恢复。

确保有不间断电源给电子设备(包括空中交通管制的航空设备)供电对航空可靠性是至关重要的。假设启动事件涉及空中交通管制中心的主电源故障(来自电网),该事件在 ATC 中心的设计中被认为是预期瞬态。因此,设计了自启动专用柴油发电机组。除此之外,还提供应急用不间断电源系统(UPS)。在电源中断之后,因为 UPS 中的电池提供 DC 并转换为 AC,因此,为 ATC 中的应急设备/负载提供不间断的电源。UPS 可给应急负载供电3 h。上述规定确保在正常电源故障期间有足够的冗余来应对紧急情况。然而,即使这些冗余看起来足够,也可以通过事件树分析来进一步验证,以确保应急设备的总电源故障的发生概率相当低。图 32 - 12 所示为 ATC 电源故障的事件树。

32.4.1.4.3　故障树

故障树分析采用良定的不期望(顶部)事件的演绎图形来表示。正如

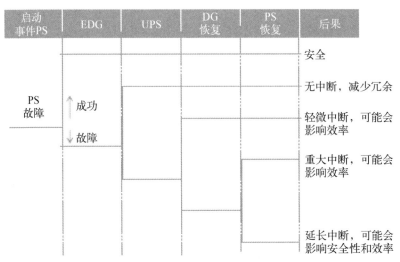

图 32 - 12　ATC 中心电源故障的事件树示例

注：PS 为电源，EDG 为应急柴油发电机组，UPS 为不间断电源系统。

我们在事件树中所看到的，树冠事件只是系统安全措施或需要经常使用故障树或 Markov 分析法评估的系统。因此，故障树的输出形成事件树树冠的输入。故障树中的顶部事件是不期望的事件。该事件是由良定的故障准则来定义的。故障准则根据不满足过程系统参数来定义，例如安全服务的驱动，通信信号的强度、欠电压，导致系统故障的最少装置数量等（例如 2/3 的冗余控制/通信通道故障等）。确定故障准则的输入有许多方法。

　　故障树分析分为两个级别，即定性和定量。表 32 - 3 所示为在故障树分析中使用的基本符号及其含义和功能。我们以航空中的服务线程为例来理解故障树的发展过程以及从故障树分析中可获得的信息。在航空分类法中，与远程/分布式系统或支持系统相比，信息系统具有更高的优先级。假设存在满足特定安全功能的信息系统，该信息系统的服务线程包括主线程、备用线程和手动过程，像缓减措施一样。图 32 - 13 所示为服务线程的配置。

表 32 - 3　故障树符号

符　号	命　名	操　作
Top	故障树的顶部"不期望"事件	它是一个终端事件,只有输入(多个),没有输出。此事件包含分析的结果
	中间事件	它包含过程/事件的命名。它有多个输入(门逻辑的输出)和一个输出,成为下一个较高级门的输入
	基本事件	这是形成故障树的构建块的最基本或最终部件/人为错误。基本事件形成最底层的实体
	"或"门	该门的输出是所有输入的总和。如果 A 和 B 是该门的输入,则输出将为(A + B)
	"与"门	该门的输出是所有输入的乘积。例如,如果 A 和 B 形成输入,A&B 的乘积是该门的结果
k	n 事件的组合	n 个部件中的"k"个部件故障使系统进入故障状态,表示为 k/n。示例是用于控制系统故障建模的 2/3 表决逻辑
	内部事件或外部事件	预期发生的事件
	高级"或"门	仅有一个输入时才输出
	优先级"与"门	如果所有输入故障都发生在"定义序列"中,则发生输出故障
	条件事件	适用于给定逻辑门的特定条件或约束的适用性
	未开发事件	这些事件在故障树上用于指示,在该点之外没有进行分析,或者信息不可用,或者分析不需要超过该点
x	转入(来自第 x 页)	来自第 x 页的故障树的输出转入较高级故障树的当前位置
x	转出(到第 x 页)	当前故障树的输出作为输入转出到第 x 页的故障树

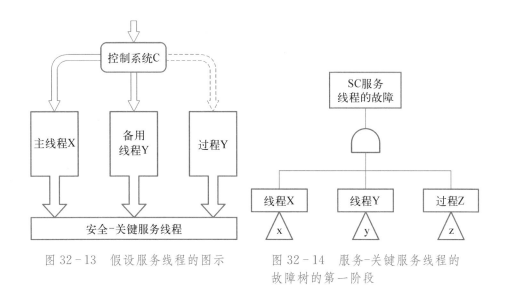

图 32-13　假设服务线程的图示

图 32-14　服务-关键服务线程的故障树的第一阶段

我们做出如下假设：所有 3 个线程都是独立的，因此排除了一些常见原因事件在一个时间点影响所有 3 个服务线程的可能性。然而，由于如位置和共享冷却系统等方面的影响，可能无法排除同一线程中有两个冗余处理器的可能性。其他设备（如同一线程中的存储设备）不受任何常见的现象影响。每个服务线程由子部件组成，例如，服务线程 X 和 Y 包含计算机系统。因此，为了使服务线程平稳运行，需要每个子部件都正常工作。就该例子而言，假设管理过程将系统恢复到健康的操作状态。在该阶段，假设将系统的操作从线程 X 移到线程 Y（或反之亦然）的控制开关切换，实现完美运行。上述配置的故障树开发如图 32-14 所示。

可以看出，"线程 X""线程 Y"和"过程 Z"已经定为中间事件。这是因为这些事件没有达到基本部件级别，还需要进一步发展。

此外，我们还有以下信息：① 线程 X 和线程 Y 是相同的，并且均包括一个计算机系统，具有处理器、SM 电源、DD-RAM、母板以及输入输出卡；② 两个计算机系统由相同的电源供电；③ 它们位于单独的房间中，但由公共通风系统冷却。因此，重要的是线程 X 和线程 Y 均有可能出于某些共同原因而造成故障且失效。

系统过程包括通过一组人为操作和一组硬件开关和控制系统的操作(我们假定需要正确操作两个开关,以实现该过程)来恢复服务线程。因此,过程的实现还需要以正确的方式运行某些硬件。

如上所述,故障树单线程(X/Y)可按如图 32-15 所示的方式开发。

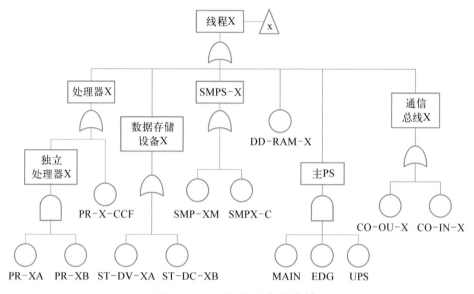

图 32-15　线程 X 的故障树

注:PR-XA,线程 X 中的处理器 A;PR-XB,线程 B 中的处理器 B;PR-X-CCF,线程 X 中的处理器的常见原因故障;ST-DV-XA,线程 X 中的数据存储设备 A;ST-DV-XB,线程 X 中的数据存储设备 B;SMP-XM,线程 X 中的开关模式电源模块;SMP-XC,线程 X 中的开关模式电源连接器;MAIN,线程 X 和 Y 中的主电源;EDG,线程 X 和 Y 中的应急柴油发电机(EDG)电源;UPS,线程 X 和 Y 中的不间断电源;DD-RAM-X,线程 X 中的 DD-随机存取存储器;CO-OU-X,线程 X 中的输出通信总线;CO-IN-X,线程 X 中的输入通信总线。另,线程 Y 的故障树类似,除了它用所有部件命名标识符 Y 代替 X。

线程 Y 也开发了相同的故障树。唯一需要修改的是将标记为 X 的部件替换为线程 Y 中的对应部件。为线程 X 和线程 Y 绘制的故障树连接到图 32-13 中的中间事件线程 X 和线程 Y,并成为主故障树的一部分。

"过程 Z"的故障树是为手动恢复错误而开发的,并且两个开关的正确操作如图 32 - 16 中的故障树所示。

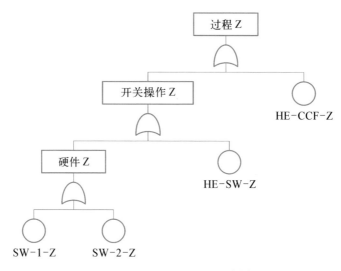

图 32 - 16　线程 Z 的故障树

注:SW - 1 - Z,线程 Z 中的开关 - 1;SW - 2 - Z,线程 Z 中的开关 - 2;HE - SW - Z,操作开关时出现的人为错误;HECCF,在过程 Z 执行中导致常见原因故障的人为错误。

可简要总结使用 PSA 软件 ISOGRAPH[27]进行故障树分析的结果。故障树的定性分析生成了最小割集的清单。割集的清单如表 32 - 5 所示。可以看出,没有一阶和二阶割集,大多数割集是三阶割集。该系统是稳健的,因为它需要 3 个部件同时故障才能导致全部安全关键线程的故障。此外,我们可通过估计每个基本部件和人为操作(线程 Z)的故障概率来量化故障树的这一发现。数据表(见表 32 - 4)显示了分配给每个部件/人为操作的故障概率。模拟的结果表明,顶部事件的故障概率,即"SC 服务线程故障"为 4.16×10^{-7}。该结果进一步确认服务线程是高度可靠的。我们可基于表 32 - 5 给出的故障概率来进一步优先排列这些割集。

此外,重要性分析由 Fussell - Vessely 重要性模型来实现。图 32 - 18 中的条形图(下一节介绍)显示了部件的重要性。可以看出,开关模式电源(SMP -

表 32 - 4   故障树的输入数据

编号	部 件 命 名	部件代码	失败概率
1	线程 X 中的处理器 A	PR - XA	2.0×10^{-3}
2	线程 X 中的处理器 B	PR - XB	2.0×10^{-3}
3	线程 X 中的处理器的常见原因故障	PR - X - CCF	2.0×10^{-4}
4	线程 X 中的数据存储设备 A	ST - DV - XA	5.0×10^{-4}
5	线程 X 中的数据存储设备 B	ST - DV - XB	5.0×10^{-4}
6	线程 X 中的开关模式电源模块	SMP - XM	3.0×10^{-3}
7	线程 X 中的开关模式电源连接器	SMP - XC	3.0×10^{-3}
8	线程 X 和 Y 的主电源	MAIN	1.0×10^{-6}
9	线程 X 中的 DD 随机存取存储器	DD - RAM - X	1.0×10^{-4}
10	线程 X 中的输出通信总线	CO - OU - X	7.0×10^{-4}
11	线程 X 中的输入通信总线	CO - IN - X	9.0×10^{-4}
12	线程 Z 中的开关-1	SW - 1 - Z	1.0×10^{-3}
13	线程 Z 中的开关-2	SW - 2 - Z	1.0×10^{-3}
14	操作开关时出现的人为错误	HE - SW - Z	5.0×10^{-3}
15	在过程 Z 执行中导致常见原因故障的人为错误	HE - CCH - Z	6.0×10^{-3}

注:线程 Y 中的部件有相同的命名,除了用标识符"Y"代替"X"。

表 32 - 5   故障树分析结果:割集概率(仅针对顶部不可用)

编 号	割 集	不可用
1	SMPX - M. SMP - YM. HE - CCF - Z	5.40×10^{-8}
2	SMPX - M. SMP - YM. HE - SW - Z	4.50×10^{-8}
3	SMPX - M. CO - IN - Y. HE - CCF - Z	1.62×10^{-8}
4	CD - IN - X. SMP - YM. HE - CCF - Z	1.62×10^{-8}
5	CD - IN - X. SMP - YM. HE - SW - Z	1.35×10^{-8}
6	SMPX - M. CO - IN - Y. HE - SW - Z	1.35×10^{-8}

编　号	割　　　集	不可用
7	SMPX - M. CD - OU - Y. HE - CCF - Z	1.26×10^{-8}
8	CD - OU - X. SMP - YM. HE - CCF - Z	1.26×10^{-8}
9	CD - OU - X. SMP - YM. HE - SW - Z	1.05×10^{-8}
10	SMPX - M. CD - OU - Y. HE - SW - Z	1.05×10^{-8}
11	SMPX - M. SMP - YM. SW - 1 - Z	9.00×10^{-9}

YM 和 SMPX - M)分别在线程 X 和 Y 中具有最高重要性。此外,在执行应急程序(HE - CCF - Z)和驱动开关(HE - SW - Z)中的人为错误已经显示属于下一级重要性。图 32 - 18 显示了部件的重要性,可供参考。有关故障树分析的详细信息,请参阅 NASA 手册[28]。

以上信息在风险分析中至关重要,与风险分析相关的方面将在本章相应章节讨论。

32. 4. 2　可维护性

可维护性是指在经过培训的合格人员按照规定的程序进行维护时,在给定的时间段内,对故障服务/系统/部件进行维修并使其恢复服务的概率。可维护性的表达如下:

$$M(t) = \exp(-\mu t)$$

式中:μ 是修复率,即单位时间的维修次数;t 是修复时间。

$MTTR$ 也可定义为

$$MTTR = \frac{1}{\mu}$$

$MTTR$ 也称为恢复时间。

可维护性一般是基于计算机或数字系统的运行特性。然而事实是,可维护性基本上是设计特性,并且涉及各种监视程序,包括自检特征、手动测试和校准/定期服务以及将在系统的运行阶段期间执行的修复/更换。可维护性还指元件/线程/系统的固有特性,其提供校准漂移或服务、维修或更换故障元件的能力。因此,数字系统的设计者需要根据任务要求及人为因素做出关于自动化水平的决定。如前所述,安全线程应当这样设计,所有计算机系统及其通信链路一直保持准备就绪状态,使得在产生需求时可执行相应的功能。这需要自动重新配置功能并定期测试设施/使能器。自动重新配置功能将在任务期间恢复任何故障,而测试和状态监视功能将确保更高的可维护性和可用性。设计控制的主要目的是在紧急情况下,操作员的认知负载尽可能达到最小,并且通过人机接口提供与缺陷/故障相关的信息,有效地帮助操作员恢复正常情况。

维护是确保实施有效可维护性计划的主要特征之一。在部件的操作阶段,维护是确保部件的更高可靠性和可用性的重要方面,前期维护主要包括预防性维护或预测性维护,从而形成主要维护方法。预防性维护计划的时间表基于工程判断或供应商规范,而预测性维护涉及基于状态的维护和以可靠性为中心的维护方法。即使这些方法经过时间测试并且运行良好,因为一种方法不能确定部件的剩余使用寿命,因此仍有改进的空间,这也是为什么大多数方法基于非常保守的标准。其中一种推荐方法是基于风险的在用检查测试和维护方法。在这种方法中,风险分析的结果以可用性的定量估计形式衡量重要性,用于确定维护活动的优先次序。这些方法还为维护活动提供了最佳的测试/维护间隔。感兴趣的读者可参考有关基于风险的在用检查、测试和维护方法的文献。

除此之外,预测和健康管理(PHM)是一个新的方向,其应用前景非常好。事实上,在目前的形式中,这种方法主要用于航空电子元件。该方法的预测部分提供了关于“何时启动 PM 操作”的答案,并且该方法的健康管理部分提供了若干根本原因分析结果的维护行为的最佳过程,这构成 PHM 方法的一部分。[29]

32.4.3 可用性

可用性是指部件在需要时可用的概率。如前所述,当可用性与设计方面相关时,被称为固有可用性,而在操作领域,被称为稳定状态或瞬时可用性。在该阶段,我们将可用性定义为"可用于满足要求或功能的部件的时间分数"。因此,在正常运行时间和停机时间参数方面,可将运行可用性定义为

$$可用性 = 正常运行时间/(正常运行时间 + 停机时间)$$

稳态可用性,在 $MTTF$ 和 $MTTR$ 方面可表示为

$$可用性(稳态) = MTTF/(MTTF + MTTR)$$

"系统"自动要求处理可用性和可维护性,因为当系统投入使用时,维修和恢复是固有要求。因此当我们讨论系统的可用性时,我们知道作为恢复形式的修复,可靠性和可用性之间的权衡成为决策的标准。对于一般的电子系统和安全关键系统或者效率关键系统而言,通过设计系统来提高系统的总体可用性,即提供内置测试,以便通过识别和间隔故障来实现自动恢复。为此,修复构成了恢复的替代形式。这确保了自动重新配置更高的可用性,包括从故障冗余线程到健康线程的切换控制,通常具有较小的瞬态/中断或没有可观察到的中断。在这种情况下,如果修复可在离线模式下执行而不影响系统可用性,则系统可靠性会有显著改进。提高系统可用性的另一种方法是调用定期监视程序。在该方法中,仅停用 1 个线程,其他冗余线程保持运行,这可用来测试冗余系统。例如,以 3 个冗余线程(具有 2/3 的表决逻辑)以及满足监视和通信的情况为例。此配置允许在 1/2 表决逻辑之后,当其他 2 个线程可用时,停用 1 个线程,这当然是在执行测试/维护的短时间内进行的。定期测试也增加了系统可用性,甚至当整个系统停用时,当然这只在确保没有或有最低的操作或安全后果之后进行。定期测试的目的是寻找被动或潜在故障。通过消除这些故障,净系统可用性增加,因为测试通常可减少故障率,因此不可用性远小于可用性的增加。

在航空电子系统中,特别是备用安全服务线程,自动检测和间隔故障的示例之一可能是部署精细脉冲测试(FIT)设施[30]。要识别备用线程中的潜在或被动故障还存在困难。当逻辑设计需要按需通电时,情况尤其如此。为了克服这个限制,FIT 诊断模块可用于监视线程。FIT 通过电子冗余通道以非常短的间隔(通常为 2 s)发送窄脉冲,并通过比较预先指定的输出模式与实际输出是否相同来确认完整线程/通道的健康。关于模式不匹配的数据用于检测故障卡/逻辑,脉冲持续时间极短,甚至不足以推动任何末端制动装置,如电磁装置。例如,电磁继电器制动需要超过 30 ms 的脉冲持续时间,而由 FIT 产生的脉冲的持续时间远不及此。该方案通过使用 FIT 设施来测试逻辑通道,确保冗余线程和最终服务的更高可用性。

下一节,我们将讨论 Markov 方法的应用,其中假设修复作为恢复机制。

航空系统设计采用具有冗余架构的容错设计。我们以 K/N 表决冗余为例,确保运行期间的高可用性。修复形成主要的恢复机制,恢复不是一个操作特性,而是一个设计特性,确保即使系统的某一部分被修复时,系统也可无故障运行。通常使用逻辑芯片级处理器上的可重配置逻辑自动执行故障诊断和恢复。

Markov 模型为复杂结构的建模提供了有效的方法。在 Markov 模型中,系统可在两个以上的状态中建模。Markov 过程中的基本假设是系统的当前状态仅取决于前一状态。另一个假设是转换由指数分布控制。系统的状态用圆圈表示,转换用箭头表示。

以由 2/3 的表决逻辑组成的安全关键服务为例。当所有 3 个线程都正常运行时,服务被认为是正常的。系统结构使得如果出现一个线程故障,则可执行修复,以将系统恢复到正常状态,即所有 3 个线程可用。当第二个线程故障时(当第一个故障的线程无法恢复到可用状态时),系统进入故障状态。

收集的数据表明,故障率 λ/单位时间和修复率 μ/单位时间遵循指数分布。目标是建立一个 Markov 模型,用来评估"可用性"或"不可用性",在这个例子中,我们假设只有一个修复设施可用。此外,我们假设 3 个线程的故障率已通过平均 3 个线程的故障率得到,并用 λ 表示。

如果"1"表示线程可用,"0"表示线程故障,则各种状态的系统配置显示在括号中。

系统有 3 种状态,下面进行具体阐述。

(1) 状态 1:所有 3 个服务都可用(111)。

(2) 状态 2:一个服务故障,两个可用(110),(101),(011)。

(3) 状态 F:两个服务故障,使系统进入故障状态(100),(010),(001)。

该系统的 Markov 图表示如下(见图 32 - 17):

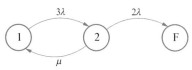

图 32 - 17 2/3(F)服务线程的 Markov 图

假设在时间 t,系统在状态 1、状态 2 和状态 F 的概率分别为 $P_1(t)$、$P_2(t)$ 和 $P_F(t)$。那么上述系统的微分方程可写成

$$\frac{\mathrm{d}P_1(t)}{\mathrm{d}t} = -3\lambda P_1(t) + \mu P_2(t)$$

$$\frac{\mathrm{d}P_2(t)}{\mathrm{d}t} = -(2\lambda + \mu)P_2(t) + 3\lambda P_1(t)$$

$$\frac{\mathrm{d}P_F(t)}{\mathrm{d}t} = 2\lambda P_2(t)$$

状态 F 是吸收态。这种考虑对于安全系统的确如此,因为安全系统的故障导致故障后果,并且恢复不适用于该状态。

在求解这些微分方程时,系统在状态 1 的概率将为 $A(t)$ 提供模型,即在故障和修复率方面,可用性是时间的函数。同样,不可用性可表示为系统在状态 F 的概率或系统在状态 1 的概率。

通常需要模拟系统的情况,以评估故障检测的概率、自动恢复的概率(通过重新配置而不是修复)和系统最终进入故障状态的概率。Markov 方法提供了一个有效的框架,可用于模拟这些类型的问题。关于 Markov 建模的细节,读者可参考 NASA 手册[31]。

32.5　风险性评估

在航空电子数据系统中,风险性评估可能与航空电子系统故障的评估频率和相关后果的评估有关。概率风险性评估程序广泛用于航空系统[32]。在该过程中,事件树方法用于通过向启动事件诱导系统响应或人为操作或恢复因素来扩散情境。该建模通过采用事件树分析方法来进行。启动事件的频率和安全功能的故障的组合表示为事故序列。例如,(主电源故障)×(应急柴油发电机故障)×(UPS 故障)是典型的事故序列,其中主电源故障是启动事件,而应急柴油发电机和 UPS 是两个安全功能。使用故障树方法来评估安全系统的故障概率,该故障在事件树中作为树头事件。在故障树中,基本部件故障概率形成输入,而故障树的输出为安全线程的故障概率和最小割集清单。故障树和事件树方法已在本章前面讨论过。

从系统的概念设计起草要求规范开始,一直到系统投入运行,应立即启动风险性评估的过程。即使设计者可能须考虑系统执行并满足任务目标的各种情景。众所周知,一旦系统部署到操作中,总是存在需要评估的“剩余风险”。即使假设的态势具有非常低的发生频率(罕见事件类别),只要后果显著,那么研究和随后的设施应证明,现有的自动设施的故障不会危及安全。设施可手动操作,或有一些自动操作程序。

后果的定义需要考虑特定域的决策输入/变量。例如,对于航空系统,后果可能涵盖多种情景,从效率损失到轻微延误或业务损失,再到人身伤害或死亡人数。

当风险性评估方法被集成到系统的设计开发过程或操作活动中,用于识别较弱的方面、确定优先级和配置优化时,这些过程被称为"风险管理"。容错风险管理框架的目标是评估"剩余风险",并提供适当的设计或操作规则,以避免或减轻这种风险。重要性和敏感性分析在风险管理中发挥关键作用。

32.5.1　重要性和敏感性分析

设计和操作复杂系统(如航空系统)的概率方法提供了两个参数,部件或服务的"重要性度量"和假设或数据或人为操作的"敏感性指数"。确定部件重要性的基本因素是部件的可靠性及其在系统中的位置。例如,服务于服务线程的单台计算机系统将比并行操作以服务于相同服务的两台相同计算机系统更重要。只有当两种配置的计算机可靠性相同时,这才为真。在另一种情况下,单台计算机的可靠性极有可能高于具有极低可靠性的并行运行的两台计算机的净可靠性。在这种情况下,即使在冗余模式下,两台计算机的重要性也可能比第一种情况下的单台计算机高(见图 32-18)。

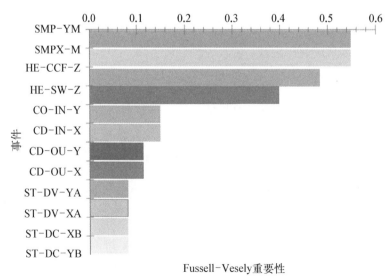

图 32-18　部件的重要性度量

因此,重要性和敏感性分析构成了风险性评估的组成部分。例如,通信安全关键服务包括 3 个并行服务线程,即"主要""备用"和"过程"线程;经常出现的问题是第三种备用线程(即"过程线程")有何贡献。这对于服务的设计优化是一个问题。重要性分析将告知设计者关于每个线程对于实现服务总体不可用性标准的关键性。在详细分析后,增加计算设备的冗余或实现程序自动化的建议可构成设计审查的一部分。成熟的模型可用于评估部件的重要性度量。最常用的模型是:① Birnbaum,② 关键性,③ Fussell - Vesely 重要性度量。当分析的输出采用最小割集形式时,则适当地使用两个重要指标,即风险减少价值和风险成就价值的重要性。文献中还有更多的模型。图 32 - 16 显示了上一节的安全关键服务线程示例中使用故障树方法执行的重要性分析。

敏感性和重要性分析构成了风险性评估或风险管理方法的一部分。此分析有助于识别风险管理操作的部件/服务并确定其优先级,如上一节所述。

32.5.2　支持决策的风险指引方法

尽管传统的航空设计、运行和管理方法是确定性的,但概率方法作为风险指引方法的一部分,发挥了补充作用。风险指引方法的主要步骤是:① 识别替代品,② 分析替代品的风险,③ 根据风险指引选择替代品[33]。此外,替代品的风险性分析涉及安全风险、技术风险、成本风险和进度风险的评估。从监管的角度来看,监督和监测是风险指引监管的一个要素。风险指引方法得到更广泛可接受性的原因是:① 与规定的和保守的确定性方法相比,它提供了决策灵活性;② 决策由量化的安全指标和标准(而不是定性标准)支持;③ 它提供了最佳估计方法来分析和决策;④ 这种方法允许将人为因素集成到系统的硬件模型中;⑤ 它提供了改进的框架,以表征与替代选项有关的不确定性。现有文献证明了风险指引方法在决策中的增强作用。风险指引方法不同于基于风险的方法[33,34]。在基于风险的方法中,风险性分析的结果形成决策的基础,而在风险指引方法中,专家审议以及工程论证和风险洞察在一个综合框架中支持决策。

32.6　遵循 IEC TS 62239 的电子元件管理计划

为了生产产品，通常存在复杂的公司供应链，直接或间接涉及生产最终产品的部件（材料）。因此，为了生产可靠的产品，必须选择具有足够质量并且能够针对目标生命周期条件提供预期性能的部件。IEC TS 62239 是航空电子的过程管理-管理计划（名为"电子元件管理计划的准备和维护"）的第一部分。本技术规范由 IEC 技术委员会 107 编写，即航空电子设备过程管理，并于 2012 年发布[35]。本文档为航空电子系统制造商提供了关于选择和管理电子元件的指南。本节讨论该标准中若干主题涵盖的要素以及由航空电子设备领域最佳公司执行的行动要素。

32.6.1　升级

升级用于评估电子元件满足应用功能和性能要求的能力，其中部件在制造商规定的运行条件之外使用。IEC 标准要求在过热温度范围内或者与应用中所需的温度范围相匹配的情况下选择部件。但是，它允许某些时候部件不能满足要求。

如果部件在部件制造商指定的温度范围之外使用，则需要航空电子设备制造商证明该过程可控。IEC/TR 62240 提供了有关如何执行此升级的建议和指南，制造商可使用该文档。也有等同于技术报告 62240 的文档供使用[36]。类似的 GEIA 标准也包括升级的方法。

升级在部件制造商和经销商根据数据表、应用说明和任何其他公布的数据评估部件[7,37,38]后进行。国际电工委员会和电子工业协会[39]将这些方法作为行业最佳实践。美国国防部的出版物承认这些方法有效且严格[40]。这 3 种方法分别是参数一致性、参数重新表征和压力平衡。这 3 种方法在马里兰大学 CALCE 进行开发，并得到 CALCE 联盟成员的支持，包括主要航空电子设备制造商。

　　参数一致是一种升级过程,在此过程中部件被测试以评估其功能和电气参数是否在目标温度范围内满足制造商的推荐操作条件。电气测试使用半导体制造商指定的测试设置进行,以评估符合半导体制造商指定的参数限制。测试是"通过/不通过"类型,并且通常在目标应用条件的上端和下端执行。可在测试中增加一个裕度,这个范围比目标应用条件宽,而该条件比测试的电气参数限制更严格。数据表中的电气参数规格未通过此方法修改。

　　参数重新表征也是一种升级过程,在此过程中评估部件功能并且在目标应用条件下表征电参数,可能促使重新限定制造商指定的数据表参数限制。升级后的参数重新表征方法试图模仿部件制造商的表征过程。多个温度范围额定的部件电参数限制通常使用参数重新表征的概念获得[41,42]。在电气测试之后,进行数据分析和裕度估计。

　　压力平衡是一种热升级过程,其中在部件电参数中,至少有一个保持在其允许的最大限度以下以减少热生成,从而允许在比半导体部件制造商指定的更高的环境温度下运行[43]。该过程评估了不需要使用设备的全部性能能力,并且权衡了部件的功率与工作温度。

32.6.2　高加速寿命试验

　　高加速寿命试验(HALT)通常包含振动和热循环测试,测试通常由航空电子制造商执行,但不是在部件级进行。因此,IEC TS 62239 不包括对部件使用HALT。过压力故障通常由于单个负载(压力)条件而产生。可能导致过压力故障的负载条件示例是冲击、温度限制和电过载。过压力故障机制包括断裂、闭锁、EOS 和 ESD。通常,对小样本量进行"过压力"测试,并且使样品经受苛刻的环境(即严重的压力水平)。如果试样发生故障,则可获得破坏限制和相关的故障模式,但是测试数据通常不能外推到使用条件。HALT 的开拓者Hobbs 指出在测试中,应用于产品的压力远远超出正常的运输、存储和使用水平。根据 HALT 的结果,我们不能确定现场的可靠性。我们能使产品更好,但不知道到底好多少。

32.6.3　无铅

IEC 标准涵盖了用于管理部件的无铅终端涂层和焊接的无铅问题,并要求航空电子设备制造商根据 IEC/PAS 62647‑1(GEIA‑STD‑0005‑1)制定控制计划。大多数航空电子应用都可免除无铅要求。作为对欧盟的有害物质限制(RoHS)的回应,该行业主要采用锡‑银‑铜作为传统锡铅焊料的替代品。为了符合 RoHS,部件制造商已经用无铅涂层来替代传统的锡铅涂层。涂层选择对提供耐腐蚀性、良好的可焊性和耐用的焊接点极其重要。

由于成本低和与现有焊料的兼容性,纯锡和富锡的无铅合金已被大部分电子元件制造商采用。对于航空电子设备界,采用纯锡和富锡的无铅涂层已经带来了关于导电线形成的可靠性问题。完全避免纯锡和富锡的无铅成品部件是高要求、高可靠性应用(如航空电子)的首选。

为了避免纯锡涂层或无铅焊球,常常根据相关的 GEIA 标准采用部件修整方法,如焊料浸渍和 BGA 重整焊球。大多数公司还在触点之间进行长度分析,以确定导电线路的风险。

32.6.4　防伪

IEC TS 将伪造定义为生产仿制品或假的商品或服务的行为,因此侵犯了原始制造商的知识产权。从部件管理的角度来看,Sood 等人给出了更广泛的伪造电子元件的定义[44],即其标识被故意误传,电子元件的标识包括制造商、部件号、日期和批号、可靠性级别、检查/测试和文档。

电子元件供应链缺乏谱系验证工具、用廉价工具和部件生产伪造品,使得伪造电子元件对于伪造者来说是相对低风险的操作,而检查/测试程序的成本使得部件用户难以检测伪造性。伪造部件和不合标准的部件对成品的影响可能相似,但也存在两个区别。首先,因为原始部件的来源难以确认,故纳入伪造部件的责任完全在采购伪造部件的组织,在确定部件的原始来源时,司法系统和执法部门可能无法提供帮助来归属责任。除责任以外,在从授权的供应链购买伪造部件时,部件制造商提供的根本原因故障分析支持很有限或根本没有。伪造部件有 3 种生成方式:重新贴标签、非法制造和废料回收。伪造部件的属性在每种情况下是不同的,并且可用作识别伪造部件的指南。

IEC TS 建议将 IEC TS 62668[45]作为指南,以帮助避免伪造、欺诈和回收部件。根据 SAE AS5553[46]和/或 GIFAS 5052,2008[47]等行业文档,航空电子制造商需要具有伪造、欺诈和回收部件的风险缓解计划。此外,根据供应商管理,如果分销商提供非制造商特许经营的部件,TS 要求分销商应有一个伪造电子部件规避过程。此外,当分销商接受客户退回的库存时,这些部件须纳入分销商的伪造/欺诈管理风险计划。

32.6.5　长期存储

按 IEC TC 要求,按所选的塑料部件都需要根据 JESD22 - A110 水平测试通过部件级 HAST 测试。它还表明部件和晶片须在干燥氮气下储存。

航空电子制造商的长期存储评估过程包括在典型存储条件(如湿度、腐蚀性气体以及可能的 ESD)的可能压力下进行部件可靠性评估。通常考虑在不受控的湿度暴露下可能发生的部件可焊接性的损失、端子的腐蚀和可能的损坏。

最近的一项研究[48]评估了反熔丝现场可编程门阵列的长期存储可靠性。航空航天应用通常涉及长期工作寿命,并且可能需要长期存储未编程的反熔丝 FPGA 部件,并且当需要支持系统时对其进行编程。现场可编程门阵列可被编程并用于升级现有电子器件的功能,从而防止它们过时。这项研究的结果表明,如果采用储存部件的策略来抵抗反熔丝 FPGA 过时,并且如果部件在最佳实践长期存储条件(受控温度、湿度、ESD 封装)下存储,那么就不会遇到制造商规定之外的故障。

32.6.6　报废和更换注意事项

IEC TS 涵盖部件可用性和相关风险性评估过程中的部件报废问题。航空电子制造商需要有一个过程来识别与部件可用性相关的风险,以及减轻这些风险的方法。这些风险可能包括小批量制造商、分配风险、制造商的金融稳定性、单一来源制造商和此类项目。

航空电子制造商需要使用衡量其对技术变化和报废的敏感性来评估处于风险中的部件。此风险评级涵盖除部件报废之外的几个问题,包括部件更改、缺少鉴定数据和升级部件。

关于部件报废,航空电子制造商需要准备报废管理计划,以主动处理部件报废、部件报废意识和对部件报废的反应。计划的覆盖范围应从设计到对现场产品的支持。该计划需要记录用于解决报废部件的过程,以确保持续的生产和支持,以应对部件报废的过程,包括过渡性储存或使用期购买、识别替代源、重新设计设备和在报废事件发生之后的其他活动。

航空电子制造商必须定期报告所有现有和即将报废的问题,即使报废问题只在合约期之后产生影响。例如,即使航空电子设备制造商拥有足够的部件库存来满足合约交付义务,仍应将未来采购部件存在的已知问题纳入报告。

出版物涵盖了报废管理的最佳和最新实践,涉及设计更新计划[49]、预测部件采购生命周期[50]、总部件成本所有权模型[51]和其他工具。有关这些工具和策略的总结,可参考本书关于策略的内容[52]。

32.6.7　辐射效应

IEC TS 提供了关于与空间使用的空气 SEU 辐射和总剂量辐射效应有关的部件选择要求。在部件级,有关部件选择和使用规定的一般要求如下:选择不受辐射影响的部件,测试根据特定模具规范制造的部件的辐射耐受性,然后一次性购买日期代码部件,选择不使用硼-10 和电压降额的部件。

32.7　小结

在航空系统中,性能保证方法不仅解决与可靠性有关的问题,而且解决与可用性和可维护性有关的问题。重要的是要理解在 RMA 的确定性方面,概率建模和相应的决策变量/标准在部件、服务和系统的生命周期管理中起着重要作用。

产品高可靠性只能通过强大的产品设计、公差范围内已知的合格工艺以及来自供应商的合格元件和材料来保证,这些供应商的工艺能够控制在公差范围内。所有相关故障机制的定量理解和建模为制定有效的设计、过程和测试规范以及公差提供了一个方便的工具。

故障物理方法不仅是更好、更有效设计的工具,而且还有助于开发具有成本效益的方法,以最小化产品的开发和维护成本。应实施流程来定义更现实的性能要求和环境条件,识别和表征关键材料性能,开发新产品架构和技术,开发更现实、更有效的加速压力测试,以评估可靠性和审核质量,通过机械过程建模和允许积极优化过程的表征来增强制造可靠性,增加直通率,并降低与检查、返工和过时相关的隐藏工厂成本。

当在产品开发的早期概念阶段使用时,可靠性有助于优化设计配置,以确保更高的可用性,同时保持低风险是可接受的。在产品开发的设计阶段,可靠性分析涉及通过选择材料、设计结构、设计公差、制造工艺和公差、装配技术、运输和处理方法以及维护和可维护性指南来提高性能的方法。通常需要使用故障物理概念以及机械和概率技术来了解潜在的问题和权衡,并采取纠正措施。在分析中,使用安全因素和最坏情况研究有助于确定压力筛选和老化程序、可靠性增长、维护修改、现场测试程序以及各种物流要求。

在航空系统中的风险性评估的作用一直在增强,因为类似概率风险性评估的工具为建立系统的综合模型提供了有效的平台支持运行和维护,该平台不仅包含了设计优化的有效战略,而且包含了可识别和优先排序的安全问题。

状态监测和以可靠性为中心的维护方法是航空和空间系统中维护管理方法的组成部分。然而,维护管理的预测能力需要提高,以实现航空系统的更高安全性和可用性。为此,有关一般复杂系统和航空系统的预测和健康管理方法得到了广泛的应用。

数字系统建模团队面临的挑战是对新部件可靠性的评估,例如使用新技术构建并且可能遭受新故障模式的现场可编程门阵列。数据和模型中的不确定性表征是另一个挑战。为了解决这些问题,需要为新的和未经证实的技术开发PoF模型。组织方面对于任何可靠性编程的成功至关重要。因此,可靠性/风险程序不仅应与设计和操作程序整合,还应与采购和处置程序整合。

参考文献

［1］American Military Standard, Definition of terms for reliability and maintainability, MILSTD - 721C, June 12, 1981.

［2］American Military Standard, Reliability prediction of electronic equipments, MIL - HDBK - 217F, December 1991.

［3］American Military Standard, Reliability testing for engineering development, qualification and production, MIL - HDBK - 781D, October 18, 1986.

［4］Federal Aviation Administration, *Reliability, Maintainability and Availability (RMA) Handbook*, FAA - HDBK - 006A, January 7, 2008, FAA, Washington, DC.

［5］Pecht, M., *Integrated Circuit, Hybrid, and Multichip Module Package Design Guidelines — A Focus on Reliability*, John Wiley & Sons, New York, 1994.

［6］IEEE Standard 1332, IEEE standard reliability program for the development and production of electronic systems and equipment, 1998.

［7］ Jackson, M., Mathur, A., Pecht, M., and Kendall, R., Part manufacturer assessment process, *Quality and Reliability Engineering International*, 15, 457 – 468, 1999.

［8］ Sage, A. P. and Rouse, W. B., *Handbook of Systems Engineering and Management*, John Wiley & Sons, New York, 1999.

［9］ Humphrey, D., Condra, L., Pendse, N., Das, D., Wilkinson, C., and Pecht, M., An avionics guide to uprating of electronic parts, *IEEE Transactions on Components and Packaging Technologies*, 23,595 – 599, 2000.

［10］ Tullmin, M. and Roberge, P. R., Corrosion of metallic materials, *IEEE Transactions on Reliability*, 44, 271 – 278, 1995.

［11］ IEEE 1413.1, Guide for selecting and using reliability predictions based on IEEE 1413, IEEE Standard, February 2003.

［12］ JEP 122B, Failure mechanisms and models for semiconductor devices, JEDEC Standard, August 2003.

［13］ JEP 148, Reliability qualification of semiconductor devices based on physics of failure risk and opportunity assessment, April 2004.

［14］ Vichare, N., Eveloy, V., Rodgers, P., and Pecht, M., In-situ temperature measurement of a notebook computer — A case study in health and usage monitoring of electronics, *IEEE Transactions on Device and Materials Reliability*, 4(4), 658 – 663, 2004.

［15］ Mishra, S. and Pecht, M., In-situ sensors for product reliability monitoring, *Proceedings of SPIE*, 4755, 10 – 19, 2002.

［16］ Pecht, M., Dube, M., Natishan, M., and Knowles, I., An evaluation of built-in test, *IEEE Transactions on Aerospace and Electronic Systems*, 37 (1), 266 – 272.

［17］ Ramakrishnan, A. and Pecht, M., A life consumption monitoring methodology for electronic systems, *IEEE Transactions on Components and Packaging*

Technologies, 26(3), 625 – 634.

[18] Mishra, S. , Pecht, M. , Smith, T. , McNee, I. , and Harris, R. , Remaining life prediction of electronic products using life consumption monitoring approach, *Proceedings of the European Microelectronics Packaging and Interconnection Symposium*, Cracow, Poland, June 16 – 18, 2002, pp. 136 – 142.

[19] Vichare, N. , Rodgers, P. , Azarian, M. H. , and Pecht, M. , Application of health monitoring to product take-back decisions, *Joint International Congress and Exhibition — Electronics Goes Green 2004 +*, Berlin, Germany, September 6 – 8, 2004.

[20] Self-Monitoring Analysis and Reporting Technology (SMART), PC Guide, http://www. pcguide. com/ref/hdd/perf/qual/featuresSMART – c. html, Last accessed on August 22, 2004.

[21] Pecht, M. , Dasgupta, A. , Evans, J. W. , and Evans, J. Y. , *Quality Conformance and Qualification of Microelectronic Packages and Interconnects*, John Wiley & Sons, New York, 1994.

[22] Upadhyayula, K. and Dasgupta, A. , Guidelines for physics-of-failure based accelerated stress testing, *Proceedings of the Annual Reliability and Maintainability Symposium*, New York, 1998, pp. 345 – 357.

[23] Roush, M. L. and Webb, M. W. , *Applied Reliability Engineering — Life Models for Repairable Items*, Vol. I, 5th edn. , RIAC & University of Maryland, College Park, MD, 2006.

[24] White, M. and Bernstein, J. B. , Microelectronics reliability: Physics-of-failure based modeling and life time evaluation, National Aeronautical Space Administration, Washington, DC, 2008. http://nepp. nasa. gov. Accessed on November 14, 2012.

[25] Pecht, M. , Physics of failure for complex systems, *DARPA/NIST Workshop*, Arlington, VA, March 11 – 12, 1999. http://www. isd. mel. nist. gov/meso_

micro/Pecht. PDF. Accessed on January 10，2013.

[26] U. S. Department of Defense，*Military Handbook：Electronic Reliability Design Handbook*，MILHDBK‐338B，Department of Defense，Washington，DC，October 1998.

[27] ISOGRAPH，Fault tree analysis software — Fault tree ＋ version 10，M/S ISOGRAPH，Warrington，UK.

[28] NASA，*Fault Tree Handbook with Aerospace Applications*，Version 1. 1，Prepared by NASA Office of Safety and Mission Assurance，NASA Headquarters，Washington，DC，August 2，2002.

[29] Pecht，M. G. ，*Prognostics and Health Management of Electronics*，Wiley，Hoboken，NJ，2008.

[30] Misra，M. K. ，Menon，S. P. ，Sridhar，N. ，and Sambasivan，S. I. ，Design of hardwired fine impulse test system for safety logic system of fast breeder test reactor，http：//www. vecc. gov. in/～sacet09/downloads/FINAL％20PDF/D12_MISHRA_EID_IGCAR％20_F_. pdf. Accessed on August 7，2012.

[31] Ricky，W. B. and Sally，C. J. ，Techniques for modeling the reliability of fault-tolerant systems with the Markov State-Space Approach，NASA Reference Publication 1348，Langley Research Center，Hampton，VA，September 1995.

[32] Stamatelatos，M. and Dezfuli，H. ，*Probabilistic Risk Assessment Procedures Guide for NASA Managers and Practitioners*，2nd edn. ，NASA/SP‐2011‐3421，NASA Headquarters，Washington，DC，December 2011.

[33] NASA Handbook，*Risk-Informed Decision Making*，Handbook NASA/SP‐2010‐576，Version 1. 0，Office of Safety and Mission Assurance，NASA Headquarters，Washington，DC，April 2010.

[34] Stamatelatos，M. ，Implementation of risk-informed decision making at NASA，*NASA Risk Management Conference 2005*，RMC‐VI，Orlando，FL. http：//www. rmc. nasa. gov/presentations/Stamatelatos_Implement_Risk_Informed_

Decision_Making_at_NASA. pdf. Accessed on March 15,2013.

[35] International Electrotechnical Commission, Process management for avionics — Management plan, Preparation and maintenance of an electronic components management plan, IEC TS 62239, 2012.

[36] International Electrotechnical Commission, Process management for avionics — Electronic components capability in operation — Part 1: Temperature uprating, IEC/TR 62240, 2013.

[37] Maniwa, R. T. and Jain, M. , Focus report: High speed benchmark, *Integrated System Design*, Website: www. isdmag. com, March 1996.

[38] Jackson, M. , Sandborn, P. , Pecht, M. , Hemens-Davis, C. , and Audette, P. , A risk informed methodology for parts selection and management, *Quality and Reliability Engineering International*, 15, 261 – 271, 1999.

[39] International Electrotechnical Commission, Use of semiconductor devices outside manufacturers' specified temperature ranges, IEC/PAS 62240, 1, 2001 – 04 edn. (Also being developed as GEIA 4900), 2001.

[40] Lasance, C. J. M. , Accurate temperature prediction in consumer electronics: A must but still a myth, *Cooling of Electronics Systems*, Kakac, S. , Yuncu, H. , and Hijikata, K. , eds. , Kluwer Academic Publishers, Dordrecht, the Netherlands, pp. 825 – 858, 1993.

[41] Pecht, M. , Why the traditional reliability prediction models do not work — Is there an alternative? *Electronics Cooling*, 2(1), 10 – 12, January 1996.

[42] Pendse, N. and Pecht, M. , Parameter re-characterization case study: Electrical performance comparison of the military and commercial versions of all octal buffer, *Future Circuits International*, 6, 63 – 67 (Technology Publishing Ltd. , London, U. K.), 2000.

[43] McCluskey, P. F. , *High Temperature Electronics*, CRC Press, Boca Raton, FL, 1996.

[44] Sood, B., Das, D., and Pecht, M., Screening for counterfeit electronic parts, *Journal of Materials Science*, *Materials in Electronics*, 22, 1511 – 1522, 2011.

[45] International Electrotechnical Commission, Process management for avionics — Counterfeit prevention — Part 2: Managing electronic components from non-franchised source, IEC/TS 62668, 2013.

[46] SAE, Counterfeit electronic parts: Avoidance, detection, mitigation, and disposition, SAE AS5553, 2009.

[47] GIFAS, Guide for managing electronic component sourcing through non franchised distributors. Preventing fraud and counterfeiting, GIFAS/5052, 2008.

[48] Patil, N., Das, D., Scanff, E., and Pecht, M., Long term storage reliability of antifuse field programmable gate arrays, *Microelectronics Reliability*, 53(12), December 2013, 2052 – 2056, http://dx. doi. org/10. 1016/j. microrel. 2013. 06. 016, Accepted June 2013.

[49] Zheng, L., Terpenny, J., Sandborn, P., and Nelson Ⅲ, R., Design refresh planning models for managing obsolescence, *Proceedings of the ASME* 2012 *International Design Engineering Technical Conferences & Computers and Information in Engineering Conference*, Chicago, IL, August 12 – 15, 2012.

[50] Sandborn, P., Prabhakar, V., and Ahmad, O., Forecasting technology procurement lifetimes for use in managing DMSMS obsolescence, *Microelectronics Reliability*, 51, 392 – 399, 2011.

[51] Sandborn, P. and Prabhakar, V., An electronic part total ownership cost model, *Proceedings DMSMS Conference*, Palm Springs, CA, September 24, 2008.

[52] Bartels, B., Ermel, U., Sandborn, P., and Pecht, M. G., *Strategies to the Prediction*, *Mitigation*, *and Management of Product Obsolescence*, Wiley, New York, 2012.

33

MIL–STD–1553B 数字时分制命令／响应式多路复用数据总线

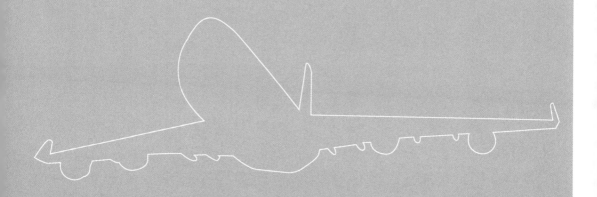

33.1 导言

MIL-STD-1553 是定义数据总线的电气和协议特性的标准。AS-15531 相当于军用标准的国际自动机工程师学会(SAE)商用标准。数据总线类似于个人计算机和办公自动化行业所称的"局域网(LAN)"。在航空电子设备中,数据总线用于为各种系统和子系统之间的数据和信息交换提供媒介。MIL-STD-1553 已部署在固定翼和旋转翼飞机、无人驾驶飞机、水面和水下舰艇、地面车辆、航天器和卫星以及国际空间站上。它无疑是最成功的军用标准之一。

33.1.1 背景

在 20 世纪 50、60 年代,航空电子设备是独立的系统。导航、通信、飞行控制和显示是模拟系统。通常,这些系统由互连成单个系统的多个盒子组成。各个盒子之间的互连通过点对点布线来实现。信号主要由模拟电压、同步分解器信号和继电器/开关触点组成。这些盒子在飞机内的位置是根据操作员需要、可用空间以及飞机重量和平衡约束来决定的。随着互连的系统越来越多,驾驶舱由于控制和显示器数量的增加而变得拥挤,飞机的总重量也随之增加。

到 20 世纪 60 年代末和 70 年代初,为了减少每个系统所需的黑盒数量,各种系统之间信息的共享就显得非常必要了。提供航向和速率信息的单个传感器可以将这些数据提供给导航系统、武器系统、飞行控制系统和飞行员的显示系统[见图 33-1(a)]。然而,航空电子技术本质上仍然是模拟技术,并且当共享传感器确实导致黑盒的总数减少时,互连信号变成了电线和连接器的临时网络。此外,因为增加特定信号的连接可能具有潜在的系统影响,后来增加的功能或系统成为集成的噩梦;此外,由于系统使用点对点布线,作为信号源的系统通常须被修改,以提供输出到新添加子系统中添加的硬件。因此,系统间保持绝对最小连接。

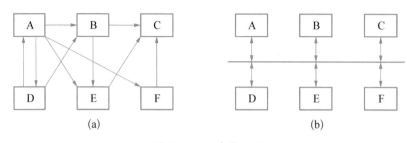

图 33-1　系统配置

(a) 使用离散和模拟接口的系统　(b) 使用数值数据总线网络接口的系统

到 20 世纪 70 年代末,随着数字技术的出现,数字计算机已经进入航空电子系统和子系统。与模拟计算机相比,数字计算机的计算能力更强,且扩展方便。然而,数据信号来自发送和接收系统的输入和输出,本质上仍然主要是模拟信号,这就导致少量集中式计算机通过复杂且昂贵的模拟-数字和数字-数字转换器接口连接到其他系统和子系统。

随着时间的推移和技术的进步,航空电子系统变得更加数字化。随着微处理器的出现,情况真的发生了转变。数字应用的一个好处是减少了模拟信号的数量,因此需要转换。可通过以数字形式在用户之间传输数据来提供更多的信息共享。另一个额外的好处是数值数据可双向传输,而模拟数据是单向传输的。数据的串行传输(而不是并行传输)用于减少飞机内的互连数量和黑盒所需的接收机/驱动器电路,但这是不够的,需要允许所有系统和子系统共享单个和公用线路的数据传输介质[见图 33-1(b)]。通过共享该互连的使用,各个子系统可以采用称为"时分多路复用"的方法在它们之间以及向其他系统和子系统按定义的序列一次发送一个数据。下面进入 MIL-STD-1553 数据总线的介绍。

33.1.2　历史和应用

MIL-STD-1553(USAF)于 1973 年 8 月发布。该标准的第一个应用是

F-16。后来做了一些改变和改进,1975 年发布了第三版 MIL-STD-1553A。该标准的"A"版本的第一个应用仍是空军的 F-16 和军队的新型攻击直升机阿帕奇 AH-64A。有了一些"实际"经验,很快就发现需要增加一些定义和功能。最新版本的标准是 MIL-STD-1553B,于 1978 年发布。

今天,MIL-STD-1553 标准仍然处于"B"版本;然而,其应用受到一系列通告的影响。1980 年,空军引入了通告 1。通告 1 仅用于空军,限制了标准中许多选项的使用。虽然空军认为这是为了获得一组通用航空电子系统,但许多业内人士认为,通告 1 的限制性太强,限制了标准应用的功能。1986 年发布的三方通告 2(取代通告 1)对标准中的选项进行了更严格的定义。虽然它不限制选项的使用,但严格地定义了如果实施一个选项应如何使用。为了获得一组通用的操作特性,通告 2 也对黑盒的设计设置了一组最低要求。通告 2 也删除了对"飞机"或"机载"的所有提法,以免限制其应用。作为政府为增加商业产品使用的部分,将军用标准转换为商用等效标准,如 SAE AS 15531。

自此以后,其他通告也相继发布,1993 年发布的通告 3 简单说明,该标准已经过审查,仍然可使用。1996 年发布的通告 4 将文档的名称从"军用标准"改为"接口标准"。2006 年发布的通告 5 和 2007 年发布的通告 6 在空军的努力下,将数据从 1 Mbps 提高到了 200 Mbps。这是在使用相同的电缆和耦合器的同时,通过在现有的 1553 信号"之上"提供另外的正交频分复用信号来实现的。这些通告和更高速率信号的增加没有被业界立即接受,而且空军收到了关于这些增加的操作、使用和测试的许多意见。2008 年发布的通告 7 取消了通告 5 和通告 6。所以对 MIL-STD-1553B 最终"有意义"的一个通告是通告 2。

自从被接受以来,MIL-STD-1553 已经发现了许多应用,包括直接并入作为 MIL-STD-1760 和 NATO/STANAG 3910 的一部分。NATO 还出版了 STANAG 3838 AVS,即 MIL-STD-1553B 的另一个版本。英国在出版 Def Stan 0018(第二部分)时采取了类似的做法。

33.2 标准

MIL-STD-1553B 将术语"时分多路复用"(TDM)定义为"来自几个信号源的信息通过一个通信系统传输,该系统具有在时间上交错的不同信号样本,以形成复合脉冲串。"对于我们在图 33-1(b)中的示例,这意味着数据可通过单个传输介质在多个航空电子装置之间传输,其中不同航空电子模块之间的通信可在不同时刻进行,因此形成时分。表 33-1 是对 MIL-STD-1553 数据总线特性的总结。然而,在定义数据如何传输之前,有必要了解数据总线硬件。

表 33-1 1553 数据总线特性的总结

数据速率	1 MHz
字长	20 位
每个字的数据位	16 位
消息长度	最大 32 DW
传输技术	半双工
操作	异步
编码	曼彻斯特Ⅱ双相
协议	命令-响应
总线控制	单个或多个
消息格式	控制系统到终端(BC-RT) 终端到控制系统(RT-BC) 终端到终端(RT-RT) 广播 系统控制
RT 数量	最多 31
终端类型	RT BC BM
传输介质	屏蔽双绞线
耦合	变压器或直接

33.2.1　硬件元件

MIL‐STD‐1553标准定义了关于数据总线系统和连接到数据总线的黑盒的设计方面的某些问题。标准定义了5个硬件元素：传输介质、远程终端(RT)、总线控制器(BC)、总线监视器(BM)和终端硬件，详情见下文的描述。

33.2.1.1　传输介质

传输介质或数据总线被定义为由主总线和多条短线组成的屏蔽双绞传输线。每个终端(系统)都通过一条短线连接到总线。主数据总线在每个端部有一个相当于电缆的特性阻抗的电阻。这种端接使得数据总线具有像无限传输线一样的性质。添加到主总线以连接端子的短线，提供"局部"负载并产生失配阻抗。这种失配如果未被适当地控制，就会产生电反射并且降低主总线的性能。因此，标准中详细说明了主总线和短线的特性。表33‐2是传输介质特性的概要。

表33‐2　传输介质特性的概要

电缆类型	双绞屏蔽线
电容	最大30.0 pF/ft[①]‐线到线
特性阻抗	70.0~85.0 Ω，1 MHz
电缆衰减	1.5 dBm/100 ft，1 MHz
电缆缠绕	最多4圈/ft
屏蔽覆盖	最低90%
电缆终端	电缆阻抗(62%)
直接耦合短线长度	最大1 ft
变压器耦合短线长度	最大20 ft

① 1 ft=0.304 8 m。

该标准规定了两种短线方法：直接耦合和变压器耦合。这是指端子连接到主总线的方法。图33‐2显示了这两种方法，两者的主要区别在于，变压器耦合方法使用间隔变压器将短线电缆连接到主总线电缆。在这两种方法中，两

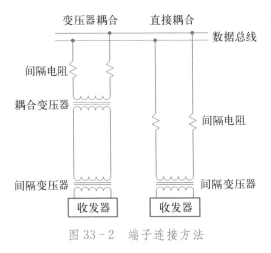

变压器耦合　　直接耦合

数据总线

间隔电阻

耦合变压器

间隔电阻

间隔变压器

间隔变压器

收发器　　收发器

图 33-2　端子连接方法

个间隔电阻与总线串联。在直接耦合法中,电阻通常位于端子内,而在变压器耦合方法中,电阻通常与耦合变压器一起位于称为数据总线耦合器的盒子中。可以提供多种耦合器,以完成单个或多个短线连接。母线耦合器可提供给使用连接器的盒子或"在线"耦合器,其中短线被分接到主总线电缆。

两种耦合方法之间的另一个区别是短线的长度。对于直接耦合法,短线长度限制最大为 1 ft。对于变压器耦合法,短线的最大长度为 20 ft。因此,对于直接耦合系统,数据总线必须紧邻每个端子,而对于变压器耦合系统,数据总线与每个终端的距离可达 20 ft。

33.2.1.2　远程终端(RT)

在标准中,RT 定义为"不作为总线控制系统或总线监视器工作的所有端子"。因此,如果它不是控制系统、监视器或主总线或短线,那么它必须是RT——一种"总控器"。基本上,RT 是在数据总线和子系统之间传输数据所需的电子器件。那么,什么是子系统呢? 对 1553 应用来说,子系统是正在传输的数据的发送者或用户。

在 1553 应用的早期,RT 主要用于将模拟和离散数据转换成与数据总线兼容的数据格式及将与数据总线兼容的数据格式转换为模拟和离散数据。子系统仍然是提供数据的传感器和使用数据的计算机。随着越来越多的数字航空电子设备的出现,将 RT 嵌入传感器和计算机中是一种趋势。今天,子系统通常包含嵌入式 RT。图 33-3 显示了 RT 的不同级别。

RT 通常由收发器、编码器/解码器、协议控制系统、缓冲器或存储器和子

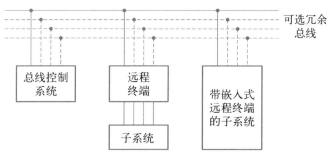

图33-3　简单的多路复用架构

系统接口组成。在包含计算机或处理器的现代黑盒中,子系统接口可包括计算机的地址、数据和控制总线的接口所必需的缓冲器和逻辑。对于备份系统,需要两个收发器和两个编码器/解码器来满足标准的要求。

图33-4是RT及其与子系统的连接框图。简而言之,RT包括在数据总线与被传送数据的用户或发起者之间传送数据所需的所有电子器件。

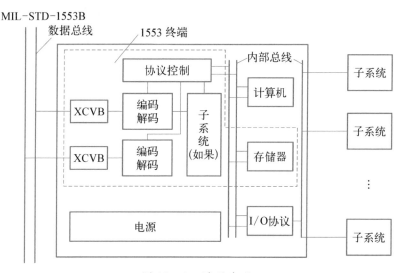

图33-4　端子定义

RT不仅仅是数据格式化器。它必须能够接收和解码来自BC的命令并做出相应的响应,还必须能够缓冲数据的重要消息,检测传输错误并对数据执行验证测试,并报告消息传输的状态。RT必须能够执行一些总线管理命令[称为模式命令(MCs)],并且对于备份应用,它必须能够同时监听和解码两条总线上的命令。

RT 必须严格遵循标准定义的协议。它只能响应从 BC 接收到的命令(即它只在对方向它说话时说话)。当接收到有效的命令时,它必须在规定的时间内响应。如果消息不满足定义的有效性要求,那么 RT 必须使整个消息无效并丢弃数据(不允许子系统使用数据)。除了向 BC 报告状态之外,当今的大多数RT 还能够向子系统提供关于所接收数据的一些状态级别信息。

33.2.1.3 总线控制器(BC)

BC 负责引导总线上的数据流。虽然几个终端可能能够作为 BC 运行,但是在任何一个时间只允许一个 BC 活动。BC 是唯一允许向数据总线发出命令的设备。命令可用于数据的传输或总线的控制和管理(称为 MC)。

通常,BC 是包含在某些其他计算机内的功能,诸如任务计算机、显示处理器或火情控制计算机。与 BC 相关的电子器件的复杂性包括子系统接口(计算机的接口)的一项功能、要执行的错误管理和处理的数量以及 BC 的架构。有3 种 BC 架构:字控制器、消息控制器和帧控制器。

字控制器是最古老、最简单的类型。目前只建立了很少的字控制器,在这里只是为了完整性才提到它。对于字控制器,终端电子装置一次将一个字传送到子系统。消息缓冲和确认必须由子系统执行。

消息控制器一次只输出一条消息,仅在消息结束时或者可能发生错误时与计算机连接。一些消息控制器能够在中断计算机之前执行较小的错误处理,例如在备用数据总线上重传一次。计算机将向接口电子装置通知消息在存储器中存在的位置并提供控制字。对于每个消息,控制字通常通知 BC 这样一些信息:电子设备消息类型(例如,远程终端到总线控制器(RT‐BC)或远程终端到远程终端(RT‐RT)命令),哪个总线用于传输消息,在存储器哪里读取或写入数据字(DW)以及如果发生错误该怎么办。控制字是电子设备的硬件设计的功能,并且不在 BC 之间标准化。

帧控制器是 BC 的最新概念。帧控制器能够按照计算机定义的序列处理多个消息。帧控制器通常能够按照消息控制字所定义的那样进行错误处理。帧控制器用于尽可能多地"卸载"计算机,仅在一系列消息结束时或者当检测到无法处理的错误时中断。

标准中没有关于 BC 内部工作的要求,它只是向总线发出命令。

33.2.1.4　总线监视器(BM)

BM 就是一个终端,负责监听(监视)数据总线上的信息交换。该标准严格定义了 BM 的用途,说明 BM 获得的信息用于"离线应用(例如,飞行测试记录、维护记录或任务分析)或者给备用总线控制系统提供足够的信息,使其成为总线控制器"。监视器能从总线收集所有数据或所选数据。

因为监视器是不发送状态字(SW)的无源设备,不能报告传输信息的状态,所以虽然监视器可收集数据,但它偏离了该标准的命令-响应协议,因而监视器的使用受到了限制。于是,将 BM 分为了两类:用于测试的记录器或用作备用 BC 的终端。

在收集数据时,监视器必须执行与 RT 相同的消息验证功能,并且如果检测到错误,则将错误报告给子系统(子系统仍然可记录数据,但应注明错误)。对于用作测试记录器的监视器,子系统通常是记录装置或遥测发送机。对于用作备用 BC 的监视器,子系统是计算机。

今天,BM 通常也包含 RT。当监视器接收到寻址到其终端地址(TA)的命令时,它作为 RT 响应。对于所有其他命令,它用作监视器。RT 部分可用于向 BC 提供对监视器状态的反馈,如存储器的大小或剩余的时间,或者针对要捕获的消息重新对选择性监视器编程。

33.2.1.5　终端硬件

RT、BC 和 BM 之间的电子硬件差异不大。RT 和 BC(和 BM,如果它也是 RT)必须具有发送机/接收机和编码器/解码器,以格式化数据并传送。对收发器以及编码器/解码器的要求在硬件之间无差异。表 33-3 列出了终端的电气特性。

表 33 - 3　端子电气特性

要　求	变压器耦合	直接耦合	条　件
输入特性			
输入电平	0.86~14.0 V	1.2~20.0 V	p - p, 1 - 1
无响应	0.0~0.2 V	0.0~0.28 V	p - p, 1 - 1
过零稳定性	±150.0 ns	±150.0 ns	
上升/下降时间	0 ns	0 ns	正弦波
噪声抑制	140.0 mV WGN[①]	200.0 mV WGN	BER[②] 1/10^7
共模抑制	±10.0 V 贬值	±10.0 V 峰值	接地线, dc - 2.0 MHz
输入阻抗	1 000 Ω	2 000 Ω	75 kHz~1 MHz
输出特性			
输出电平	18.0~27.0 V	6.0~9.0 V	p - p, 1 - 1
过零稳定性	25.0 ns	25.0 ns	
上升/下降时间	100~300 ns	100~300 ns	10%~90%
最大失真	±900.0 mV	±300.0 mV	峰值, 1 - 1
最大输出噪声	14.0 mV	5.0 mV	均方根值, 1 - 1
最大残余电压	±250.0 mV	±90.0 mV	峰值, 1 - 1

① WGN, 高斯白噪声; ② BER, 误码率。

　　RT、BC 和 BM 这 3 个元件都有一定级别的子系统接口和数据缓冲。主要区别在于协议控制逻辑, 并且通常这只是不同系列的微编码指令。为此, 找到能用作这 3 个器件的 1553 硬件电路是很普遍的方式。

　　现在, 有大量的"现成"组件可以用于设计终端, 从离散收发器、编码器/解码器、协议逻辑器件到包含除变压器之外的所有内容的单双冗余混合器, 以设计可嵌入门阵列中的代码。

33.3　协议

　　发生传输的规则被称为"协议"。总线的控制、数据流、状态报告和管理由

3 种字类型提供。

33.3.1　字类型

标准定义了 3 种不同的字类型,即命令字(CW)、数据字(DW)和状态字(SW)。每种字类型都有唯一的格式,但 3 种字类型有一个通用结构。每个字的长度都为 20 位。前 3 位用作同步字段,从而允许解码时钟在每个新字开始时重新同步。后面的 16 位是信息字段,并且 3 种字类型有不同的信息字段。最后一个是奇偶校验位。奇偶校验是基于单个字的奇校验。3 种字类型的字格式如图 33-5 所示。

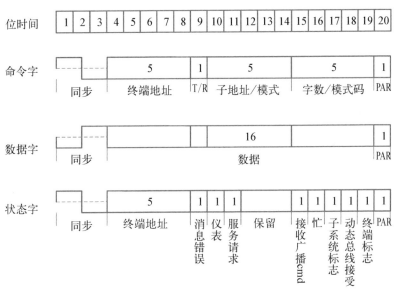

图 33-5　字格式

PAR,奇偶校验位;Sync,同步位;T/R,发送/接收位。

所有字的位编码基于双相曼彻斯特Ⅱ格式。曼彻斯特Ⅱ格式提供了一个位序列独立的自动计时波形。曼彻斯特波形的正负电压电平是直流平衡的(正信号与负信号的量相同),因此非常适合变压器耦合。信号的转变发生在位时间的中心。逻辑"0"是从负电平转换到正电平的信号。逻辑"1"是从正电平转换到负电平的信号。

终端的硬件负责曼彻斯特对字类型的编码和解码。子系统看到的接口是所有字的 16 位信息字段,不直接提供同步和奇偶校验位给子系统。然而,对于接收到的消息,解码器硬件向协议逻辑提供关于字的同步类型和奇偶校验位是否有效的信号。对于发送的消息,向编码器输入关于信息在字的开始处采用的同步类型,而奇偶校验位由编码器自动计算。

33.3.1.1 同步字段

所有字类型的前 3 个位时间称为同步字段。因为转变仅发生在第二位时间的中间,因此,同步波形本身是无效的曼彻斯特波形。使用这种不同的模式允许解码器接收的每个字在开始处重新同步并且保持传输的总体稳定性。

使用两种不同的同步模式:命令/状态同步和数据同步。命令/状态同步在第一个 1.5 位时间具有正电压电平,然后在第二个 1.5 位时间转换到负电压电平。数据同步是相反的,即在第一个 1.5 位时间具有负电压电平,然后在第二个 1.5 位时间转换到正电压电平。同步模式如图 33-5 所示。由于同步字段对于 CW 和 SW 是相同的,所以用户仅需要遵循协议来确定哪个是哪个——只有 BC 发出命令同步,RT 发出状态同步。

33.3.1.2 命令字(CW)

CW 指定 RT(s)要执行的功能。该字只由活动 BC 传输。该字在前 3 个位时间以命令同步开始。图 33-5 中给出了后 16 位信息字段的定义。

五位 TA 字段(第 4~8 个位时间)表示命令所期望的唯一 RT(任何两个终端都不具有相同的地址)。需要注意的是,地址 00000 是有效地址,地址 11111 被保留用作广播地址。还要注意的是,不需要为 BC 分配地址,因此数据总线可支持的最大端子数是 31。标准的通告 2 要求 TA 可在黑盒外部进行布线编程(即外部连接器),RT 电子器件在有线 TA 执行奇偶校验位测试。通告指出,地址线上的开路被检测为逻辑"1",接地的地址线被检测为逻辑"0",并且奇校验位用于测试有线地址字段的奇偶性。

下一位(第9个位时间)是发送/接收(T/R)位,定义了信息流的方向,并且始终就 RT 而言。发送命令(逻辑 1)指示 RT 要发送数据,而接收命令(逻辑 0)指示 RT 将要接收数据。该规则的唯一例外与 MC 相关。

接下来的 5 位(第 10~14 个位时间)是子地址(SA)/MC 位。该字段内的逻辑 00000 或 11111 应被解码,以指示此命令是模式码命令。该字段的所有其他逻辑组合用于将数据引导到子系统内的不同功能。例如,00001 是位置数据,00010 是速率数据,10010 是高度信息,10011 是自检数据。SA 由设计者使用,而通告 2 建议将 SA 30 用于数据环绕。

再接下来的五位(第 15~19 个位时间)定义要执行的字计数(WC)或模式码。如果 SA/模式码字段为 00000 或 11111,则该字段定义要执行的模式码。如果不是模式码,则该字段定义要根据 T/R 位接收或发送的 DW 数量。00000 的 WC 字段被解码为 32 个 DW。

最后一位(第 20 个位时间)是字奇偶校验位。只应用于奇校验。

对 CW 的最佳类比是将其与邮局进行比较。TA 是邮局本身的地址。SA 是邮局内的邮政信箱(指向不同用户/功能的信息),WC 是根据 T/R 位要输入邮政信箱或从邮政信箱中移除的信件数。

33.3.1.3　数据字(DW)

DW 包含消息中传送的实际信息。DW 可通过 RT(发送命令)或 BC(接收命令)传送。前 3 个位时间包含数据同步模式。该同步模式与用于命令和 SW 的模式相反,因此对于 DW 类型是唯一的。

接下来的 16 位信息由设计者定义。唯一的标准要求是首先传输数据的最高有效位(MSB),并且将未使用的位设置为逻辑 0。尽管该标准未对其使用提供指南,但 MIL-HDBK-1553A 和 SAE AS-15532 的第 80 节提供了指南并列出了最常用 DW 的格式(即位模式和分辨率)。

最后一个(第 20 个位时间)是字奇偶校验位,只用于奇校验。

33.3.1.4 状态字

SW 仅由 RT 发送对有效消息的响应。SW 用于向 BC 传送消息是否被正确接收或 RT 的状态（即服务请求和忙）。SW 的定义如图 33-5 所示。由于 SW 将消息传送给 BC，所以对于每个位的含义有两种看法：其设置对 RT 的含义和其设置对 BC 的含义。下面介绍 SW 的每个字段及其潜在含义。

33.3.1.4.1 复位状态字

除了远程 TA 之外，在接收到有效的 CW 之后，SW 被清除。该规则有两个例外：① 接收到的 CW 是发送 SW 模式码；② 接收到的 CW 是发送最后一个 CW 模式码。设置字的各个位的条件可在任何时间发生。如果在清除 SW 之后，仍然存在用于设置位的条件，则应再次设置位。

在检测到正在接收的数据中的错误时，设置消息错误（ME）位，并且抑制 SW 的发送。在接收到广播消息时，也抑制 SW 的发送。对于非法消息（即非法 CW），设置 ME 位并且发送 SW。

33.3.1.4.2 状态字位

TA：信息字段的前五位（第 4～8 个位时间）是 TA。这五位应当与终端接收的 CW 内的相应字段匹配。RT 将这些位设置为已被编程的地址。BC 应检查这些位，以确保响应其 SW 的终端确实是 CW 所寻址的终端。如果为 RT-RT 消息，接收终端应当将第二个 CW 的地址与接收到的 SW 的地址进行比较。虽然标准未要求，但是确保所接收的数据来自有效源是一种良好的设计实践。

ME：下一位（第 9 个位时间）是 ME 位。检测到消息中的错误时，或者检测到终端的无效消息（即非法命令）时，该位被 RT 设置为逻辑"1"。错误可能出现在消息中的任何 DW 中。当终端检测到错误并设置此位时，消息中接收的任何数据都不能用。如果检测到消息中的错误，并且设置 ME 位，则 RT 必须抑制 SW 的传输（见 33.3.1.4.1 节）。如果终端检测到非法命令，则设置 ME 位，并发送 SW。所有 RT 必须在 SW 中把 ME 位填满。

仪表位：仪表位(第 10 个位时间)用以区分 CW 和 SW(切记，它们具有相同的同步模式)。SW 中的仪表位总是设置为逻辑"0"。如果使用该位，则 CW 中的相应位设置为逻辑"1"。CW 中的该位是 SA 字段的 MSB，因此将所用 SA 限制为 10000～11110，从而将可用 SA 的数量从 30 减少到 15。仪表位也是有两种模式码标识符(00000 和 11111)的原因，在使用仪表位时，模式码标识符设置为 11111。

服务请求位：服务请求位(第 11 个位时间)使得 RT 可通知 BC 它需要服务。该位由子系统设置为逻辑"1"来表示需要服务。当 BC"询问"终端以确定它们是否需要处理时，通常使用该位。一旦接收到该位被设置为逻辑"1"，BC 通常执行以下操作之一。它可采取预定动作，例如发出一系列消息，或者根据需要向 RT 请求更多的数据。后者可通过请求终端从所定义的 SA 发送数据或通过使用转接向量字模式码来完成。

保留位：保留第 12～14 个位时间用于未来扩展标准，并且必须设置为逻辑"0"。如果 RT 响应 SW 中设置的这些位的任何一个，则 BC 应当声明消息错误。

接收广播命令位：广播命令接收位(第 15 个位时间)指示 RT 接收到有效的广播命令(如 CW，其中 TA 设置为 11111)。在接收到有效的广播命令时，RT 将此位设置为逻辑"1"，并抑制其 SW 的传输。BC 可发送一个 SW 或发送最后一个 CW 模式码，以确定终端是否正确地接收到消息。

忙位：当 RT 不能根据来自 BC 的命令在 RT 电子设备和子系统之间移动数据时，将忙位(第 16 个位时间)反馈给 BC。

在早期使用 1553 时，因为许多子系统接口(模拟，同步等)比多路复用数据总线的速度慢，因此需要用到忙位。一些终端不能足够快地移动数据，为了避免数据丢失的可能，终端设置忙位，向 BC 表明它不能在该时间处理新数据，并且 BC 稍后再试。随着新系统的开发，使用忙位的需求减少。然而，仍有系统需要忙位，并能有效使用。如无线电，BC 向无线电发出命令以调谐到特定频率。无线电可能需要几毫秒的时间来完成这一点,因而在调谐时,它可设置忙位以通知 BC 它正在按要求做。

当终端忙时,它不需要以"正常"方式响应命令。对于接收命令,在终端收集数据,但不必将数据传递到子系统。对于发送命令,终端仅发送 SW。因此,当终端忙时,它提供给系统其余部分的数据不可用。这可能对系统内的数据流产生总体影响,并且可能增加时间关键系统(如飞行控制)内的数据等待时间。

每当需要时设置忙位,一些终端使用忙位来克服设计问题。标准的通告 2 "强烈阻止"使用忙位。然而,如前面的例子所示,它有使用忙位的合理需要。因此,现在如果使用忙位,通告 2 要求忙位仅在从 BC 接收到特定命令时被设置,而不是由于内部周期的或处理的功能。按照这个要求,事先了解 RT 特性后,BC 可确定哪些因素将导致终端繁忙并且最小化对整个系统中的数据等待时间的影响。

子系统标志位:子系统标志位(第 17 个位时间)用于提供关于 RT 所连接的子系统的"健康"数据。多个子系统可将它们的位一起执行逻辑"OR"运算之后形成复合健康指示符。一位仅用作 BC 以及存在故障或缺陷的数据用户的指示符,必须以某种其他方式来获得关于故障性质的更多信息。通常,SA 被保留用于机内自检(BIT)信息,其中一个或两个字专用于子系统状态数据。

动态总线控制接受位:动态总线控制接受位(第 18 个位时间)用于向 BC 通知 RT 已经接收到动态总线控制模式码并且已经接受了总线的控制。对于 RT,该位的设置由子系统控制,并且其设置前提是通过了一定水平的 BIT(即处理器通过加电和连续背景测试)。

发送了自己的 SW 后,RT 变为 BC。从具有该位设置的 RT 接收到 SW 后,这个 BC 不再用作 BC,并且可能变为 RT 或 BM。

终端标志位:终端标志位(第 19 个位时间)用于向 BC 通知 RT 电路(仅 RT)内的故障或缺陷。逻辑"1"表示故障状态。该位仅用于通知 BC 故障或缺陷。要获得关于故障性质的更多信息则必须采用其他的某些方式。通常,SA

被保留用于 BIT 信息,或者 BC 可发出一个发送 BIT 字模式码。

奇偶校验位:最后一个(第 20 个位时间)是字奇偶校验位,只用于奇校验。

33.3.2　信息格式、验证和计时

数据总线的主要目的是为系统之间的交换数据提供公共介质。数据交换基于信息传输。该标准定义了 10 种信息传输格式。所有这些格式都基于前面定义的 3 种字类型。10 种信息格式如图 33-6 和图 33-7 所示。信息格式分为两组,即标准中所述的"信息传输格式"(见图 33-6)和"广播信息传输格式"(见图 33-7)。

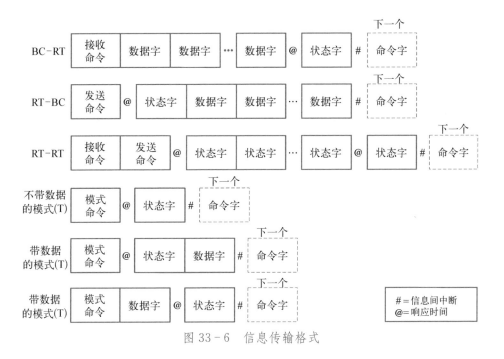

图 33-6　信息传输格式

信息传输格式基于命令/响应原理,在 RT 接收所有无差错传输之后,将 SW 从终端传输到 BC。该握手原则验证 RT 接收到信息。

广播信息同时传输到多个 RT。因此,终端抑制其 SW 的传输(不这样做将会有多个框图同时通话,从而"阻塞"总线)。为了使 BC 确定终端是否接收

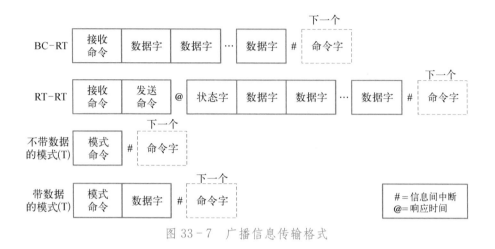

图 33－7　广播信息传输格式

到信息,必须启动到每个终端的查询序列来收集 SW。

以下部分总结每种信息格式。

33.3.2.1　总线控制器到远程终端(BC－RT)

因为 RT 要接收数据,因此,总线控制器到远程终端(BC－RT)信息称为接收命令。BC 向定义数据 SA 的终端输出 CW 和正在发送的 DW 数量,并立即(在传输中没有任何中断)向终端发送 CW 中指定的 DW 数量。

在验证完 CW 和所有 DW 后,RT 将在要求的响应时间(最长 12 μs)内发出 SW。

RT 必须能够处理 BC 发出的下一条命令。因此,RT 具有大约 56 μs 的时间(SW 响应时间为 12 μs,加上 SW 发送时间 20 μs,加上信息间中断最短时间 4 μs,加上 CW 发送时间 20 μs),可将数据传递到子系统或缓冲数据。

33.3.2.2　远程终端到总线控制器(RT－BC)

RT－BC 信息被称为发送命令。BC 仅向 RT 发送一个 CW。验证 CW 后,终端将首先发送 SW,然后发送 CW 请求的 DW 数量。

由于 RT 不知道要发送的命令序列,而且通常直到验证 CW 后才会执行命令,因此它必须能够在大约 28 μs 内从子系统获取所需的数据(SW 响应时间为

12 μs,加上 SW 传输时间 20 μs,减去信息验证的时间以及通过编码器和收发器传输延迟的时间)。

33.3.2.3 远程终端到远程终端(RT-RT)

RT-RT 命令用以允许终端(数据源)直接向另一个终端(数据宿)传送数据,而不经过 BC。然而,BC 可收集和使用这些数据。

BC 首先向接收终端发出 CW,然后立即向发送终端发送 CW。接收终端正在等待数据,但不是 CW 之后的数据,它看到命令同步(第二个 CW)。接收终端忽略该字并等待具有数据同步的字。

发送终端忽略掉第一个 CW(不包含 TA)。第二个字被寻址找到,因此它将通过发送 SW 和所需的 DW 将此命令作为如前所述的 RT-BC 命令进行处理。

已经忽略第二个 CW 的接收终端再次看到下一个字的命令(状态)同步并且进一步等待。下一个字(发送的第一个 DW)现在有一个数据同步,接收 RT 开始收集数据。在接收到所有 DW(并且验证)之后,终端发送 SW。

33.3.2.3.1 RT-RT 验证

RT-RT 信息的接收 RT 应做下面几件事情。首先,通告 2 要求终端在接收到 CW 之后超时 54~60 μs。这是必需的,因为如果发送 RT 未验证其 CW(并且没有发生发送),则接收终端将不会从某个新信息收集数据(如果下一个信息是发送或接收信息,其中终端忽略具有命令/状态同步的所有字并且将开始从第一数据同步开始收集 DW)。如果在后续信息中传送相同数量的 DW,并且终端没有测试命令/SW 内容,则存在终端收集错误数据的可能性。

接收终端应做但标准未要求的另一个功能是获取第二个 CW 和第一个发送的 DW。终端可比较两个字的 TA 字段,以确保进行发送的终端是被命令发送的终端。这将允许终端为其数据和子系统提供一定级别的保护。

33.3.2.4 模式命令格式

MC 格式有 3 种。允许存在没有 DW 的 MC 和具有一个 DW(发送或接收)的 MC。状态/数据排序与对 BC – RT 或 RT – BC 的信息描述一样,除了数据 WC 是 1 或 0。模式码及使用稍后描述。

33.3.2.5　广播信息传输格式

如图 33 – 7 所示,广播信息传输格式与先前描述的非广播信息传输格式相同,但下面两个例外。第一,BC 向 TA 31(11111)发出命令,此命令保留用于该功能。第二,接收信息的 RT(实现广播选项的 RT)抑制其 SW 的传输。

广播选项可与 RT 接收数据的信息格式一起使用。显然,多个终端不能同时发送数据,因此不能使用 RT – BC 传输格式和具有数据格式的发送模式码。广播 RT – RT 允许 BC 指示所有 RT 接收并随后指示一个终端进行发送,从而允许单个子系统将数据直接传送给多个用户。

通告 2 允许 BC 仅使用具有模式码的广播命令(见广播模式码)。RT 可为所有广播信息传输格式实现此选项。通告还说明,终端必须区分广播信息和非广播信息之间的 SA(见 SA 利用率)。

33.3.2.6　命令和信息验证

RT 必须验证 CW 和作为信息一部分接收的所有 DW。有效 CW 的标准如下:字以有效的命令同步开始,有效的 TA(如果实现,与终端的分配地址或广播地址匹配),所有位都是有效的曼彻斯特码,有 16 个信息字段位,并且有一个有效的奇偶校验位(奇)。除了需要有效数据同步并且未测试 TA 字段之外,DW 的标准是相同的。如果 CW 未能符合该标准,则忽略此命令。在命令已被验证后并且如果 DW 不满足标准时,终端将在 SW 中设置 ME 位并抑制 SW 的传输。信息中的任何单个错误将使整个信息无效,并且数据不可使用。

33.3.2.7　非法命令

该标准允许 RTs 监视非法命令。非法命令是满足 CW 的有效标准的命令,但不是由终端实现的命令(信息)。例如,如果终端被设计为仅输出 04DW 到 SA 01,并且终端接收到请求它从 SA 01 发送 06DW 的 CW,尽管仍然是有效的命令,此命令仍可由终端视为非法。该标准仅声明 BC 不应发出非法或无效命令。

该标准为终端设计者提供了两个选项。第一个选项是终端可照常响应所有命令(被称为"形式响应")。所接收的数据通常被放置在子系统或应用不可访问的一串存储位置中,这通常被称为"位桶"。所有无效的命令都放在同一位桶中。对于无效的发送命令,从位桶读取发送的数据。记住,BC不应该发送这些无效的命令。

第二个选项是终端监视非法命令。对于大多数终端设计而言,这与查表一样简单,其中 T/R 位、SA 和 WC 字段提供的地址和输出是指示命令是否有效的单个位。如果终端执行非法命令检测并接收到非法命令,则终端设置 SW 中的 ME 位并用 SW 响应。

33.3.2.8　终端响应时间

该标准规定,在验证发送 CW 或接收信息(CW 和所有 DW)后,RT 应将发送 SW 到 BC。响应时间是终端必须发送 SW 的时间量。为了进行精确的测量,从 CW 的奇偶校验位的中间交叉点到 SW 的同步字段的中间交叉点测量时间帧。最短时间为 $4.0\,\mu s$,最长时间为 $12.0\,\mu s$。然而,总线上的"死区时间"的实际量是 $2\sim10\,\mu s$,因为在测量的时间帧期间,一半的奇偶校验位和同步波形正被发送。

该标准还规定,在确定终端未响应之前,BC 等待 SW 响应的时间至少为 $14.0\,\mu s$。在使用长数据总线或存在其他特殊条件的应用中,可能需要将此时间延长至 $20.0\,\mu s$ 以上。

33.3.2.9　信息间隔

BC 须提供至少 $4.0\,\mu s$ 的信息间隔时间。此外,该时间帧是从最后一个 DW 或 SW 的奇偶校验位的中间交叉点到下一个 CW 的同步字段的中间交叉点测量。总线上的"死区时间"的实际量是 $2\,\mu s$,因为在测量的时间帧期间,一半的奇偶校验位和同步波形正在发送。

BC 发出下一个命令所需的时间量是控制系统类型(如字、消息或帧)的函数。通常与字控制系统相关的间隔在 $40\sim100\,\mu s$ 之间。消息控制系统通常可以发出具有 $10\sim30\,\mu s$ 间隔的命令，但是帧控制器能够以 $4\,\mu s$ 的中断速率发出命令并且通常必须要求时间延迟，以减慢发出命令的速度。

33.3.2.10　取代命令

RT 必须始终能够接收新命令。当执行总线 A 上的命令并且在最短消息间隔之后出现新命令，或者如果在执行总线 A 上的命令并且在总线 B 上出现新命令时，这种情况有可能发生。这被称为取代命令。第二个有效命令（新命令）将导致终端停止执行第一个命令并且开始执行第二个命令。对于双冗余应用，这项要求意味着所有终端必须至少有两个接收机、两个解码器和两组 CW 验证逻辑。

33.3.3　模式码

模式码由标准定义，为 BC 提供数据总线管理和错误处理/恢复能力。模式码分为两组：有 DW 和无 DW。与模式码相关（并且每个模式码仅允许一个字）的 DW 包含与总线控制相关的信息，并且通常不包含子系统所需的信息（该例外可与 DW 模式码同步）。模式码由 CW 的第 15～19 个位时间定义。MSB（第 15 个时间位）可以用于区分两组模式码。当 DW 与模式码相关时，T/R 位确定是否由 RT 发送或接收 DW。模式码如表 33-4 所示。

表 33-4　模式码

T/R	模式码	功　　能	数据字	广　播
1	00000	动态总线控制	否	否
1	00001	同步	否	是
1	00010	发送 SW	否	否
1	00011	启动自检	否	是
1	00100	发送机关闭	否	是
1	00101	超驰发送机关闭	否	是

(续　表)

T/R	模式码	功　能	数据字	广　播
1	00110	禁止终端标志位	否	是
1	00111	超驰终端标志位	否	是
1	01000	重启	否	是
1	01001	保留	否	待定
1	·	·	否	·
1	·	·	否	·
1	01111	保留	否	待定
1	10000	发送向量字	是	否
0	10001	同步	是	是
1	10010	发送最后一个CW	是	否
1	10011	发送BIT字	是	否
0	10100	选定发送机关闭	是	是
0	10101	超驰选定发送机关闭	是	是
1/0	10110	保留	是	待定
	·	·	是	·
	·	·	是	·
1/0	11111	保留	是	待定

33.3.3.1　模式码标识符

模式码标识符包含在CW的10～14位中。当该字段是00000或11111时,则CW的15～19位的内容将被解码为模式码。模式码标识符有两个,使得系统可根据需要利用仪表位。两个模式码标识符不得传达不同的信息。

33.3.3.2　模式码功能

下文阐述每个模式码的功能。

动态总线控制:动态总线控制模式码用于传递终端之间的数据总线控制,从而提供"循环"类型的控制。采用这种方法,每个终端负责从所有其他终端收集其需要的数据。当完成收集时,它将控制传递到行列中的下一个终端(基于某种预定义的序列)。这允许应用(数据的最终用户)在需要时收集数据,总是确保所收集的数据来自最新的源样本,并且尚未闲置于等待使用的缓冲器中。

标准的通告 1 和 2 禁止将动态总线控制用于空军应用。这是由于当已经传递控制的终端不能执行或不能正确地将控制转发到下一个终端时,可能会迫使任何终端不会处于控制中,并且须重新建立某些终端的控制。重新建立控制所需的可能时间量会对系统(特别是飞行控制系统)产生灾难性的影响。

能够执行总线控制的 RT 应当能够在接收到模式码命令时将终端 SW 中的动态总线控制接受位设置为逻辑"1"。通常,与该位的设置相关的逻辑是基于子系统(如计算机)通过某种置信测试的能力。如果通过置信测试,则当终端接收到 MC 时,该位被设置并且发送 SW,因此它将承担 BC 的角色。

BC 一次只能向一个 RT 发出动态总线控制 MC。此命令显然只发送给能够作为 BC 执行的终端。在发送命令时,BC 必须检查终端的 SW,以确定动态总线控制接受位是否被设置。如果设置,BC 停止用作控制系统,并成为 RT 或 BM。如果 SW 中的接受位未设置,则发出命令的 RT 不能成为 BC;当前的控制系统必须仍作为 BC 或尝试将控制传递给某个其他终端。

同步:同步模式码用于在两个或多个终端之间建立某种形式的时序。此模式码不使用 DW,因此终端接收到此命令必须导致发生某些预定事件。例如,该事件可能是计数器的清零、增加或预置、输出信号的切换或一些软件例程的调用。通常,此命令用于对功能与时间相关的,比如飞行控制或瞄准/消防控制系统的导航数据(即当前位置和速率)的采样。其他用途是 BC 在主要/次要帧处理开始时"同步"备份控制系统(或监视器)。

当 RT 接收到同步 MC 时,它应执行其预定的功能。对于 BC,要做的就是发出命令。终端的 SW 仅指示接收到信息,而不是执行"同步"功能。

传送 SW:这不会导致 RT 复位或清除 SW 的两个命令中的一个。在接收到此命令时,RT 发送与先前信息相关的 SW,而不是模式码信息的 SW。

BC将此命令用于数据总线的控制和错误管理。如果RT已经在信息中检测到错误并且抑制了其SW,则BC可以向RT发出此命令,以确定该未响应是否由于错误所致。由于此命令不清除来自先前信息的SW,所以通过在SW中设置ME位来指示由RT在先前信息中检测到的错误。

当"查询"时,BC也使用此命令。如果终端没有周期性消息,则RT可通过在SW中设置服务请求位来指示何时需要通信。通过请求终端仅发送SW,BC可确定终端是否需要服务,并可随后发出必要的命令。这种"查询"方法可消除传输不必要的字,有可能减少总线业务量。

此命令的另一个用途是当使用广播信息格式时,由于所有RT将抑制它们的SW,所以"查询"每个终端的SW将揭示终端是否通过其广播命令接收到的位设置来接收信息。

启动自检:此命令在被RT接收时将使RT进入自检。此命令通常用作基于地面的维护功能,作为系统上电测试的一部分,或在飞行中作为故障恢复例程的一部分。请注意,该测试仅适用于RT,不适用于子系统。

在早期应用中,一些RT在接收到此命令时将进入自检并且长时间"离线"。为了控制终端可能"离线"的时间,通告2在RT发送SW之后将测试时间限制到$100.0\,\mu s$。

当终端正在执行其自检时,它可通过以下方式响应有效命令:① 在任一总线上无响应("离线");② 仅发送具有忙位设置的SW;③ 正常响应。在该模式码之后接收到有效命令时,RT可终止其自检。由于随后的命令可中止自检,所以在发出此命令之后,BC应当在指定的时间(为RT指定的时间或者最长时间为$100.0\,\mu s$)内暂停向终端传输。

发送机关闭:此命令由BC在总线管理中使用。在终端的发送机连续发送时,此命令提供用于关闭发送机的机制。此命令仅适用于双冗余备用应用。

在接收到此命令时,RT关闭(即关断)与对方数据总线相关的发送机。也就是说,如果终端的发送机在A总线上发出嗡嗡声,则BC将此命令发送到B

总线上的终端(A 总线上的命令不会被终端接收)。

超驰发送机关闭：此命令是前一个命令的补充，它提供了一种机制，可打开先前已被关闭的发送机。当 RT 接收到此命令时，它将设置其控制逻辑，使得当在相对总线上接收到有效命令时，允许与相对总线相关的发送机发送。可启用发送机的唯一其他命令是复位 RT MC。

禁止终端标志：此命令用于控制终端的 SW 中的终端标志位。终端标志位指示，RT 硬件内存在错误，并且正被发送的数据或接收的数据可能是错误的。然而，终端内的故障可能对数据的质量没有任何影响，并且 BC 可选择在知道故障存在的情况下继续传输。

接收此命令的 RT 应将其终端标志位设置为逻辑"0"，而不管该信号的真实状态如何。该标准未规定可暂停控制该位的 BIT，但只有结果可以被否定为"0"。

超驰禁止终端标志：此命令是前一个命令的补充，因为它提供了一种机制，可打开终端标志位的报告。当 RT 接收到此命令时，它将设置其控制逻辑，使得可基于终端 BIT 功能的结果正确地报告终端标志位。可启用终端标志位响应的唯一其他命令是复位 RT MC。

重置 RT：此命令在被 RT 接收时将使终端电子设备复位到其上电状态。这意味着如果发送机已禁用或终端标志位被禁止，则这些功能将被复位，就像终端刚刚上电一样。请注意，复位仅适用于 RT 电子器件，而不适用于安装终端的设备。

通告 2 限制了 RT 复位其电子器件所需的时间。在传输 SW 之后，RT 将在 5.0 μs 内复位。当终端复位时，它可通过以下方式响应有效命令：① 在任一总线上无响应("离线")；② 仅发送具有忙位设置的 SW；③ 正常响应。在该模式码之后接收到有效命令时，RT 可终止其复位功能。由于随后的命令可中止其复位，所以在发出此命令之后，BC 应当在指定的时间量(为 RT 指定的时间或者最长时间为 5.0 μs)内暂停向终端传输。

发送向量字：此命令将使 RT 发送 DW,称为向量字。向量字必须识别与 RT 的信息要求相关的 BC 服务请求信息。虽然不需要,但是该模式码通常与 SW 中的服务请求位相关。DW 的内容为通知 BC 需要发送的信息。

当"查询"时,BC 也使用此命令。虽然通常与 SW 中的服务请求位结合使用,其中 BC 仅请求 SW(发送 SW 模式码),并且一旦看到服务请求位设置,则将发出向量字模式码,BC 可始终询问向量字(总是得到 SW),并减少响应终端请求所需的时间量。

与 DW 同步：此同步命令的目的与不使用 DW 同步的目的相同,除了此模式码提供了一个 DW 以向 RT 提供额外信息。用户可以想象 DW 的内容。来自"实际"应用的示例已经使用该字来向 RT 提供计数器或时钟值,向备用控制系统提供帧识别号(次帧或循环数),并且向终端提供扩展 SA 能力所用的新基地址指针。

发送最后一个 CW：这是不会导致 RT 复位或清除 SW 的两个命令中的一个。在接收到此命令时,RT 发送与先前消息相关的 SW 和它接收到的最后一个 CW(有效)。

BC 使用此命令用于数据总线的控制和错误管理。当 RT 没有正确响应时,BC 可确定终端接收到的最后有效命令,并且可根据需要重新发出后续信息。

发送 BIT 字：该 MC 用于提供关于 RT 的 BIT 状态的细节。其内容应只提供关于 RT 的信息(记住定义),而不是关于子系统的信息。

虽然大多数应用将此命令与启动自检模式码相关联,但该标准并未要求这种关联。常见用途是发出启动自检模式码,让终端有完成其测试所需的时间量,然后发出 BIT 字模式码,以收集测试结果。其他应用基于连续背景测试(例如,对每个数据传输执行的数据环绕测试)的结果以周期性速率更新 BIT 字。然后可根据请求将该字发送到 BC,而不必启动测试,然后等待测试完成。DW 的内容由终端设计者设计。

选定发送机关闭：与发送机关闭模式码一样，该模式码用于关闭发送机。两种模式码之间的区别在于，该模式码具有与其相关联的 DW。DW 的内容指定要关闭哪个数据总线(发送机)。此命令适用于不只提供双冗余的系统。

超驰选定发送机关闭：此命令是前一个命令的补充，因为它提供了一个机制，可打开先前已经关闭的发送机。当 RT 接收到此命令时，DW 指定某个数据总线(发送机)将设置其控制逻辑，使得当在该总线上接收到有效命令时，允许与该总线相关联的发送机发送。可启用选定发送机的唯一其他命令是复位 RT MC。

保留模式码：从表 33-4 可看出，有几个位组合被保留。标准的意图是这些被保留的模式码可用于未来扩展。从表中还可看出，某些位组合未被列出。该标准允许 RT 以下列方式响应这些保留和"未定义"的模式码：设置 ME 位和响应(见 33.3.2.7 节)或进行形式响应。终端硬件或多路复用系统的设计者被禁止保留模式码，无论出于何种目的。

33.3.3.3　所需的模式码

标准的通告 2 要求所有 RT 实现以下 4 种模式码：发送 SW、发送机关闭、超驰发送机关闭和复位 RT。规定此要求是为了给多路复用系统设计者和 BC 提供用于管理多路复用系统的最小命令集。注意，前面提出的要求适用于 RT。通告 2 还要求 BC 能够实现所有模式码；然而，空军应用不得使用动态总线控制模式码。

33.3.3.4　广播模式码

标准的通告 2 允许广播模式码(见表 33-4)。广播选项的使用在终端同步领域中可能有很大的帮助。地面维护和故障排除可利用广播复位 RT 或自我启动，但如果在飞行中使用，这两个命令可能会产生灾难性的影响。设计者必须提供检查，以确保诸如这些的命令不是由 BC 发出或当某些条件存在时(例如，在飞行中)不是由 RT 操作。

33.4　系统级问题

该标准对于如何应用提供了很少的指南。从"实际"应用中学到的经验教训形成了设计指南、应用笔记和手册指南。本节将尝试回答一些系统级问题，并确定隐含的要求，这些要求虽然在标准中未特别提及，但仍然需要。

33.4.1　子地址使用率

该标准没有提供如何使用 SA 的指南。SA 的分配和其功能(数据内容)由用户解决。大多数设计师自动从 01 开始分配 SA，并向上计数。如果将使用仪表位，则 SA 必须从 16 开始。

该标准还要求将正常 SA 与广播 SA 分离。如果实现广播选项，则需要额外的存储器块来接收广播命令。

扩展子寻址：

终端拥有的 SA 数量限制为 60 个(30 个发送和 30 个接收)。因此，终端可用的 DW 数量是 1 920 个(60×32)。对于早期应用，传输的数据是模拟传感器数据和切换设置，这是足够的。然而，在当今的应用中，数字计算机正在交换数据或者视频传感器传递数字化视频数据，字的数量太少。

大多数终端设计建立在由 1553 接口电路使用的存储器块上。该块包含地址开始指针，然后存储器被 SA 号和 WC 号偏移，以到达特定的存储器地址。

扩展 SA 范围的方法已被成功使用。该方法使用专用的 SA 和 DW，或利用与 DW 模式码的同步功能。与其中任一个相关的 DW 包含用于重新建立存储器块的起始地址的地址指针。块的改变由 BC 控制，并且可基于许多功能来完成。以操作模式为例，其中一个块用于启动信息，不同的块用于起飞和着陆，不同的块用于导航和巡航，不同的块用于任务功能(即攻击或逃避模式)，不同的块用于维护功能。

另一个例子是，起始地址的改变也可与较小的帧周期相关联。次要帧可以具有用于每个帧的单独存储器块。BC 可在每个新的次要帧开始时同步帧并改变存储器指针。

对于交换大量数据（例如，GPS 年鉴表）的计算机或在上电时通过数据总线接收程序加载的计算机，BC 可在信息块的开始处设置指针，发送 30 条 32 字信息，将存储器指针移动到 RT 存储器中接收数据的最后一个位置，然后给下一个块发送 30 条 32 字信息，此循环继续进行，直到存储器加载。使用由设计师决定。

33.4.2　数据环绕

标准的通告 2 要求终端能够执行数据环绕，并且建议将 SA 30 用于该功能。数据环绕为 BC 提供了一种方法，从数据总线内部电路通过总线介质到终端内部电路测试数据总线。这是通过 BC 向 RT 发送信息块，然后命令终端将其送回来完成的。然后，BC 可将发送的数据与接收的数据进行比较，以确定数据链路的状态。对要传送的数据的位模式没有特殊要求。

唯一的设计要求是针对 RT 的。一个要求是对于数据环绕功能，终端能够发送的 DW 数目相当于为任何传输命令发送的最大 DW 数目。这意味着如果终端最大数据传输仅为 4 个 DW，则仅需要在其数据环绕功能中提供 4 个 DW。

另一个要求是 RT 只需要保存数据到下一个信息为止。正常序列是 BC 发送数据，然后在下一个信息，它要求将它送回。如果在 BC 请求数据之前 RT 接收到另一信息，则终端可丢弃环绕信息中的数据并且对新命令进行操作。

33.4.3　数据缓冲

该标准规定，信息中的任何错误将使整个信息无效。这意味着 RT 必须在信息缓冲器中存储数据，直到在允许子系统访问数据之前接收并验证最后一个 DW。为确保子系统总是具有接收到的有效数据的最后信息，最低限度需要

RT双重缓冲所接收的数据。

有几种方法在硬件中实现这一点。第一种方法是终端电子装置包含先进先出(FIFO)存储器,其在接收数据时存储数据。在验证最后的 DW 时,终端的子系统接口逻辑将把 FIFO 的内容移动到子系统可访问的存储器中。如果在信息内发生错误,则 FIFO 复位。

第二种方法为公共存储器中的每个信息建立两个存储器块。指示子系统从一个块(块 A)读取,而终端电子设备写入另一块(块 B)。在接收到有效信息时,终端将切换指针,指示子系统从新的存储器块(块 B)读取,而终端再写入块 B。如果在信息内发生错误,则不切换存储器块。

一些现成的组件可用于数据缓冲。大多数提供双重缓冲,甚至有一些还提供多级缓冲。

33.4.4 可变信息块

RT 应能够发送任何信息的任何子集。这意味着如果终端在 SA 04 具有 30 DW 的发送信息,如果 BC 命令,则它应能够发送任何数量的 DW(01～30)。发送子集的顺序应与发送整个信息时相同,即 DW 01 的内容相同,与 WC 无关。

实现非法命令检测的终端不应将信息的子集视为非法。也就是说,如果在我们的例子中,接收到的命令适用 10 个 DW,这应是合法的。但是,如果接收到的命令适用于 32 个 DW,则将被认为是非法命令。

33.4.5 样本一致性

当传输数据时,RT 需要确保传输的每个信息具有相同的样本集,并且包含相互一致的数据。用于传输多个准确度参数或功能相关数据的多个字必须具有相同的采样。

如果终端正在传输俯仰、翻滚和偏航速率,并且在传输的过程中子系统在存储器中更新了这些数据,但更新发生在终端电子设备读取俯仰和翻转速率之后,那么所传输的偏航数据就属于不同的样本集。来自不同采样率的数据可能对数据的用户产生意外影响。这意味着终端必须提供某种缓冲级别(与先前描述的相反)或某种控制逻辑级别,以在 RT 读取时阻止子系统更新数据。

33.4.6 数据验证

该标准严格定义了信息验证的标准。所有字必须满足每个字和信息都有效(即有效同步、曼彻斯特编码、位号和奇校验)的检查标准。但是,DW 的内容是什么? MIL-STD-1553 提供检查,以确保从终端到终端的数据传输质量,按"数据输入等于数据输出"排序,但不负责数据本身的验证测试。这不是1553 终端电子的责任,而是子系统的责任。如果发送坏数据,则"无用输入等于无用输出"。但该标准并不妨碍用户提供额外的保护级别。在数字计算机接口(即磁盘驱动器和串行接口)中使用的相同技术可用于 1553。这些技术包括校验和、循环冗余码校验(CRC)字和错误检测/校正码。覆盖 DW 格式的MIL-HDBK-1553A 的第 80 节提供了这些技术的一些示例。

但是,使用嵌入在标准中的简单指标如何? 每个 RT 提供一个 SW,不仅指示 RT 电子设备的健康,还指示子系统的健康。然而,在大多数设计中,SW仅存在于终端电子设备内,不会传递到子系统。在一些"现成"组件中,SW 甚至不可用于发送到子系统。但是来自 SW 的两个位可用于子系统和数据用户,以进一步确定数据的有效性,这些是子系统的标志位和终端的标志位。

33.4.7 主要和次要帧时序

该标准规定了字(命令、数据和状态)和信息(信息格式和广播格式)的组成。它提供了一系列管理信息(模式码),但它不提供有关如何在系统中应用这些信息的任何指南。这由用户来决定。

根据 RT 数据的内容,RT 通常将规定数据收集的频率和它们应当输出的最快速率。对于输入数据,终端通常会说明需要某些数据来执行其工作或保持一定准确度的频率。速率称为传输速率和更新速率。系统设计师的工作是检查所有系统的数据要求,并确定何时将数据从谁传输到谁。这些数据被细分为周期性信息,必须以某一固定速率传输的信息,非周期性信息,以及通常是事件驱动(即操作员按下按钮)或数据驱动(即,值现在在范围内)的信息。

定义主要帧可使所有周期性信息至少被传送一次。因此,这由具有最慢传输速率的信息定义。在当今应用中,使用的典型主要帧速率从 $40 \sim 640\ \mu s$ 不等。有一些系统的主要帧速率在 $1 \sim 5\ s$ 范围内,但这些是例外,而不是规范。然后建立次要帧,以满足较高更新速率信息的要求。

次要帧内的信息序列仍未定义。使用方法主要有两种。在第一种方法中,BC 在发送要在该次要帧中传送的所有周期性信息(发送和接收)时开始帧。在周期性信息结束时,BC 结束(导致总线死区时间—无传输),直到下一帧开始,或者 BC 可使用该时间来传送非周期性信息、错误处理信息,或传送数据到备份 BC。

在第二种方法(通常用于集中式处理架构)中,BC 发出所有周期性和非周期性发送信息(收集数据)、处理数据(可能在该处理期间使用死区时间),然后发出所有接收信息(输出处理的结果)。这两种方法现在都已被成功使用。

33.4.8　错误处理

错误处理的量和级别通常由系统设计者决定,但可由系统的性能要求驱动。错误处理通常仅针对关键信息,而非关键信息只能等待下一个正常传输周期。如果 60% 的数据总线有负载,且每个信息接收到一个错误,错误处理会超过 100% 的可用时间,从而导致系统内发生问题。

错误处理也是 BC 级的函数。一些控制器(通常是信息或帧控制系统)可自动执行某种程度的错误处理。这通常限于信息在相同总线上或在对方总线上的重传。如果重试信息也失败,则 BC 软件通知该问题。该信息可在次要帧的正常信息清单结尾处重试。

如果错误仍然存在,则可能有必要停止与终端通信,特别是如果 BC 花费大量时间来执行错误处理时。一些系统将尝试在每个总线上与终端进行预定次数的通信。此后,到终端的所有信息须从次要帧清单中移除,并且用单个发送 SW 模式码来代替。

应对关键信息进行分析,以确定它们未被传输时对系统的影响,或者它们被延迟到帧结束时对数据延迟的影响。

33.4.9　数据级别

随着 MIL-STD-1553 已经扩展到越来越多的航空电子架构,已经提出了关于 BC 的位置和设计保证级别的系统架构问题。一般来说,1553 总线的 BC 应位于连接到特定总线的最高临界系统。这有助于确保实现 1553 功能的软件和硬件已得到适当保证,这些要求可能适用于发展(例如 DO-178B 或 DO-254)并能发挥必要的控制功能,以防止较低临界 RT 干扰较高临界传输。有关这些主题的更多信息,请参阅本书中的相应章节。

33.5　测试

MIL-STD-1553 终端或系统的测试不是一件简单的任务。设计师有大量的选择,包括信息格式、MC、SW 位和耦合方法。此外,历史证明,不同的组件制造商和设计师提出了关于标准的不同解释,从而引入了实现相同功能的完全不同的产品。

多年来,空军提供了 MIL-STD-1553 终端和部件的测试。今天,这种测试是业界的责任。SAE 与政府一起为所有 1553 元素开发了一系列测试计划。这些测试计划列于表 33-5。

表 33-5   SAE 1553 测试计划

AS-4111	远程终端验证测试计划
AS-4112	远程终端生产测试计划
AS-4113	总线控制系统验证测试计划
AS-4114	总线控制系统生产测试计划
AS-4115	数据总线系统测试计划
AS-4116	总线监视系统测试计划
AS-4117	总线组件测试计划

深入阅读

除了表 33-5 中列出的 SAE 测试计划之外,还有其他文档可提供大量有关使用 MIL-STD-1553 进行设计的见解和帮助。

(1) MIL-STD-1553B 数字时分制命令/响应式多路复用数据总线。

(2) MIL-HDBK-1553A 多路复用应用手册。

(3) SAE AS-15531 数字时分制命令/响应式多路复用数据总线。

(4) SAE AS-15532 标准数据字格式。

(5) SAE AS-12 多路复用系统集成手册。

(6) SAE AS-19 MIL-STD-1553 协议重组。

(7) DDC 1553 设计指南。

(8) UTMC 1553 手册。

最后,还有 1553 用户组,其中汇集了工业和军事专家,提供了一个开放式信息交流论坛,并提供指南和有关标准的解释/澄清。该用户组每年举行两次会议,是 SAE 航空电子系统部门会议的一部分。

34

ARINC 429 数字信息传输系统

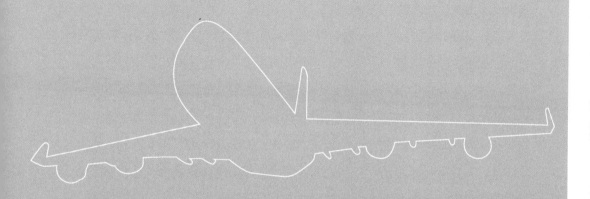

34.1　导言

ARINC 429 是航空中使用最广泛的数据传输系统。随着数字航空电子设备时代的到来,它在 20 世纪 80 年代早期首次使用。由于成本低且形式简单,ARINC 429 一直用于需要中低数据速率的应用中。

ARINC 429 接口包含单个发送机(或源),使用双绞线最多连接 20 个接收机(或接收机模块)。数据仅在一个方向上流动,即单向通信。双向数据传输采用两个 ARINC 429 总线完成。ARINC 429 可以以每秒 100 千位(kbps)的最大速率发送数据。ARINC 429 的物理定义和协议由 ARINC 429(数字信息传输系统)定义。

34.2　数据总线基础

多年来,ARINC 已经发布了一些在航空业中使用的数据传输标准。ARINC 429 是许多由航空电子工程委员会(AEEC)编制并由 ARINC 发布的文档之一。数据总线标准文档共享一个通用线程,描述了在商业运输飞机上使用的数据通信方法,并且也可用于通用航空、支线飞机和军用飞机。

数据总线用于将数据流传输到航空电子航线可更换组件(或 LRU)。数据总线可以用线性点对点拓扑结构来配置或者用于更复杂的拓扑中,即通常所说的星形拓扑或网络拓扑。每个拓扑都有促成整个系统设计要求的优点。每个 LRU 可包含在不同总线上通信的多个发送机和接收机。这种简单的架构,几乎是点对点的布线,提供了高度可靠的数据传输。

34.3　ARINC 429

34.3.1　概论

ARINC 429 数字信息传输系统最早于 1977 年 7 月发布。它几乎应用于在过去 30 年制造的每架飞机上。虽然 ARINC 429 是数据传输的载体,但它不符合数据总线的标准定义。虽然大多数数据总线通过单组电线提供双向传输,但 ARINC 429 需要两条总线来实现双向数据流。

34.3.2　发展历史

在 20 世纪 70 年代初,航空公司认识到实施数字航空电子设备的潜在优势。最令人信服的原因是重量和功率的显著降低。数字航空电子已经在一定程度上应用于当时存在的飞机上。然而,有 3 种新型运输飞机即将部署：空客 A310、波音 B757 和波音 B767。航空公司与机身制造商和航空电子供应商一起,开发了一套全新的 ARINC 700 系列航空电子设备,该设备使用微处理器和数字技术。ARINC 429 已被作为几乎所有 ARINC 700 系列航空电子系统的标准。ARINC 429 非常可靠,今天仍在最现代化的飞机上使用。

34.3.3　设计基础

ARINC 429 使用单个发送机,该发送机通过屏蔽双绞线连接多达 20 个数据接收机。电线的屏蔽壳在两端和电缆的任何断裂处接地。

34.3.3.1　调制

使用归零(RZ)调制,如图 34-1 所示,该调制方案使用电压电平信号。

34.3.3.2　电压电平

在无负载情况下,发送机输出端子的差分输出电压如表 34-1 所示。

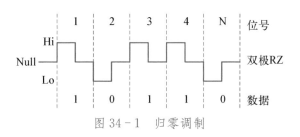

图 34-1 归零调制

表 34-1 发送机输出端子的差分输出电压

	高(V)	零(V)	低(V)
线 A 至线 B	+10±1.0	0±0.5	−10±1.0
线 A 至接地	5±0.5	0±0.25	−5±0.5
线 B 至接地	−5±0.5	0±0.25	5±0.5

接收机看到的差分电压取决于电线长度、负载、短线等。由于信号线上没有噪声,接收机端子(A 和 B)的额定电压如下。

高:+ 7.25～+ 11 V。

零:+ 0.5～−0.5 V。

低:−11～−7 25 V。

在实际安装环境中,受到噪声的影响,接收机输入(A 和 B)的典型电压范围如下:

高:+ 6.5～+ 13 V。

零:+ 2.5～−2.5 V。

低:−13～−6.5 V。

线路(A 或 B)的对地电压未定义。预期接收机能够在不损坏的情况下承受在端子 A 和 B 之间施加 30 V 稳态交流电压,或者在 A 或 B 端与地之间施加 30 V 直流电压。

34.3.3.3 发送机输出阻抗

发送机输出阻抗为 70～80 Ω(额定值为 75 Ω),在所有逻辑状态和状态转移情况下,发送机输出阻抗在线 A 和线 B 之间平均分配。

34.3.3.4　接收机输入阻抗

典型的接收机输入特性如下:

差分输入电阻 $R_\mathrm{I}=12\,000\,\Omega$ 最小值。

差分输入电容 $C_\mathrm{I}=50\,\mathrm{pF}$ 最大值。

对地电阻 R_H 和 $R_\mathrm{G}\geqslant 12\,000\,\Omega$。

对地电容 C_H 和 $C_\mathrm{G}\leqslant 50\,\mathrm{pF}$。

总接收机输入电阻最小值为 $8\,000\,\Omega$(包括 R_I、R_H 和并联的 R_G),即 20 个接收机并联的电阻最小值为 $400\,\Omega$。任何一个发送机最多连接 20 个接收机。请参考图 34-2 所示的电路标准。

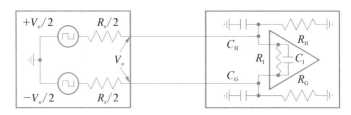

图 34-2　电路标准

34.3.3.5　电缆阻抗

ARINC 429 布线可能在 20~26 AWG 之间变化,这取决于电缆的物理完整性和重量限制。特性阻抗通常在 60~80 Ω 之间。发射器输出阻抗选择在 75 Ω(额定值),以匹配此范围。

34.3.3.6　容错

ARINC 429 旨在确保稳健,组件须考虑到飞机功率的变化。因此,当一些变化发生时,它不应受到故障、损坏或不稳定操作的影响。下文介绍这些变化的范围。

34.3.3.6.1　发送机外部故障电压

由外部故障电压引起的发送机故障通常不会导致设备中的其他发送机或

其他电路超出规范运行或发生故障。

34.3.3.6.2 发送机外部故障负载公差

发送机应无限期地承受端子 A 和 B 短路、端子 A 对地短路、端子 B 对地短路或端子 A 和 B 同时对地短路的情况,且不会造成持续损坏。

34.3.3.6.3 接收机故障间隔

每个接收机都包含间隔设置,以确保任何合理可能的内部航线可更换单元(LRU)或总线接收机故障不会导致任何输入总线在超出其规范限制(欠压和过压)的情况下运行。

34.3.3.6.4 发送机故障间隔

每个发送机都包含间隔设置,以确保当输出电压超过端子 A 和 B 之间 30 V 的交流电压、A 对地之间＋29 V 的直流电压或 B 对地之间＋29 V 的直流电压时,不会破坏任何合理可能的设备故障条件。

34.3.3.7 逻辑相关元件

34.3.3.7.1 数值数据

ARINC 429 包含用两种数字语言编码的数值数据:以国际标准组织(ISO)字母号 5 的数字子集的二进制补码分数符号和二进制码十进制(BCD)表示的 BNR。在 BCD 和 BNR 中编码的信息项被分配适用于 BCD 和 BNR 的唯一标签(参见 34.4.3 节)。

34.3.3.7.2 离散数据

除了上述处理数值数据之外,ARINC 429 还能够在数据字的未使用填充位中或者在必要时在专用字中包含离散的信息项。

离散数值数据字中的位分配规则是从字的最低有效位(LSB)开始,并继续向该字中可用的最高有效位扩展。离散字有两种:通用离散字和专用离散字。通用离散字有 7 个标签(270～276)。这些字从标签 270 开始以升序标签顺序分配。

34.3.3.7.3 通用维护数据

通用维护字按顺序分配标签,通用离散字的标签也是如此。分配给维护字的最低八位字节标签仅在传输一个维护字时使用。当传输多个字时,首先使用最低八位字节标签,并且按顺序使用其他标签,直到消息完成为止。通用维护字可包含离散、BCD 或 BNR 数值数据。它们不包含 ISO 字母号 5 的消息。通用维护字根据上述字格式中所示的相应 BCD 数值数据字、BNR 数值数据字和离散数据字的布局来格式化(见图 34 - 3)。

32	31 30	29 28 27 26 25 24 23 22 21 20 19 18 17 16 15 14 13 12 11	10 9	8 7 6 5 4 3 2 1
P	SSM	数据——→ ←——填充 ←——离散	SDI	标签
		MSB LSB		

通用BCD字格式

P	SSM	BCD CH #1	BCD CH #2	BCD CH #3	BCD CH #4	BCD CH #5	SDI	8 7 6 5 4 3 2 1
		4 2 1	8 4 2 1	8 4 2 1	8 4 2 1	8 4 2 1		
0	0 0	0 1 0	0 1 0 1	0 1 1 1	1 0 0 0	0 1 1 0	0 0	1 0 0 0 0 0 0 1
例子	2		5	7	8	6	DME距离	

BCD字格式示例（无离散）

32	31 30 29	28 27 26 25 24 23 22 21 20 19 18 17 16 15 14 13 12 11	10 9	8 7 6 5 4 3 2 1
P	SSM	数据——→ ←——填充 ←——离散	SDI	标签
		MSB LSB		

通用BCD字格式

图 34 - 3　BCD 数值数据字的布局

34.4　消息和字格式化

34.4.1　信息流向

系统元件的信息输出从指定端口传输到其他系统元件的接收端口。在任何情况下,信息不会流入指定用于传输的端口。当数据需要在两个系统元件之间双向流动时,每个方向使用单独的数据总线。

34. 4. 2　信息元素

基本信息元素是包含 32 位的数位字。这些字有 5 个应用组：BNR 数值数据、BCD 数值数据、离散数据、一般维护数据以及确认和维护(ISO 字母号 5)数据。相关的数据处理规则在 34.4.6 节中阐述。当需要非全部数据字段以期望的方式包含在字中传送的信息时，未使用位的位置用二进制零填充，或者对于 BNR 和 BCD 数值数据，用有效数据位填充。如果使用有效数据位，分辨率可能会超过应用的许可标准。

34. 4. 3　信息标识符

六字符标签用于标识 ARINC 429 字中包含的信息类型。前 3 个字符是在该字的前八位以二进制编码的八位字节字符。八位将用于标识包含在 BNR 和 BCD 数值数据字内的信息(例如，DME 距离、静态空气温度等)。

标签的最后 3 个字符是用于标识 ARINC 429 总线源的十六进制字符。每 3 个十六进制字符用于标识具有一个或多个 ARINC 429 端口的系统元件。每个 3 字符码(和 LRU)最多有 255 个八位标签。该代码用于保留具有类似标签分配的不同参数之间的区别。

八位字节标签 377 已被分配用于电识别系统元件。代码以 BCD 字格式出现在 377 字的 3 个最低有效位中。虽然数据编码基于 BCD 字格式，但是符号/状态矩阵(SSM)编码是根据离散字标准来提供增强的故障警告。设备标识字符在总线上的传输将允许连接到总线的接收机识别信息的来源。由于设备标识字符的传输是可选的，所以接收机的正确操作不应依赖于该字。

34. 4. 4　源/目标标识符

数值数据字的位 9 和位 10 用于数据源和目标识别功能。它们不能用于字母数值(ISO 字母号 5)数据字中的这项功能，也不能在数值(BNR/BCD)数据所需的分辨率需要用于有效数据时使用。当特定字需要被定向到多系统设备的特定系统时或者当多系统设备的源系统需要在字内容中可识别时,可应用源和目标标识符功能。使用时,源设备将其飞机设备号码编码为位 9 和位 10,如表 34 - 2 所示。接收设备将识别包含自己的设备号码的字和包含代码 00(全呼代码)的字。

表 34 - 2 SDI 位

位		设　　备
10	9	见文本
0	0	—
0	1	1
1	0	2
1	1	3

说明:在 SDI 功能的某些专门应用中,全呼能力可能被取消,因此代码 00 可用作设备号 4 的标识符。

设备分为 3 种类型:源,接收机和源兼接收。上文描述了仅用作源或接收机的设备使用 SDI 位的情形。上述源和接收文本适用于既用作源又用作接收机的设备。此类设备将识别输入上的 SDI 位,并对输出上的 SDI 位进行编码(如果适用)。DME、VOR、ILS 和其他传感器是源兼接收机,但通常仅作为源设备。实际上,它们是其自身控制面板的接收机。许多其他类型的设备也被误认为仅是源或接收机。如果装置具有 ARINC 429 输入端口和 ARINC 429 输出端口,则它既是源,又是接收机。随着设备合并(例如,集中式控制面板)的增加,不能过分强调 SDI 位的正确使用。

当不使用 SDI 功能时,二进制零或有效数据应在位 9 和位 10 上发送。

34.4.5　符号/状态矩阵

本节介绍 SSM 字段的编码。在所有情况下,SSM 字段使用位 30 和位 31;对于 BNR 数值数据字,SSM 字段还包括位 29。SSM 字段用于报告硬件条件

(故障/正常)、操作模式(功能测试)或数据字内容的有效性(已验证/未计算数据)。

34.4.5.1　无效数据

这是指源系统生成的任何数据,其基本特征是不能传送用于保证用户系统适当性能的可靠信息。无效数据有两类:未计算数据和故障警告。

34.4.5.2　未计算数据

这是一种特定的数据无效情况,其中源系统由于除系统故障之外的其他原因而不能计算可靠数据。不能计算可靠数据仅由其边界在系统特性中唯一定义的一组确定事件或条件引起。

34.4.5.3　故障警告

这是一种特定的数据无效情况,其中系统监视器已经检测到一个或多个故障。这些故障仅由系统特性中定义的边界表征。

在故障警告条件期间,通常将显示标记为无效。当存在未计算数据条件时,源系统通过将受影响字的SSM设置为未计算数据代码来指示其输出无效,如下文所述。系统指示符可能被标记,也可能不被标记,这取决于系统要求。

当设备处于功能测试模式时,在设备内产生的所有输出数据字都用功能测试进行编码。直通数据字是由该设备接收并按原样重新发送的那些字。

当SSM码用于发送状态并且存在多个可报告条件时,具有最高优先级的条件被编码为位30和位31。条件优先级的顺序如下表所示。

故障警告:优先级1。

未计算数据:优先级2。

功能测试:优先级3。

正常操作:优先级4。

每个数据字类型都利用SSM字段的唯一格式。下面描述各种格式。

34.4.5.4　BCD数值数据字

当在系统内检测到故障时,该故障可能导致该系统正常输出的一个或多个字不可靠,系统停止在数据总线上传输受影响的字。一些航空电子系统能够检测导致准确度降低的故障状态。在这些系统中,当检测到这种性质的故障时,例如出现导致准确度降低的部分传感器损耗,每个不可靠的 BCD 数值数据字在数据总线上传输时均被编码为 1111。对于具有显示器的航空电子设备,1111 代码在接收时应被识别为不准确的数字,并且通常用破折号或等效符号来代替不准确的数字。

BCD 数值数据的符号(正/负、北/南等)被编码在字的位 30 和位 31 中,如表 34-3 所示。当不需要符号时,BCD 数值数据字的位 30 和位 31 是 0。

表 34-3　BCD 数字符号/状态矩阵

位		功　能
31	30	
0	0	加,北,东,右,到,上
0	1	未计算数据
1	0	功能测试
1	1	减,南,西,左,从,下

当源系统由于系统故障以外的其他原因而不能计算可靠数据时,在受影响的 BCD 数值数据字中公布未计算的数据代码。当功能测试代码出现在指令输入数据字的位 30 和位 31 时,它被解释为执行功能测试的命令。

34.4.5.5　BNR 数值数据字

发送机硬件的状态在 BNR 数值数据字的状态矩阵字段(位 30 和位 31)中编码,如表 34-4 所示。

源系统通过将受影响字中的位 30 和位 31 设置为表 34-4 中定义的故障警告代码,从而公布检测到的任意故障,该故障导致该系统正常输出的一个或多个字不可靠。包含此代码的字在故障条件期间持续提供给数据总线。

表 34 - 4　状态矩阵

位		功　能
31	30	
0	0	故障警告
0	1	未计算数据
1	0	功能测试
1	1	正常操作

当源系统由于系统故障以外的其他原因而不能计算可靠数据时,在受影响的 BNR 数值数据字中公布未计算数据代码。

当功能测试代码显示为系统输出时,根据建议,可解释其为该字中的数据来自执行功能测试。

如果在执行功能测试期间,源系统检测到导致该系统正常输出的一个或多个字不可靠的故障时,则它改变受影响字中的位 30 和位 31 的状态,使得功能测试报告被替换为故障警报。

如表 34 - 5 所示,BNR 数值数据字的符号(正、负、北、南等)被编码在符号矩阵字段(位 29)中,当不需要符号时,位 29 为 0。

表 34 - 5　状态矩阵

位 29	功　能
0	加,北,东,右,到,上
1	减,南,西,左,从,下

一些航空电子系统能够检测导致准确度降低的故障状况。在这些系统中,当检测到这种性质的故障时,例如导致准确度降低的部分传感器损耗,设备将继续报告 SSM 正常,同时通过编码位 11 指示性能降级,如表 34 - 6 所示。

表 34-6 准确度状态

位 29	功　　能
0	额定准确度
1	降级准确度

这意味着降级的准确度只能在不超过 17 位数据的 BNR 数值数据字中编码。

34.4.5.6　离散数据字

源系统公布检测到的任何故障,该故障可能导致该系统正常输出的一个或多个字不可靠。方法有 3 种：第一种方法是将受影响字中的位 30 和位 31 设置为表 34-7 中定义的故障警告代码。在故障条件期间,包含故障警告代码的字持续提供给数据总线。当使用第二种方法时,设备可能停止在数据总线上传输受影响的字。当不想用系统显示或利用离散数据时,使用该方法。第三种方法适用于数据字,它们在数据字段内包含故障信息。对于这些应用,相关 ARINC 标准指定了适当的 SSM 报告方式。设计师不可以在同一个字中混合操作和机内自检设备(BITE)数据。

表 34-7 离散数据字

位		功　　能
31	30	
0	0	已验证数据,正常操作
0	1	未计算数据
1	0	功能测试
1	1	故障警告

当源系统出于系统故障以外的其他原因而不能计算可靠数据时,在受影响的离散数据字中公布未计算数据代码。当功能测试代码显示为系统输出时,根据建议,它被解释为离散数据字内容中的数据是执行功能测试的结果。

34.4.6　数据标准

由 ARINC 429 传送的信息项的数据单位、范围、分辨率、刷新率、有效位号和填充位由 AEEC 工作人员管理,并被纳入 ARINC 429。

ARINC 429 要求数值数据以 BCD 和二进制编码,后者使用二进制补码分数符号。在该符号中,数据字段的最高有效位表示为所定义参数选择的最大值的一半。连续位表示二进制分数系列的增量。负数被编码为正值的二进制补码,并且负号在 SSM 中公布。

在建立给定参数的二进制数据标准时,首先按照该顺序确定该单位的最大值和分辨率。然后给字的 LSB 分配等于分辨率增量的值,并且选择有效位的编号,使得分数二进制系列的最大值刚好超过该参数的最大值(即它等于大于最大参数值的下一个整数二进制数减一个 LSB)。例如,为了以 ft 为单位传送高度,其中范围为 0～100 000 ft,分辨率为 1 ft,有效位的编号是 17,并且分数二进制系列的最大值是 131 071(即 131 072 − 1)。

需要注意的是,因为准确度是测量过程的特性,而不是数据传输过程的特性,所以它在字特性的选择中不起作用。显然,数据字中提供的分辨率应当等于或大于准确度,而不是低于准确度。

对于 ARINC 429 中角度数据的二进制表示,度数除以数据传输的单位并 ±1(半圆),作为二进制补码分数符号编码的范围,暂不减去 LSB。因此,角度范围为 0～359. XXX°,编码范围为 0～±179. XXX°;最高有效位的值是个半圆。

下面阐述以 1° 为增量对 0°～360° 的角度范围进行编码。根据上述一般编码规则,正半圆将覆盖范围 0°～179°(比全范围小一个 LSB)。对于 0,所有位被设置为 0;对于 179°,所有位被设置为 1,并且 SSM 将指示正号。负半圆将覆盖范围 180°～359°。对于 180°,所有位被设置为 0。将分数二进制系列的二进制补码作为从 360° 减去每个值的结果,来确定 181° 和 359° 之间的角度代码。因此,181° 的代码是 179° 的代码的二进制补码。在整个负半圆(包括 180°)中,

SSM 包含负号。

34.5　时序相关元素

以下部分介绍与信号电路的时序方面相关的数据传输参数。

34.5.1　位速率

34.5.1.1　ARINC 429 高速操作

系统高速运行的位速率是 100 千位每秒(kbps)±1%。

34.5.1.2　ARINC 429 低速运行

系统低速运行的位速率范围为 12.0~14.5 kbps,择定速率保持在 1%内（见表 34-8）。

表 34-8　ARINC 429 数据速率和时序

参　　数	高 速 运 行	低 速 运 行
位速率	100 kbps±1%	12~14.5 kbps
时间 Y	10 μs±2.5%	$Z^{①}$ μs±2.5%
时间 X	5 μs±5%	$Y/2$±5%
脉冲上升时间	1.5±0.5 μs	10±5 μs
脉冲下降时间	1.5±0.5 μs	10±5 μs

① $Z=1/R$,其中 $R=12$~14.5 kbps 范围内选择的位速率。

34.5.2　信息速率

数据传送要满足规定的速率。ARINC 429 中规定了每个信息项的最小和最大发送速率。具有相同标签 ID 但具有不同 SDI 位的数据字被视为不同的信息项。每个不同的信息项在指定最小值和最大值的间隔期间传送一次。换句话说,具有相同标签和4个不同SDI位的数据字在该时间间隔内将在总线上出现4次(每次一次SDI位)。

包含在数据字中的离散位以位速率传输并以主数据的更新速率重复。专用于离散数据的字以指定的速率连续重复。

34.5.3 时钟方法

时钟是数据传输中固有的。位间隔的识别与从双极RZ码中的先前NULL状态到HI或LO状态的初始化有关。

34.5.4 字同步

数据字应当通过参考字传输周期之间的最小四位时间间隔来同步。该间隔之后的第一个发送位的开始表示新字的开始。

34.5.5 时序公差

波形时序公差如图34-4所示。

脉冲上升和下降时间在脉冲前沿和后沿的10%~90%电压幅度点之间测量,包括发送机输出电压A对地和B对地之间的时间偏移。

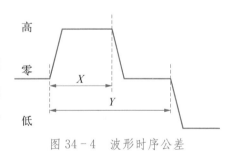

图34-4 波形时序公差

34.6 通信协议

34.6.1 文件数据传输的开发

AEEC于1977年7月采用了ARINC 429。然而,在1989年10月,AEEC用更全面的定义更新了文件数据传送过程,以支持面向位和面向字符的数据的传送。新协议被称为 ARINC 429 Williamsburg 协议,也称为 ARINC 429W。

34.6.1.1　文件数据传输技术

文件数据传输技术规范描述了一种系统,其中 LRU 可根据需要生成二进制扩展长度消息。数据以八位字节组织的链路数据单元(LDU)形式发送。系统地址标签(SAL)用于标识接收机。

34.6.1.2　数据传输

物理层实现的相同原理适用于文件数据传输。需要发送信息的任何航空电子系统元件从指定的输出端口通过单一扭转屏蔽双绞线将信息传输到需要该信息的所有其他系统元件。与可在单个传输中向多个接收方传递数据的简单广播协议不同,文件传输技术仅用于点对点的信息传递。

34.6.1.3　广播数据

上述广播传输技术可与文件数据传输同时使用。

34.6.1.4　传输顺序

应首先传输文件最有效的八位字节和每个八位字节的 LSB。在每种情况下,标签在数据之前传输。可以看到,标签字段以相反的顺序编码,即字的 LSB 是标签的最有效位。这种反向标签是过去系统的传统,其中标签字段的八位字节编码显然不重要。

34.6.1.5　面向位的协议确定

LRU 将需要内部逻辑来确定使用面向字符的协议还是面向位的协议,以及在无先验知识时使用哪个协议。

34.6.2　面向位的通信协议

本节描述面向位的 ARINC 429Williamsburg 协议和信息交换过程。对于希望交换数据文件中汇编的面向位的数据的单元,该协议可用于这些单元之间的文件数据传输。面向位的协议被设计为容许发送和接收装置之间的数据传输,传输格式是与 ISO 开发的开放系统互连(OSI)模型兼容的形式。该文档将其自身引向链路层的实现,并且对前四层(物理,链路,网络和传输)做了概述。

允许将面向位的文件传输数据字与包含标签码的常规数据字混合。如果接收机在接受面向位的文件传输信息的过程中应接收常规数据字,则接收机应接受常规数据字并恢复对传入文件传输信息的处理。

数据文件和相关的协议控制信息被编码成32位字,并通过物理接口传输。在链路层,使用透明的面向位的数据文件传输协议来传输数据,该数据文件传输协议被设计为允许所涉及的装置在多个字帧中发送和接收信息。链路层被构造为允许传输八位字节数据文件包含的任何二进制数据。

34.6.2.1　物理介质

物理接口如上所述。

34.6.2.2　物理层

物理层提供激活、维持并释放将承载通信位流的物理链路所需的功能。接口单元使用前面描述的电接口、电压和时序。数据字将包含32位;位1~位8将包含SAL,位32是奇偶校验位,设置为奇校验。

34.6.2.3　链路层

链路层负责将信息从一个逻辑网络实体传送到另一个逻辑网络实体,并明确在传输期间遇到的任何错误。链路层提供高度可靠的虚拟通道和一些流控制机制。

34.6.2.4　网络层

网络层执行多个功能,以确保数据包在任何两个终端之间适当路由。网络层期望链路层从正确接收的帧那里提供数据。网络层提供数据包级别的信息解码,以确定信息应当在哪里传送。为了获得互操作性,必须通过在飞机上和地面上的所有通信网络中使用相同的规则集来再现该基本过程。面向位的数据链路协议被设计为在面向位的网络层环境中操作。具体来讲,ISO 8208通常选为空中和地面子网的子网层协议。

34.6.2.5　传输层

传输层控制源端系统到目的端系统之间的数据传输。它在这些处理端系统之间提供独立网络的数据传送。它是在系统之间移动数据时所涉及的最高层功能，并且在它们之间传送信息时会使得更高层免于任何关注。

34.6.2.6　链路数据单元

LDU 包含二进制编码的八位字节。八位字节可设置为任何可能的二进制值。LDU 可表示原始数据、字符数据、面向位的消息、面向字符的消息或任何期望的位串。唯一的限制是这些位必须被组织成完整的 8 个八位字节。这些位的解释不是链路层协议的一部分。LDU 可构成数据文件。

LDU 由一组连续的 32 位数据字组成，每个数据字包含接收机的 SAL。每个 LDU 的初始数据字是传输起始点（SOT）。上述数据包含在随后的数据字中。LDU 以传输终点（EOT）数据字结束。任何数据文档均不应超过 255 个 LDU。

在本文档中，LDU 对应帧，文档对应数据包。

34.6.2.7　链路数据单元大小和字计数

LDU 可在 3～255 个 ARINC 429 字之间变化，包括 SOT 和 EOT 字。当 LDU 被组织用于传输时，计算要发送的 ARINC 429 字的总数，称为字计数，是 SOT 字、LDU 中的数据字和 EOT 字的和。为了获得最大系统效率，通常将数据编码到最少的 LDU 中。

字计数字段的长度为八位。因此，此字段中可计数的 ARINC 429 字的最大数目为 255。字计数字段出现在请求发送（RTS）和清除发送（CTS）数据字中。需要在特定数据文档中传输的 LDU 数量将取决于用于对数据字进行编码的方法。

34.6.2.8　系统地址标签

LDU 是点对点发送的，而其他系统可连接并监听发送系统的输出。为了识别传输的预期接收者，使用标签字段（位 1～位 8）来携带 SAL。每个机载系统都分配了 SAL。当系统将 LDU 发送到另一个系统时，发送系统（源）通过将标签字段设置为接收机的 SAL,将每个 ARINC 429 字寻址到接收系统(接收机)。当系统接收到包含 SAL 的任何数据时,如果该数据不是通过本协议的已建立约定发送的,数据将被忽略。

在数据透明协议中,数据文档由内容而不是 ARINC 429 标签标识。因此,标签字段将失去广播通信中可用的参数识别功能。

34.6.2.9　位速率和字时序

数据传输可设置为高速或低速传输。源在所传输的每个 ARINC 429 字的结尾和下一个字的开始之间引入了一个时间差。时间差应至少为四位时间,并且接收机应能够接收最短字间隔时间差为四位时间的 LDU。源的字间隔时间差不应超过 LDU 数据字间隔的平均最大 64 位时间。

最大平均字间隔时间差意在迫使源在没有过度延迟的情况下传送 LDU 的连续数据字,防止正在发送短信息的源使用完全可用的 LDU 传送时间。当评估超短固定 LDU 的最大 LDU 传送时间时,例如自动相关监视(ADS),则实现了规定的主要价值。

如果 ARINC 429W 源设备要通过单个数据总线同时向多个接收设备发送超长或完整的 LDU 时,其他的总线活动可能会导致源设备无法以足够快的速率传输给定 LDU 的数据字来满足此要求。在飞机运行中,鉴于 ARINC 429 Williamsburg LDU 传输的异步突发模式性质,ARINC 429W 源设备不可能同时开始向两个以上 ARINC 429W 接收设备发送超长或完整 LDU。由于 LDU 传输超时,未能满足此要求将导致 LDU 成功传输或 LDU 重传。

34.6.2.10　字类型

字类型字段占据所有面向位的 LDU 字中的位31～位29,用于识别面向位的通信协议使用的各 ARINC 429 数据字的功能。

34.6.2.11　协议字

协议字用字类型字段 100 来标识,用于控制文档传输过程。

协议标识符字段占用协议字的位25～位28,用于标识正被传输的协议字的类型,忽略具有无效协议标识符字段的协议字。

一些协议字包含目的地代码。目的地代码字段(位 17～位 24)指示 LDU 的最终目的地。如果 LDU 拟使用接收信息的系统,则目的地代码可设置为零(00)。然而,如果 LDU 是旨在传递到另一个机载系统的信息,则目的地代码指示信息将被传递到系统。根据涉及的应用分配目的地代码,并在目的地代码字段中使用目的地代码来指示 LDU 的最终目的地地址。

在 OSI 环境中,链路层协议不负责验证目的地代码。更高级别的实体负责检测无效的目的地代码并启动错误记录和恢复。在预 OSI 环境中,目的地代码提供网络层信息。在 OSI 环境中,此字段可包含用于在 OSI 和非 OSI 系统之间进行路由的相同信息。

一些协议字包含字计数字段。字计数字段(位 9～位 16)反映后续 LDU 中要发送的 ARINC 429 字的数量。最大字计数值为 255 个 ARINC 429 字,最小为 3 个 ARINC 429 字。具有 3 个最小字计数值的 LDU 将包含一个 SOT 字、一个数据字和一个 EOT 字。具有 255 个最大字计数值的 LDU 将包含一个 SOT 字、253 个数据字和一个 EOT 字。

34.7　应用

34.7.1　初始实施

ARINC 429 在 20 世纪 80 年代初用在空客 A310、波音 B757 和波音 B767 飞机上。在一些情况下,约 150 条独立总线用来互连这些飞机上的 LRU,包括计算机、无线电、显示器、控制系统和传感器。

34.7.2　控制的演变

ARINC 429 的引入证明是减少电线的一个重要手段。在那之前,无线电设备使用称为 5 中选 2 的调谐方法来控制。在每组 5 根电线上编码所需射频的每个数字。多位数字表示每个无线电接收机需要多组电线。使用 ARINC 429,调谐装置只需要一条总线来调谐同一类型的多个无线电收发报机。可使用几个控制面板来调谐整组无线电收发报机和导航接收机,而先前调谐单个无线电收发报机需要使用大约相同数量的电线。

由于驾驶舱上的空间不足,减少控制面板的数量变得至关重要。业界认识到,正确配置的单个控制面板可以替代大多数现有的控制面板。工业界努力得到的多用途控制显示单元(MCDU)基本上源自为飞行管理计算机(FMC)提供控制和显示的需要。从那以后,MCDU 已经成为控制 FMC 等设备的主要数据输入装置。

为 ARINC 429 开发的一种专用协议可从 MCDU 寻址到连接单个 ARINC 429 总线的不同单元。协议采用两对电线在控制装置和受控设备之间进行双向通信。提供的寻址方案可在控制装置和任何一个受控装置之间进行选择性通信,而只需要一个来自控制系统的输出总线向接收装置传送地址和命令。通过基本的 ARINC 429 设计,最多可将 20 个受控装置连接到控制系统的输出。每个受控装置由分配的 SAL 寻址。这在 ARINC 739 中有进一步定义。

34.7.3　ARINC 429 的寿命

21 世纪的新型飞机设计继续采用 ARINC 429 总线进行常规数据传输。总线的相对简单性和完整性以及认证的方便性是促进继续选择 ARINC 429 总线的特性。预计今后将会出现新的 ARINC 标准以满足行业对数据量增大和数据速率增加的要求。关于 ARINC 标准的其他信息,可登录 http://www. aviation-ia. com/aeec 查询。

35

RTCA DO – 297/EUROCAE ED – 124
综合模块化航电(IMA)
设计指南和认证事项

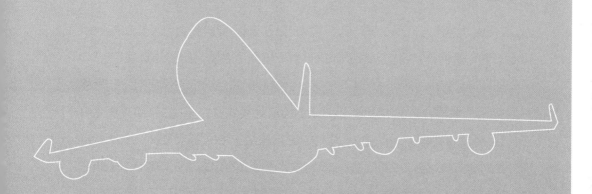

35.1　导言

　　RTCA DO-297,即《综合模块化航空电子(IMA)设计指南和认证注意事项》,是航空电子设备批准和飞机最终认证的关键文档之一。这些文档包括DO-160[1]、DO-178[2,3]、DO-254[4]、SAE ARP4754[5,6]、ARP4761[7]以及许多其他文档,如技术标准规定(TSO)。与 DO-178 和 DO-254 一样,DO-297 提供在航空电子开发中遵循的指南,而不是规则。航空电子开发人员和飞机制造商与认证机构协商确定文档的哪些部分将用作飞机认证的基础。列出的所有 RTCA 文档(DO 名称)由联邦航空管理局(FAA)通过发布咨询通告(AC)批准,供认证使用。FAA 在 AC 20-170 使用 RTCA DO-297 和技术标准规定 C153 的集成模块化航空电子开发、验证、集成和批准中认可了 DO-297。ACA 在 AC 20-170 第 1 节~第 4.c 节中规定:"我们发现,RTCA DO-297 的目标、过程、活动以及 AC 中包含的额外指南材料,是开发、集成、验证和安装批准 IMA 系统的可接受合规手段"[8]。从 AC 20-170 的标题可以看出,DO-297 与 TSO-C153"综合模块化航空电子硬件元件"密切相关[9]。TSO-C153 是在 DO-297 之前开发的,通常用于获得 IMA 平台的硬件元件(例如电路卡和机柜)的批准。

　　与 DO-297 等效的欧洲民用航空设备组织(EUROCAE)标准是 ED-124。本章对 DO-297 的任何引用也可推定到引用 ED-124。在撰写本书时,欧洲航空安全局(EASA)尚未通过咨询材料承认 ED-124;然而,通过使用认证审查项目,它被逐项引用。EASA 正在开发其 TSO-C153 和 AC 20-170 版本。

　　DO-297 的需求源自在空客 A380 和波音 B787 上出现的开创性先进 IMA 架构。虽然 DO-297 推出太迟,未能成为这些飞机认证基础的一部分,但从中吸取的教训确实可在一定程度上指导 DO-297 的内容。

　　根据 DO-297,IMA 是一个"灵活、可重复使用且可互操作的硬件和软件资源的共享集,当集成时,形成一个平台,给执行飞机功能的主机应用提供服务,设计并验证了一组定义的安全和性能要求[10]。"本文档为 IMA 开发人员、集成商、申请人以及参与 IMA 系统审批和持续适航性的人员提供指南,并为与传统联合航空电子设备不同的 IMA 系统的保证提供具体的指南。

　　DO‐297 的主要贡献是为与 IMA 模块、应用以及与系统的开发、集成相关的目标、过程和活动提供指南,以便为在批准的航空产品上安装和批准 IMA 系统逐步积累设计保证。递增式认可 IMA 平台(包括核心软件)和托管应用的各个项目,可减少后续认证工作,且不影响系统安全性。

35.2　关键术语

　　以下术语在整个 DO‐297 中使用,对于正确地理解和应用指南非常重要[10]。

　　(1) 应用软件:通过软件实现的应用的一部分,可被分配给一个或多个分区。

　　(2) 批准:正式或官方确认遵守法规的行为或实例。

　　(3) 组件:可能是受控配置的包含硬件或软件的部件、数据库或其组合。

　　(4) 综合过程:协助系统、软件或硬件开发过程的过程和其他综合过程,因此在整个生命周期内保持活动。综合过程是验证过程、质量保证过程、配置管理过程和认证联络过程。

　　(5) 模块:可以是其自身或是为 IMA 系统环境所接受的组件或组件的集合,还可以包括其他模块。可以是软件、硬件或硬件和软件的组合,向 IMA 系统托管的应用提供资源。

　　(6) 分区:资源的分配,其属性由平台保证并保护,免受来自分区外部的不利交互或影响。

（7）分区技术：一种架构技术，提供功能或应用的必要分离性和独立性，以确保只发生预期的耦合。

35.3　概述

DO-297包含6个章节：

（1）第1章是文档的概述。

（2）第2章介绍了IMA的概念，并突出了系统、硬件和软件的特性。

（3）第3章提供了IMA特定开发和集成指南的描述。

（4）第4章是文档的核心，提供了接受IMA的指南，并描述了与已安装IMA系统的支持关系。

（5）第5章描述了IMA开发的整体过程。

（6）第6章提供了IMA系统的持续适航性指南。

图35-1说明了各章节之间的关系。下面4个附件也包括在内。

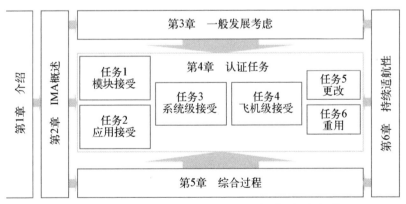

图35-1　各章节及其关系(由RTCA提供，华盛顿特区)

（1）附件A有6个表格，总结了要实现的目标。这些目标基于第4章中描述的6个任务。

（2）附件 B 是词汇表。

（3）附件 C 是文档中使用的首字母缩略语和缩写列表。

（4）附件 D 包含 IMA 示例。

35.4　IMA 的逐步开发和认可

6 个任务定义了 IMA 系统在认证过程中被逐步接受。

（1）任务 1：模块接受。

（2）任务 2：应用软件或硬件接受。

（3）任务 3：IMA 系统接受。

（4）任务 4：IMA 系统的飞机综合，包括验证和确认（V&V）。

（5）任务 5：更改模块或应用。

（6）任务 6：重用模块或应用。

DO-297 提供了关于这些任务的全面而详细的指南。表 35-1 列出了每个任务以及 DO-297 中详细介绍了如何完成任务的章节。每项任务有多个目标，如附件 A 的表格所列。

表 35-1　描述和目标的任务索引

任　　务	参考/目标
任务 1：模块接受	第 4.2 节/表 A-1
任务 2：应用接受	第 4.3 节/表 A-2
任务 3：IMA 系统接受	第 4.4 节/表 A-3
任务 4：IMA 系统的飞机综合，包括 V&V	第 4.5 节/表 A-4
任务 5：更改模块或应用	第 4.6 节/表 A-5
任务 6：重用模块或应用	第 4.7 节/表 A-6

航空电子开发的几个传统方面对 IMA 具有重大意义。其中最重要的是要

求的定义、合作者之间的联络以及稳健的分区。与这些项目密切相关的是与认证机构进行密切联系的需要。

定义 IMA 需求是一个巨大挑战,因为需要一个非常长期的观点。为了认识到航空电子在现代飞机运行中所发挥的越来越重要的作用,再加上新的或升级的航空电子设备的成本,飞机客户对 IMA 平台能力的要求大为增加。客户可能期望最新发布的 IMA 只使用约一半的处理能力、输入/输出和内存。通常,IMA 机柜还能将其他的模块扩展插槽。建议使其能够非常自由地建立备用能力,特别是在 IMA 机柜中的扩展插槽能力。

与传统航空电子设备相比,IMA 平台及其功能可能来自合作者。集成商(通常是飞机制造商)的作用是确保这些合作者与集成商以及彼此之间进行沟通,以确保所有要求得到识别、验证、调节和核实。集成商和应用供应商之间开展有效的沟通尤为重要。

分区可能是开发 IMA 系统中最为棘手的设计困难。由于在典型的 IMA 平台上托管了多个功能,对分区技术的额外要求使得它们被称为稳健分区。在稳健分区的最基本、最低级属性中,一个分区中的任何应用功能都不可能:① 以不利的方式访问任何另一个分区的存储器;② 以不利的方式影响任何另一个分区的时序;③ 以不利的方式影响由任何其他分区使用的资源。要证明稳健分区的实现是特别困难的。DO－297 第 3.5 节提供了执行分区分析的详细指南,以确保分区方案执行其预期功能。

摘自 DO－297 的表 35－2 显示了在 IMA 模块或平台开发中要完成的 10 个目标。附件 A 中的其他表格包括其他 5 项任务。表 35－2 包括第 3 章中的一般指南和第 4 章中的具体任务指南。文档的具体注释也出现在 DO－297 的第 4 章,如"生命周期数据参考"所列。与 DO － 178B/C、DO － 254 和 ARP4754A 一样,控制类别设定了要应用于数据的配置控制量:控制类别 1 数据需要应用问题报告和正式发布过程,而控制类别 2 数据不需要。表 35－3 标识了必须传递给任务 1~4 的认证机构的最少数据集。

表 35‑2　IMA 模块/平台开发过程(任务 1)目标

ID	目　　的	文件参考	生命周期数据描述	生命周期数据参考	控制类别
1	根据 DO‑160、DO‑178、DO‑254 的指南和本文档计划和实施模块/平台开发和验收生命周期及相关过程	4.2.1a 3.1.1a	模块/平台接受计划	4.2.3	CC1
2	规定模块/平台要求规范,该规范是可追踪、可验证的	4.2.1b 3.1.1b	模块/平台要求规范可追溯性数据	4.2.4 4.2.5	CC1 CC2
3	记录模块/平台设计,该设计阐述了 IMA 独特的故障模式、安全分析和功能	3.1.1c,d 4.2.1b,c 5.1	模块/平台设计数据模块/平台故障分析和安全分析	4.2.4 4.2.12b	CC1 CC1
4	根据需要对验证和开发工具进行评估和认证	4.2.1i 3.4 5.2.3	模块/平台工具鉴定数据	4.2.12c	CC2 或CC1[①]
5	分区确保防止任何对托管应用的行为不利的影响,任何其他应用或功能的行为	3 5 3.1.1c,d 4.2.1c,d 5.1, 5.3, 5.4	分区分析数据	4.2.4j	CC1
6	证明符合模块要求,资源要求等	3.1.1d,e 4.2.1c 4.2.1d 4.2.1e	模块/平台 V&V数据	4.2.5	CC2
7	确保模块用户具有集成和连接模块所需的信息	4.2.1g,k,l 3.4	模块/平台接收数据表	4.2.10	CC1
8	平台集成完成	4.2.1h 3.1.1d 5.3, 5.4	平台集成、验证和确认数据	4.2.5	CC2
9	提供并记录 IMA 平台的健康监测和故障管理功能,以供托管应用和 IMA 系统使用	4.2.1c 3.6 5.1.5.5 5.1.5.6	平台要求规范	4.2.4f	CC1

（续　表）

ID	目　　的	文件参考	生命周期 数据描述	生命周期 数据参考	控制 类别
10	实施和完成模块/平台的质量保证、配置管理、集成、验证、核实和认证联络	4.2.1f,j,k 5.3～5.7	模块/平台质量检查记录 模块/平台CM记录 模块/平台 V&V数据 模块/平台接受成就摘要 模块/平台配置索引 模块/平台问题报告	4.2.6 4.2.8 4.2.5 4.2.9 4.2.7 4.2.11	CC2 CC2 CC2 CC1 CC1 CC2

① 工具鉴定数据的控制类别在 DO‐178/ED‐12(参考文献[2])或 DO‐254/ED‐80(参考文献[4])中定义。

来源：由华盛顿特区 RTCA 提供。

表 35‐3　要提交给认证机构的生命周期数据

生命周期数据项	参　　考	任务1	任务2	任务3	任务4
模块验收计划(MAP)	4.2.3	X			
模块配置索引(MCI)	4.2.7	X			
模块验收完成总结(MAAS)	4.2.9	X			
模块接收数据表	4.2.10	X			
硬件合格审定计划(PHAC)	4.2.12.a 4.3.2	X	X		
软件合格审定计划(PSAC)	4.2.12.a 4.3.2	X	X		
软件配置索引(SCI)	4.2.12.a 4.3.2	X	X		
硬件配置索引(HCI)(即顶层图)	4.2.12.a 4.3.2	X	X		
软件完成总结(SAS)	4.2.12.a 4.3.2	X	X		
硬件完成总结(HAS)	4.2.12.a 4.3.2	X	X		
安全评估分析/报告	4.2.12.b			X	X

生命周期数据项	参　考	任务 1	任务 2	任务 3	任务 4
托管应用接收数据表	4.3.2		X		
IMA 认证计划（系统和飞机级）	4.4.3 4.5.3			X	X
IMA V&V 计划（系统和飞机级）	4.4.4 4.5.4			X	X
IMA 配置索引（系统和飞机级）	4.4.5 4.5.5			X	X
IMA 完成总结（系统和飞机级）	4.4.6 4.5.6			X	X
EQT 计划	DO-160	X	X	X	X
EQT 报告	DO-160	X	X	X	X

来源：由华盛顿特区 RTCA 提供。

35.5　IMA 认证的建议

本节提供了 7 个建议，供飞机制造商在使用 DO-297 开发、集成和认证 IMA 系统时参考。相互关联的建议之间有一些故意的重叠，以提供完整的视图[11]。

35.5.1　建议 1：提前规划

不规划基本上等同于规划失败。对于 IMA 系统，建议采用以下规划做法：

（1）确保所有利益相关者尽早制定和提交计划（例如安全计划，平台计划，软件计划，机载电子硬件计划）。

（2）在计划的早期审查供应商的计划，以确保他们同意飞机级计划。

（3）与认证机构尽早举行技术会议，解释计划并实施反馈。

（4）尽快向认证机构提交计划并寻求批准。

（5）遵循批准的计划,在需要时向认证机构传达任何偏差或更新。

（6）制定现实的计划,传播计划并使之发挥作用。

（7）开发流程,以便能够主动解决技术问题。

（8）确定如何在多个合作者之间管理要求和问题报告。

为了记录计划,飞机开发商与 IMA 系统供应商一起制定飞机级 IMA 认证计划。认证计划提供以下信息:

（1）IMA 系统及预期安装的描述。

（2）确定合作者的角色和责任(包括所有供应商,其分包商和任何离岸子公司),并解释合作者之间如何沟通。

（3）方法与法规一致的总结。

（4）生成的生命周期数据清单,其中包含将要提交给认证机构的数据标识;如果涉及多个认证机构,则说明每个机构将要传送哪些数据。

（5）解释如何实现和谁来实现每个 DO-297 目标。

（6）解释如何实施 AC 20-170 指南,特别是范围超出 DO-297 的指南。

（7）如果 TSO-C153 与 DO-297 结合使用,解释该方法,以解释正在使用指南材料的哪些部分;这通常将涉及解释如何实现 DO-297 的每个目标,以及如何实施 TSO-C153 和 AC 20-170 的指南。

（8）解释如何管理和执行集成、分区、健康管理、数据配置、资源分配、部件标记、工具使用和测试。

（9）解释如何处理来自认证机构的关于任何议题的报告(或同等文档)。

（10）包括 DO-297 第 4.4.3 和第 4.5.3 节列出的信息。

35.5.2　建议 2: 确定角色和职责

开发和认证 IMA 系统通常涉及众多合作者。例如,一个典型计划涉及飞机制造商、IMA 平台提供商、操作系统供应商、软件分包商和许多托管的应用团队或供应商。应在计划早期书面明确规定所有供应商的角色和责任。每个合作者的角色和职责通常包括以下内容：

(1) 要执行的任务。

(2) 要生成的数据。

(3) 完成的标准。

(4) 数据审查和提交时间表。

(5) 规划的审查过程。

(6) 提交和审批流程。

应尽早确定和解决合作者之间存在的任何专有数据问题。清楚地界定谁正在进行环境鉴定测试也很重要，因为这通常由合作者共享。

每个合作者的角色和职责摘要应该包括在飞机级 IMA 认证计划中；同时，每个合作者应详细说明他们在自己的计划（例如，系统计划、软件计划、硬件计划、环境鉴定测试（EQT）计划）中的角色和职责。

35.5.3　建议 3：确定合作者的通信方法

除了确定角色和责任之外，重要的是确定合作者之间的通信方法。这些方法应当能够及时沟通重要的数据和问题。通信包括技术会议、电子邮件、网站、数据交付和问题报告。当合作者出现问题时，应当积极沟通解决。

平台供应商和托管应用开发商之间的通信尤为关键。他们之间的通信通常包括 IMA 平台用户手册、正在进行的技术交流、设计材料和数据表以及技术支持（可通过热线和/或网站）。

这一点也很重要，确定哪些数据项被认为是认证物，哪些不是（例如，平台用户指南可不作为认证物；但平台数据表是认证物）。应当适当地控制所有认证物（即生命周期数据），以符合规定。

35.5.4　建议 4：确定供应商管理方法

飞机开发商应确定如何开发、管理、向下传播、验证和确认飞机级要求。每个开发商应为供应商做同样的事情，以确保无缝实施和证明飞机要求的符合性。值得注意的是，在无更高级别要求的情况下，开发的 COTS 可能难以实现对飞机要求的可追溯性，并且可能需要额外的工作。例如，可能需要开发平台要求和 COTS 操作系统之间的可追溯性，以确保满足分配给操作系统所有平台的要求，并且适当停用操作系统中的任何额外功能。

此外，供应商管理应解决如何对来自多个供应商和分包商的问题报告进行补充、评估安全影响、分类、维护等。还有，可能很难对 COTS 进行这些操作，因为通常不会针对他们提供问题报告。

使用供应商、分包商或离岸子公司的每个合作者应该清楚地确定他们将如何管理和监督这些实体。计划应该至少包括如何进行技术、认证和质量保证监督。

35.5.5　建议 5：确定集成方法

多个组件的集成是 IMA 成功认证的关键因素。集成通常以 V&V 努力为背景。应考虑以下集成和 V&V 活动：

(1) 确定整体集成方法(一般采用自上而下的要求流程和自下而上的集成流程)。

(2) 在集成托管应用之前，努力完善 IMA 平台。

(3) 如果测试平台(或模拟器)用于软件测试，应尽早与认证机构、IMA 平台提供商和托管应用协调详细信息。

(4) 确定对托管应用执行测试所需的设备。尤其要考虑是否将使用实际的 IMA 平台硬件和软件，或者它是代表性子集还是模拟物。如果不用实际的 IMA 平台硬件和软件进行托管应用测试，应执行必要的分析(或鉴定)，以证明获得了相同的测试结果。

35.5.6　建议 6：执行持续认证活动

与认证机构及早并频繁地沟通对 IMA 系统的成功认证至关重要。每个合作者应当聘用认证联络人员，以确定和解决认证要求，并在整个项目期间与认证机构沟通。以下是与认证机构协调的一些建议：

（1）尽早协调计划，贯穿整个项目。口头（会议，电话等）和书面（文档提交，备忘录，电子邮件，演示文稿等）沟通都很重要。

（2）向认证机构通知计划或总体战略的任何更改。

（3）当涉及多个认证办公室时，与所有适当的认证办公室协调。在人员或情况发生变化的情况下，保存通信和协议记录也很重要。正如认证机构经常强调的，"如果无书面记录，它就没有发生。"

（4）传达新的和新颖的概念，以促进在早期确定问题（如问题文档和认证审查项目）。

（5）在确定问题后尽快传达对问题文档和认证审查项目的回复。

（6）在整个计划期间与认证机构安排技术会议和状态会议。通常，对于 IMA 系统，需要每月或每季度举行会议。

（7）请求认证机构对他们提出的技术问题给出意见。请务必联系并聘请相应的技术专家。

（8）及时回应认证机构提出的行动和问题。

（9）与认证机构达成书面协议（通常通过会议记录、备忘录或批准的计划）。

35.5.7　建议 7：应对随时出现的挑战

对 IMA 系统进行认证会带来一些技术和程序上的挑战。应尽早考虑这些因素，并在整个项目中主动解决这些因素。以下是开发和认证 IMA 系统时面临的一些更具挑战性的技术问题：

（1）确定和验证资源分配。

（2）确定如何管理所有组件的配置。

（3）设计部件标记方案（特别是使用电子部件标记时），以遵守法规并支持维护。

（4）确定针对现场可以加载的软件和现场可能可以加载的硬件所采用的方法。

（5）建立分区要求，识别分区漏洞，并指定解决分区漏洞的缓解措施。

（6）追踪所有组件的问题报告，并分析它们对功能、安全性、操作、性能和法规遵从性的影响。

（7）建立所有合作者的综合和测试计划（包括实验室数量，每个实验室的设备要求，实验室计划）。

（8）确定所有合作者的认证方法，并与认证机构达成协议。

参考文献

［1］RTCA DO‐160，Environmental conditions and test procedures for airborne equipment (Washington，DC：RTCA，Inc.，various dates).

［2］RTCA DO‐178B，Software considerations in airborne systems and equipment certification (Washington，DC：RTCA，Inc.，December 1992).

［3］RTCA DO‐178C，Software considerations in airborne systems and equipment certification (Washington，DC：RTCA，Inc.，December 2011).

［4］RTCA DO‐254，Design assurance guidance for airborne electronic hardware (Washington，DC：RTCA，Inc.，April 2000).

［5］SAE ARP4754，Certification considerations for highly-integrated or complex aircraft systems (Warrendale，PA：SAE Aerospace，November 1996).

［6］SAE ARP4754A，Guidelines for development of civil aircraft and systems

(Warrendale, PA: SAE Aerospace, December 2011).

[7] SAE ARP4761, Guidelines and methods for conducting the safety assessment process on civil airborne systems and equipment (Warrendale, PA: SAE Aerospace, December 1996).

[8] Federal Aviation Administration, Integrated modular avionics development, verification, integration, and approval using RTCA DO – 297 and Technical Standard Order – C153, Advisory Circular 20 – 170 (Washington, DC: FAA, October 2010).

[9] Federal Aviation Administration, TSO – C153, Integrated modular avionics hardware elements (Washington, DC: FAA, May 2010).

[10] RTCA DO – 297, Integrated modular avionics (IMA) development guidance and certification considerations (Washington, DC: RTCA, Inc. , November 2005).

[11] L. Rierson, Best practices for certifying IMA systems in civil aircraft, IEEE Digital Avionics Systems Conference, St. Paul, MN, 2008, pp. 1 – 8.

[12] L. Rierson, Developing Safety-Critical Software: A Practical Guide for Aviation Software and DO – 178C Compliance (Boca Raton, FL: CRC Press, 2012).

36

航空电子应用软件标准接口：
ARINC 653

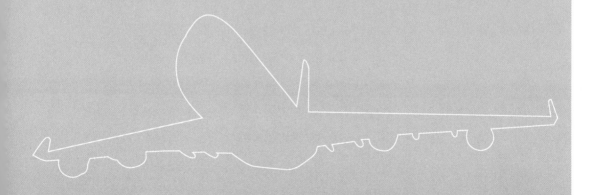

36.1　导言

本章旨在使读者了解数字航空电子系统中广泛使用的实时操作系统(RTOS)和相关航空电子应用软件标准,涉及以下问题：为什么要使用航空电子RTOS？航空电子计算机RTOS与通用计算机RTOS有什么不同？航空电子计算机RTOS的基本概念是什么？它们怎么工作？

36.2　为什么要使用航空电子操作系统

在早期喷气式时代,较容易生产的飞机需要配置3个飞行机组人员。那时,导航员为机长和副机长提供了许多飞机性能和预测计算。随着时代的变化,微电子技术和相关软件应用的引入大大提高了航空电子系统自动化的能力和飞行机组的情境意识,并增强了运行效率——所有这些都在不断增加安全性、扩大安全包线。今天,通过快速发展的硬件和软件技术,使双人制飞行机组配置和飞行员工作负载管理成为可能。

多年来,微电子技术在重量、体积和功率节省方面的直接好处对航空电子界一直极具吸引力。虽然航空电子设备在功能和能力方面继续增长,但实现这些功能所需的物理质量和体积却在不断减小。可以预见,这一趋势还将继续下去。软件开发的成果使航空电子设备的开发水平不断提高。虽然业界认为这种发展趋势是理所当然的,但也已经认识到复杂的软件必须得到妥善的管理,软件部分必须被开发为定义明确的模块。

ARINC 653规范在抽象层面定义软件模块,特别是定义了应用软件模块和底层计算机操作系统(也称为RTOS)之间的接口边界。

RTOS创建一个统一的环境,允许软件模块或应用程序执行并提供一套标准的系统服务,以安排软件执行、映射存储器区域以及在某些情况下进行分区存储器访问、执行输入/输出(I/O)操作和处理错误或故障。RTOS进一步优化环境,以支持对航空电子应用软件正确可靠运行至关重要的暂存特性。

在最早一代的数字航空电子设备中,每一个单元都具有独特指令集和独特的微处理器,系统开发和维护非常昂贵。20世纪90年代初的一个关于现代数字航空电子设备的调查表明,所有的数字航空电子设备都拥有一套公用组件,一般包括计算机处理单元、存储器和输入/输出系统(I/O)。同一时期,人们认识到航空电子设备的开发成本不再由硬件决定,相反,航空电子设备的成本在很大程度源自软件的开发费用。据估计,在复杂的航空电子设备的整个开发成本中,这部分高达85%。因此,对于标准化RTOS的需求变得非常迫切。

36.3 为什么要开发操作系统接口

标准化的航空电子RTOS接口主要出于两个方面的需要。首先,它为航空电子软件的开发确立了一个已知的接口边界,可以使航空电子应用软件和底层的RTOS相互独立,实现RTOS和应用软件的同步开发。其次,标准RTOS接口允许RTOS和底层硬件平台的升级独立于应用软件。综合以上两方面,在飞机使用期内,将能使航空电子升级为具有较高的消费比。

航空运输业已经制定了标准的RTOS接口定义,它被定义为航空电子软件应用与RTOS之间的接口界限。标准化工作由航空电子工程委员会(AEEC)发起,并涉及代表行业主要利益相关者的许多有关方面。软件专家召集并确定了航空电子设备的具体需求:

(1) 安全关键性(按美国联邦航空条例(FAR)第25.1309部定义)。

(2) 实时性(必须在一个指定的时间内做出响应)。

(3) 确定性(结果必须是可预计的和可重复的)。

确定性是指根据前面的操作生成可预期结果的能力。结果在一个指定的时间周期内具有一定程度的可重复性(RTCA DO－297/EUROCAE ED－124)。

综合模块化航空电子系统(IMA)的出现是另一个驱动力。IMA 的概念促使多个软件功能的综合。管理系统内和各项应用与数据之间的通信流必须要有一套机制,借此运行通信流,并提供控制程序,产生影响飞机操作的系统级事件。软件结构内各个单元之间以及软件与其他物理单元之间必须要有清晰的接口规范。

IMA 设备中的软件功能是由应用软件提供的,它们依赖于航空电子系统平台提供的可用资源。使用应用软件可提供更好的灵活性来满足用户的需求,包括功能增强。随着嵌入式软件系统的规模和复杂程度的增加,现代软件工程技术(例如,面向对象的分析与设计、结构化设计的功能分解、自上而下的设计和自下向上的设计等)被用来辅助软件开发过程和提高软件生产率。例如,软件以模块组件的形式被定义、开发、管理和维护,这样会带来许多好处。

航空电子软件是按 RTCA DO－178/EUROCAE ED－12 的合适级别来取得资质的,这是一个要对细节严格关注的过程。软件必须遵守相应的管理标准,以确保安全操作。因此,RTOS 运行状态应当设计得简单且具有确定性。

36.4   总的系统架构

ARINC 653 软件接口规范主要是为 IMA 系统的使用而开发的。然而,这种概念也被借鉴用于包含多个分区功能的传统联合式系统中。图 36－1 所示的是一种软件系统架构的例子。系统主要的组件是实现航空电子系统功能的应用软件和为软件应用提供标准和通用环境的核心软件,并可以进一步划分为以下几个功能:

(1) RTOS 管理对应用和请求的逻辑响应。它分配处理时间、通信通道和

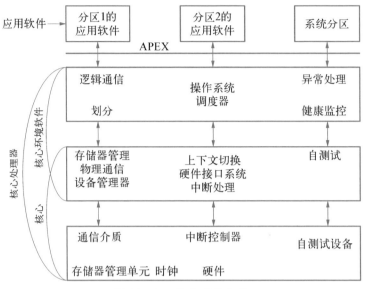

图 36-1 软件系统架构

存储器资源。这个功能将应用请求映射到系统级逻辑机制,并为应用提供统一的逻辑接口。

(2)健康监控(HM)功能启动从错误中恢复或重新配置的策略,用以实现一个特定的恢复动作(见本书第 22 章)。

(3)硬件接口系统(HIS)代表 RTOS 管理物理硬件资源。HIS 将 RTOS 产生的逻辑请求映射到核心硬件的特定物理配置。

分区类似于一个通用计算机中的多任务应用。每一个分区包含一个或多个并发运行的进程,它们根据应用的需求,共同访问处理器资源。所有的进程都是唯一可确定的,并且拥有影响调度、同步和整体执行的特性。

为了实现软件的可移植性,各分区之间的通信独立于源和目的端分区所处的位置。一个应用发送或者接收一个消息,另一个应用将不会包含有关其自身所处主分区的位置信息,或者通信对象所处分区的位置信息。使一个消息能够正确地从源端传送到目的端所需的信息包含在配置表中,这些配置表是由系统综合者而不是由各个应用的开发人员开发和维护的。系统综合者构建这样一个环境来确保一个 IMA 平台上分区间的消息有正确的传输路线。

36.5　软件模块化

　　根据基本的 IMA 系统架构，可以完整地定义模块开发软件。将航空电子软件结构分解为清晰划分的组件的方法与简单地将系统分解为可管理组件的方法相比，前者有更多的优点。结构分解方法包括给各组成单元分组，其中有的组成单元很可能是要更改的，有的则依赖于特定的时间特性等。此外，易受更改的单元可以进一步分为两类：一类是今后要增加功能的，另一类是其实现与其运行的物理环境是相关的。这样一来既可以实现增强软件的功能，也可以实现软件向其他 IMA 平台的移植。

　　在一个 IMA 平台上可能同时驻留了多个应用软件，源自不同航空电子资源的这些应用软件，必须综合进所选择的核心硬件中。应用软件之间建立"隔墙"是必要的，以保证可靠的软件划分，特别是当这些应用软件具有不同级别的软件关键性时更是如此。为了使这些应用软件不仅能够相互综合在一起，而且也能够与 IMA 平台综合在一起，必须制定详细的规范。由于标准化的 RTOS，软件模块可以做成便携式和可重复使用式。虽然 ARINC 653 标准化了软件应用程序和操作系统之间的接口，但它并没有标准化分区发送和接收消息的数据内容，这被认为是 IMA 系统中软件成本的重大贡献者。数据内容显然不在 ARINC 653 的范围之内，但可能是将来要解决的最重要领域之一。

36.6　RTOS 接口

　　RTOS 接口是 IMA 系统诸多特性中的一个，它用来定义应用程序与

RTOS正确通信的环境。开放标准允许RTOS供应商之间的健康竞争。这促进了可用RTOS产品的持续改进，允许应用程序相对容易地实现移植。RTOS接口定义提供了各种服务，主要由各个过程调用组成。它对RTOS本身、应用软件，甚至在一定程度上对整个IMA系统设置了严格的界限。

RTOS接口的主要目的是在应用软件和RTOS本身之间提供一个通用的接口。RTOS接口的标准化允许使用各种各样供应商的应用代码、硬件和RTOS，这将促进竞争并降低系统开发和用户的费用。

（1）RTOS接口可提供满足IMA系统需求的最少数量的服务，因此这个接口可以非常容易地被应用软件开发人员有效地使用，并辅助他们开发可靠的产品。

（2）RTOS接口是可扩展的，以适应今后系统功能增强的需求，同时保持对软件先前版本的兼容性。

（3）RTOS接口满足像Ada和C这样的高级程序设计语言共同的实时性要求。根据认证和确认的关键性级别，各种应用可以使用由RTOS接口提供的底层服务。

（4）RTOS接口可将应用软件与实际的处理器体系结构分离开来。因此，硬件改动对应用软件是透明的。RTOS接口允许应用软件访问执行服务，但是要把应用软件从对处理器体系结构的依赖中间隔开来。

（5）RTOS接口规范不依赖于编程语言。这是一个必需的条件，用以支持由不同高级语言编写的或是由同一种语言编写但是使用不同编译器编译的应用软件。满足这个要求将带来选择编译器、开发工具和开发平台的灵活性。

RTOS接口对RTOS提出了分层和划分要求，为扩展能力和增强功能创造条件。各种RTOS请求，特别是通信请求，被设置成几种模式中的一种。应用可以请求功能执行或请求挂起等待，或继续运行，或查询请求的状态，或只是提醒处理结束。可以预料，RTOS接口将划分为组或者区域（如存储器管理区和数据I/O区等），并且每一个区域可以进一步划分。

　　RTOS 中一个通信请求的处理由两部分组成：设置合适的 I/O 格式和把信息传送给 HIS。为了保证时间上的确定性,每一个信息规定了最大和最小的响应时间。某些类型的信息还包括由应用设置的超时说明。因此,这个接口严格定义了应用和 RTOS 之间的通信(包括请求、命令、响应和数据 I/O 等)。

　　各应用之间及各应用与 RTOS 之间的划分受标准硬件机制控制。因此可以表明,如果一个应用可以被证明正确地符合 RTOS 接口,那么它将正确地与 RTOS 接口。给定了一个严格的 RTOS 定义之后,就可能在仿真 RTOS 接口的通用计算机上综合和测试这些应用,这样也就可能驻留多种应用软件而不需要修改 RTOS。标准化了的 RTOS 消息定义给今后接口功能扩展提供了条件。只要今后的任何 RTOS 定义是先前定义的一个超大集,那么增强功能将不会产生冲突。

36.7　软件的应用

　　应用软件实现了一个具体的航空电子系统功能,并按照最新版本的 RTCA DO‐178/EUROCAE ED‐12 功能关键性级别来规定、开发和验证。在一个 IMA 平台中,冗余度、故障检测、故障间隔以及重构的方法和级别对于应用软件来说是透明的。

　　应用软件负责特定功能的冗余度管理,以及对来自外部传感器或其他系统的输入信号的选择和失效监测。模块化软件设计实现了在一个通用的硬件环境中的软件分区来间隔航空电子的功能。应用软件不依赖于硬件,尽管有些应用需要专用的 I/O 传感器,例如空速管。

　　软件模块可独立地开发并被综合进 IMA 平台。因此,一个分区中的软件必须完全与其他分区间隔,使得一个分区不会对另一个分区造成不良的影响。为了保证分区的完整性,采用静态单独地建立分区加载映像。这些应用软件以独立的程序模块形式单独存在,与其他程序模块没有相互关联。

分区代码使用进程调度特性来改变该分区内一个进程的执行或者状态。这样,一个应用的完整性不会因为另一个应用的行为而受到损害,不管那个应用具有更高或更低的关键性。所有应用软件之间的通信都是通过 RTOS 来实现的,这种机制确保不扰乱接口,也不存在一个应用独占资源,或者让另一个应用永远被挂起。

I/O 处理是航空电子系统的一个重要部分,在传统的应用开发中,它对飞机传感器配置来说是非常专用的。为了保证应用软件的可移植性和再使用性,应用软件结构的划分应该确定飞机特定的 I/O 软件,并且将其与应用的功能和算法单元区分开来。这样传感器 I/O 的调理在逻辑上可以定义为与传感器有关的单独功能。

大多数应用要求功能数据具有特定的速率。与特定的飞机系统紧密相关的大多数应用软件是传感器处理软件。从应用中移出这个功能将提高应用的可移植性,进一步将传感器处理集中到一个单一区域,使拥有特定特性的传感器数据可以被多个应用所共用。传感器特性的改变只局限于传感器数据管理器,从而提高了应用软件的可移植性和再使用性。这样应用软件可被 RTOS 的调度组件以一种确定的方式调用。

36.8 RTOS 本体

RTOS 的主要任务是确保调度和分配应用程序的功能完整性。可以证实,时间确定性(也就是在特定的时间进行特定的行为)的程度不会受加入 IMA 平台的其他应用的影响。RTOS 确保分区间隔,并为各个分区分配处理时间和调度执行进程。

达到以上目的的一个方法是实现时间分片,将各个应用按"严格时间"和

"预定安排"分成各个组。每一个时间的严格应用确保在每一个时间片中拥有特定量的处理时间，以便在每个时间片内完成一定量的规定算法。如果一个应用试图超出它可用的时间片，那么它会被 RTOS 终止。预定安排的各组会给每一个时间片提供足量的时间。

RTOS 可以识别周期的和非周期的进程，安排和调度所有的进程。它提供每一个分区的健康状态信息和故障数据。由于 RTOS 需要执行高度完整性的关键应用，所以需要有一个与功能集合相配比的认证标准。这个认证标准应该尽可能地简单。

RTOS 还根据各种应用管理逻辑资源和物理资源的分配，负责存储器和通信管理，接收与电源故障和硬件错误有关联的中断，并将这些事件传送给健康监控功能体，后者将采取必要的动作来恢复这些有故障的部件或者采取其他策略。RTOS 还按照一个规定的时间范围，引导应用特有的软件中断或事件至合适的应用。作为多程序环境中所有物理资源的管理者，RTOS 监视各个资源的请求，并且控制对这些资源的访问，确保不能有一个以上的应用同时使用这些资源。RTOS 可访问所有的存储器、中断和硬件资源。

RTOS 软件应能管理 IMA 平台内部的余度，并能报告故障和执行后续的行动。在分配、管理资源请求和与应用之间的通信接口方面，RTOS 只有有限的权限访问应用存储器。RTOS 监视负责各软件分区完整性的硬件，并就软件和硬件完整性故障与健康监控功能软件通信。健康监控功能软件针对 IMA 平台和具体的飞机设备，因此，这个健康监控软件被分成一个 RTOS 健康监控软件和一个恢复策略表。后者需要配置定义和嵌入其中的恢复策略。RTOS 包含一个错误报告功能，并且可以被各个应用访问。如果一个应用在其运行中检测到一个故障，它可以将这个故障报告给 RTOS，RTOS 依次调用健康监控功能软件。该应用的任务是询问健康状态和任何可能已经完成的重构。RTOS 接口能够实现由不同团队开发的应用软件产品之间的互操作性。

有多种应用组合将改变 RTOS 整体的复杂性。简单的应用仅使用 RTOS 的基本特性。

36.9　健康监控功能软件

健康监控功能软件与 RTOS 驻留在一起,并与一个由飞机设计者或系统综合者定义的恢复策略表连接。健康监控器负责监控航空电子平台内的硬件和软件故障以及 RTOS 内的功能故障。在软件应用和实时操作系统之间划分健康监控责任。高层次的战略是让应用程序进行自我的监控并向实时操作系统提供建议。在实际层面,并不是每一个应用层面的故障都可以自我监控。因此,RTOS 能够检测流氓应用程序,并在需要时关闭可能导致通过 IMA 系统传播故障的应用程序。

在 RTOS 中检测到的故障包括应用异常、与远程设备的通信故障以及由应用发现并反馈报告给 RTOS 的故障。故障恢复表用来规定应当对特定故障采取的动作。这个动作将被健康监控器启动,可能包含终止一个应用并启动另一个应用,与之一起的有一个适当的报告级信息,恢复动作在很大程度上取决于 IMA 系统的设计。健康监控器将确定需要采取的动作,并启动恢复进程。值得指出的是,健康监控器表在设计时被配置,然后使用该平台特有的方法加载到系统中。因此,健康监控由配置决定,而不是编程。

HIS 代表 RTOS 管理物理硬件资源。HIS 将 RTOS 的逻辑请求映射到核心硬件的特定物理配置上。通过内置测试(BIT)检测到的硬件故障可能包括内存和处理器故障以及 I/O 接口故障。故障报告给中央维护系统,但有些故障需要在更高级别报告与进行。因此,建议使用健康监控器和机内自检设备(BITE)功能之间的接口。

36.10　小结

　　航空电子软件需求对 IMA 平台(包括核心软件和 RTOS)提出了性能和完整性要求。核心软件支持一个或多个航空电子应用程序,并允许这些应用程序的独立运行。划分和功能间隔是 IMA 的关键。一个分区可以被看作是一个在单个应用环境中运行的软件程序。对于那些需要大规模应用软件的系统,应重视实现单个应用的多个分区的概念。RTOS 接口为应用软件提供了一整套服务,用来控制其内部处理单元的调度、通信和状态信息。从应用软件的角度来看,它可以被看作是一个高级语言(HOL)规范。总之,这些原则使数百万行计的航空电子软件代码易于开发、审定和升级,从而满足飞机整个寿命周期的运行需要。

　　符合 ARINC 653 标准的 RTOS 的出现使得单台计算机上的多个联合系统的运行成为可能。这是对每个航空电子设备功能驻留在专用单元中的严格方法的一大进步。然而,许多软件应用程序仍然保持联合方式。下一步是开发支持开发集成应用程序的标准,这些应用程序在处理核心系统甚至模块系统中提供时间和空间分区。下一代将从单处理器模块转移到包含许多处理器的模块。很快,在早期的 IMA 系统中,单处理器模块可能会托管更多的连接到整个飞机网络的处理器。多处理器模块确保可靠性、可用性和安全性的要求仍然至关重要。

参考文献

[1] ARINC Report 651, Design Guidance for Integrated Modular Avionics. Published by ARINC, ww. aviation-ia. com/aeec. Accessed on July 7, 2014.

[2] ARINC Specification 653, Avionics Application Software Standard Interface.

Published in multiple parts by ARINC, www. aviation-ia. com/aeec. Accessed on July 7, 2014.

Part 0 — Overview of ARINC 653

Part 1 — Required services

Part 2 — Extended services

Part 3 — Conformity test specification

Part 4 — Subset services

Part 5 — Core software required capabilities

[3] RTCA DO - 178/EUROCAE ED - 12, Software Considerations in Airborne Systems and Equipment Certification. Published by RTCA, Washington, DC, www. rtca. com; Published by EUROCAE, Paris, France, www. eurocae. org. Accessed March 2014.

[4] RTCA DO - 248B/ED - 94 - B, Final Report for Clarification of Do - 178B, Software Considerations in Airborne Systems and Equipment Certification. Published by RTCA, Washington, DC, www. rtca. org; Published by EUROCAE, Paris, France, www. eurocae. org. Accessed March 2014.

[5] RTCA DO - 255/EUROCAE ED - 96, Requirements Specification for an Avionics Computer Resource (ACR). Published by RTCA, Washington, DC, www. rtca. org; Published by EUROCAE, Paris, France, www. eurocae. org. Accessed March 2014.

[6] RTCA DO - 297/EUROCAE ED - 124, Integrated Modular Avionics (Ima) Guidance and Certification Considerations, Published by RTCA, Washington, DC, www. rtca. org; Published by EUROCAE, Paris, France, www. eurocae. org. Accessed March 2014.

37

时间触发协议总线

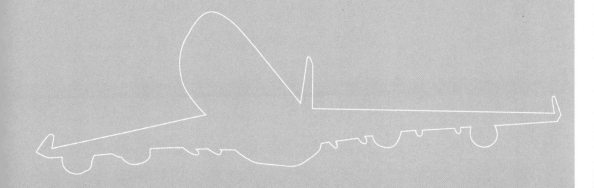

37.1　导言

时间触发协议(TTP)是一种高速、无主控、多端点传输的双通道,航空运输界已将其用于安全性至关重要的嵌入式应用场合。TTP通信控制器提供机内健康监控、系统同步及余度服务,可直接用于开发嵌入式容错系统。按照TTP设计的网络将保证模块化系统是可管理的,并将简化应用软件开发,使其有最小的综合工作量,同时也可保证严格的确定性通信,以较低的全寿命周期费用获得新的安全水平。TTP能够为现代航空电子或航空航天控制系统开发物理上分布的,但采用完全综合的时间触发结构(TTA)。因此,TTA充分支持安全关键性的和严格实时的分布式计算和组网,用于多电或全电飞机智能控制系统的开发,如图37-1所示。

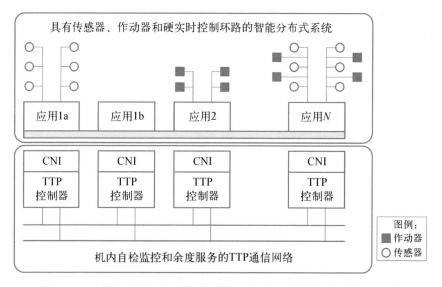

图 37-1　基于 TTP 的分布式系统以及由双通道通信网络连接的外场可更换单元或模块

TTP—时间触发协议;CNI—通信网络接口。

37.2　历史与应用

　　TTP 作为严格确定性、安全关键性和完全分布式的计算与联网平台,已走过了 25 年的发展历程。TTP(SAE AS6003)是一种公开的行业方案,其规范可以从 SAE 网站上获取。TTP 旨在为航空航天应用提供所需的安全性级别,以及支持更广泛的相关行业应用。

　　TTP 已在航空航天上推广应用,例如,洛克希德-马丁公司 F16 和意大利 Aermacchi 公司 M346 飞机的全权限发动机数字控制系统、空客公司 A380 飞机的客舱压力控制系统、波音公司 B787"梦想"飞机的环境控制系统等。这使得 TTP 成为正在开发的飞机安全关键性子系统的重要竞争者。TTP 的目标还包括航天器空间控制应用以及其他行业领域的一系列工程项目,如汽车工业、超高速公路和铁路。

　　TTP 适合于需要达到以下目标的应用场合。

　　(1) 可配置的、表格驱动的综合模块化平台,适合于具有机内自检监控和故障定位的全电飞机各功能件。

　　(2) 用物理上分布式的,但紧凑综合的小型外场可更换单元(line replaceable unit,LRU)与多电、全电飞机中相关的传感器及作动器一起取代中央集中式的功能件,优化飞机系统。

　　(3) 直接综合由不同的供应商或承包商交付的严格实时的容错子系统,简化复杂分布式系统的设计。

37.3　TTP 及 TTA

　　在事件触发的系统中,系统环境驱动瞬时变化过程,当接收到请求时,系统对外部的计算或通信资源要求做出反应。如果系统不能够满足资源的需求,那么最有可能的后果是发生延迟、不测事件和不稳定。这可能导致难以分析的少见的系统故障。基于TTA范例的系统事先预测资源需求,并提供对资源的及时访问。TTA不是受事件驱动的,而是按照专门用来避免不利操作条件的精确的资源使用计划,由时间进程来引导。时间触发系统在饱和点之外对资源进行最优使用,而事件驱动系统则把时间消耗在解决资源共享冲突或恢复操作上。作为TTA的核心部件,TTP使用时间触发的方法管理系统通信。TTA需要一个共同的时间基准,将可用的通信带宽静态分配给各个节点,提供精确的通信接口时间规范。因此,通过协议设计排除了通信冲突。

　　分布式容错系统的确定性和可预测性的特性不仅仅依赖于资源的可用性和精准的时间接口。每个子系统必须对所有其他子系统的工作状态有相同的判断,以便采取与其他子系统行动相协调的正确行动。进一步地说,子系统之间不对称的故障状态可以产生关于故障根本原因的无准则的模糊性或者对系统状态不一致的判断。结果是导致健康诊断、故障定位和容错机制将难以维持,系统可能变得不稳定,从而妨碍复杂系统的开发、综合和维修。可管理的和规模可变的安全关键性系统,应当使通信系统与容错过程和应用软件功能完全分隔开来。鲁棒的划分必须能阻止任何潜藏故障的传播途径。

　　在制定TTP期间,上述所有这些问题均曾考虑过,旨在减少系统的复杂性,简化综合工作,并能够开发完全确定的、容错的和严格实时的平台,用于分布式计算和联网。本章从TTP通信基本原理和基本LRU结构开始,接着详细介绍TTP可提供的安全性、余度和通信服务。文中还给出了应用开发的简要描述,以强调TTA的关键能力。最后,本章讨论了基于TTP的系统的直接综合、可构成性、互操作性和规模可变性的缘由,并展望了这种通信技术的未来发展。

37.4 TTP 基本原理

37.4.1 时间触发通信原理

TTP 实施时分多路访问（TDMA）方案，以避免总线上产生碰撞。因此，通信被组织成相同长度的 TDMA 周期（round）。一个 TDMA 周期被分成若干具有可变长度的时隙。通信系统中的每一个 LRU 有一个时隙，即其发送时隙。在每个周期中发送各个信息帧，如图 37－2 所示。

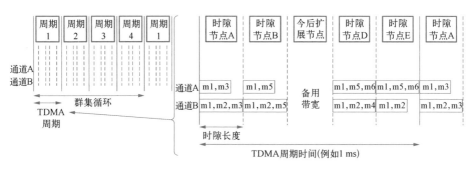

图 37－2　TTP 通信群集循环

注：m1～m6—消息块 1～6。

群集循环（cluster cycle）是 TDMA 周期的一个循环序列。在不同的周期中，不同的消息以帧的形式传送，但每一个集群循环要重复完整的状态消息组。消息在预定的时间、以已知的时延被广播到总线的每一个节点上，从而保证消息严格实时地到达目标 LRU。TTP 安全的关键的特性是在更高的抽象层上实现的，不对物理层施加限制。因此，物理层不是协议规范的一部分，现有的TTP 控制器支持制作良好的不同介质、变压器耦合以及编码方案。

一个 TTP 群集最多可包括 64 个外场可更换单元（LRU）或 64 个外场可更换模块（LRM），每一个带一个 TTP 控制器。在典型情况下，分布式控制环路中的所有有关数据周期性地被发送，每个 TDMA 周期一次。这意味着，数据更新周期可以短到 1 ms 或更短，这取决于消息长度和 TTP 群集中 LRU 的数量。未来一代的 TTP 控制器使用基于 EIA - 485、100BASE - T 和 MIL - 1553 的标准物理层,可以提供更高的速度范围和更快的控制环路。

TTP 通信系统自主地建立起了一个容错的全局时间基准,并根据设计时规定的已知的全局消息计划来协调所有的通信活动。通信系统要求所有参与通信的设备遵守精确规定的和强制的通信计划表,此表用作严格的通信接口定义。

基于 TTP 的系统可以设计成容忍任何单个 LRU 故障的形式。由于有余度的通信通道,TTP 容忍单个通道故障。如果发送机在其复制的网络接口中至少有一个是正确的(假如相应的通道是正确的),则正确接收的接收机将认为发送机工作是正确的。TTP 中设想的故障包括不正确的定时、不一致的通信以及不同控制器的状态判断差异,后者是由不对称(拜占庭式)传输错误引起的。

宿主软件或外部 I/O 因超出传感器输出范围或单一混乱事件而引起的单一数据源输出错误(逻辑故障),可通过容错通信(FT - COM)层支持的复制数据源的表决和 TTP 精确的时间及状态判断来获得容错。在特殊的情况下,其他专用诊断软件或特定的结构或设计措施,例如,余度拓扑、错误纠正存储器、容错宿主机、软件设计以及许多其他的方法可用来满足应用的安全性要求。

37.4.2　数据帧格式

分配给一个节点的帧长度可以是 2~240 个字节,每个帧通常带有应用消息,如图 37 - 3 所示。在数据帧之前发送一个 4 个位的帧头,数据帧受 24 位循环冗余码校验(CRC)保护。帧头中的第 1 位表明该帧是否携带显式协议状态信息。状态信息可以作为 CRC 的一部分隐式发送,或者在信息数据字段中显式发送。其他 3 个位表示请求改变方式的代码。由于静态定义了 TDMA 的帧计划和已知的帧到达时间,所以不需要消息和目标的识别符。

图 37-3 具有低通信开销的 TTP 帧格式

37.4.3 TTP 的外场可更换单元(LRU)

一个 TTP 群集由一个复制的双通信通道连接起来的一组 LRU 或 LRM 组成。每一个 LRU 包括诸如 TTP 通信控制器和配有软件模块的主机控制器等硬件部件[软件模块有应用软件、FT-COM、实时操作系统(RTOS)],如图 37-4 所

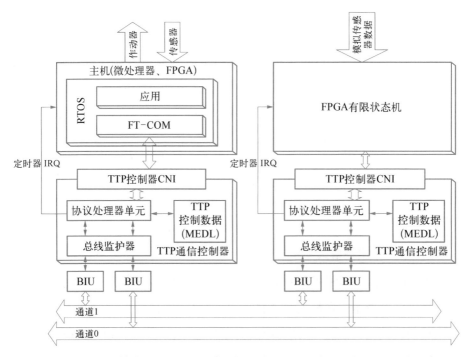

图 37-4 电子模块(LRU 或 LRM)由主处理器(图左侧)或 FPGA 状态机(图右侧,例如智能传感器构型)、TTP 控制器和总线监护器组成

FPGA—现场可编程门阵列;RTOS—实时操作系统;FT-COM—容错通信;
IRO—中断请求;MEDL—消息描述符表;CNI—通信网络接口;BIU—总线接口单元。

示。TTP 现场总线连接不同的节点并传送数据帧。各个帧包含针对不同分布式应用软件的应用数据和状态消息,并在一个节点或子系统上运行。一个应用软件可以包括在一个或几个主机上执行的若干应用任务。根据应用软件和 I/O 硬件的不同,主机可以采集和记录传感器数据,控制作动器,为分布式的控制环路提供数据处理或者处理这些组合任务。

37.4.4 可配置的表格驱动通信系统

信息计划表和系统联网结构的配置以及其他与安全性相关的特性,取决于信息描述符表(MEDL)。MEDL 是设计时规定的,被 TTP 控制器用来与其主机和其他 TTP 群集节点(各 LRU)进行自主通信。通信系统总的时间特性由存储在 MEDL 中的信息来管理。系统设计工具用来配置和验证系统中所有 LRU 的构型。通信系统的配置和主机的应用软件可以简单地通过 TTP 网络加载。如果保留某些通信带宽和时隙用于系统升级(例如,增加新的子系统和 LRU),那么今后实施这种升级时便不需要更改 MEDL。

MEDL 存储许多信息,例如用于全局定时和通信速率的时钟建立数据,对时隙、周期和循环的通信计划,考虑节点间距离而设定的传输延迟,总线监护器参数,启动参数和各种服务与识别参数等。配置数据还包含 CRC,用于连续清除和自检测所有配置数据结构。

37.4.5 全局时间基准

TTP 中非集中式的时钟同步为所有的节点提供了等价的时间基准而不使用任何专用的外部时间源。精确的全局时间对于设计确定性的容错分布系统是至关重要的。全局时间支持余度系统的协调运行,并通过内在的和证实有效的容错机制来防止共模定时故障。

TTP 通信系统中各个分布式 LRU 产生无主控的容错全局网络时间基准。

存储在 MEDL 中已知的全局计划表规定了系统每一个 LRU 预期的信息到达时间。预期的和实际的信息到达时间之间的差值被用于校准每个正确接收的信息帧的本地时间。如果一个 LRU 被授权用作时间同步，那么测得该 LRU 信息帧的到达时间将用于同步过程。

37.4.6 基于 TTP 的 LRU 故障封锁区

37.4.6.1 通信网络接口

TTP 控制器的通信网络接口（CNI）是一个双口存储器，用于与其他主机交换数据。与网络中其他 LRU 的通信不需要控制信号，因此控制信号错误不可能传播到网络。由于由通信系统决定何时传输数据，所以应用软件或主机不会影响存储在 CNI 中的信息传输定时。通信子系统在预定的读取时刻从 TTP 控制器的 CNI 中读取信息数据，并在已知的提交时刻将其传输给群集的所有接收 LRU 的 CNI，改写前一帧信息的内容。

CNI 将应用软件的运行与通信网络的操作分隔开来，并使它们相互独立。这是一个"时间防火墙"，防止了可能影响通信系统时间特性的错误传播。这样，CNI 建立了一个明确定义的故障封锁区，有故障的主机硬件或应用软件绝不会影响 TTP 通信网络的工作或者引起数据冲突。事实上，CNI 起着一个共享的无冲突数据交换接口的作用。它封闭和隐藏了与系统级工作无关的所有功能特性，而使有关的全局数据通过整个网络，如图 37-5 所示。CNI 综合了设计时定义的网络所有应用功能。它代表了各应用子系统之间的一个清晰的接口，作为一个无冲突的共享存储器，用于分布式应用之间的数据交换，并提供了应用软件和 TTP 通信网络之间的鲁棒划分。

37.4.6.2 总线监护器

LRU 的故障封锁是由控制器的 CNI 维持的，但需要附加的保护机制确保 TTP 控制器的故障不传播到网络。总线监护器是一个独立的单元，保护 TTP 网络免受控制器定时故障的影响。影响规定的通信接口时间特性的一个有故

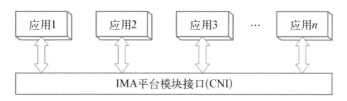

图 37 - 5　CNI能实现通信系统的鲁棒划分和独立操作

IMA—综合模块化航空电子;CNI—通信网络接口。

障节点(例如,物理故障和句法上的定时错误),其任何可监测到的效应都将被监护器所屏蔽,并且将不再进一步传播。内部总线监护器具有其自己的振荡器,不依赖控制器的定时。根据系统安全性要求,还可以增加一个外部总线监护器。总线监护器之间的耦合将决定系统的拓扑结构。

37.4.7　实时健康监测与余度管理

系统实时健康监测和余度管理的连续错误防护是 TTP 通信网络构成整体所必需的组成部分,它们是与应用软件功能鲁棒地分隔开的。连接到系统的任何 LRU 都将连续地受到监视。严格遵循接口技术规范是强制性的,而且无须在应用软件中有任何附加的措施。不允许不符合要求的或有故障的部件妨碍系统的连续工作。在应用层用不引起时间特性变化的智能传感器的故障和数据处理 LRU 的故障,可能会造成传送错误数据(如单一扰乱事件(SEU)和传感器失效)。这样的问题通过实时的动态余度和表决可获得容错。

在一些安全关键性的系统中,例如,飞行控制计算机(FCC)软件,其应用软件仅占整个源代码行的 1/3,而用于支持系统余度管理和故障监测的代码部分超过了整个代码的 55％(如 B757 飞机的 FCC 软件)。这一部分软件代码的开发和验证是极其复杂的,这样为系统开发和综合增加了不成比例的成本。以 TTP 为其核心的 TTA 大大减少了分布系统中与余度和健康监测算法开发有关的工作。与其他的现场总线相比,许多重要的容错计算和分布式的健康监测服务是在 TTP 协议层实现的。应用开发可以集中于功能问题和使用现有的服务上,这样就减少了安全关键性分布式系统软件的复杂性和开发的工作量。

37.5 TTP 通信协议层的分层

不同的通信服务、容错管理、应用软件之间的相互作用,可以很容易地使用概念参考架构,以简单明了的分层模型形式来表示,如图 37-6 所示。TTP 分层最重要的方面是将通信系统、余度与容错管理和应用开发分隔开来。它们是由设计时配置的明确的数据共享接口,即主机 CNI 和 TTP 控制器 CNI 分隔开来的。分层模型的各下层管理着这些层的确定性时间特性,无须从应用层向网络传送任何控制信号。像 CNI 这样的中间层接口,对单个 LRU 的划分和故障封闭有着重大的影响。

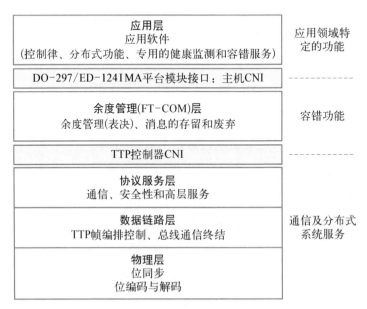

图 37-6 TTP 协议层的概念参考架构

IMA—综合模块化航空电子;CNI—通信网络接口;FT-COM—容错通信;
TTP—时间触发协议。

37.5.1　物理层

TTP 并不规定具体的位编码或所用的物理介质。TTP 总线可以由两个独立的物理通道组成,两个通道或许采用不同的物理层。TTP 协议可以使用共享的广播传输介质,按总线、星形或总线-星形混合的拓扑结构工作,拓扑结构取决于系统总线监护器的位置和能力。传输时延的范围必须是已知的,并由储存在 MEDL 内的定时计划表给出。选择适合的物理层取决于应用限制条件,例如,环境和节点间距离等。

37.5.2　数据链路层

数据链路层提供各个 LRU 之间交换数据帧的能力。这一层定义了 TTP 协议帧的格式,即帧头、状态、数据和 CRC 信息。帧在两个通道上并行地传输安全关键性信息,但如果系统设计允许放宽复现非关键性信息的要求,则两个通道上都可以传送不同的信息。为了维持系统的一致性,LRU 的状态信息(即自己感知的系统状态),例如,全局时间、当前时隙与周期的位置、当前的工作方式、正在进行的方式更换和成员矢量等,被存储在控制器状态中,并广播给网络,以获得状态和数据传输的一致。

在同步工作期间,TTP 能理解 3 种类型的数据帧。

(1)初始化帧(I 帧):它用于综合各个节点,且包含控制器显式状态信息,但并不携带任何数据。未用的通信时隙被填以此类帧。当系统中不要求传输应用数据时亦发送这种初始化帧。

(2)正常帧(N 帧):它使时钟同步在正确传输的帧上,用来传输低开销数据。正常帧携带数据和隐含在 CRC 中的隐式控制器状态信息。

(3)扩展帧(X 帧):它用于节点综合、数据传输和控制器显式状态信息的高速处理。事实上,X 帧是具有应用数据传输和时钟同步能力的 I 帧。

(4)在链路建立期间,TTP 控制器的使用类似于 I 帧的另一个类型的帧。

(5)冷启动帧:它包含发送机的全局时间及其在信息计划表(周期和时

隙)中的位置。此时,其他的状态数据是未知的(如成员),也不是该帧的一部分。

帧 CRC 是用配置表识别符来计算的,该识别符用作网络中所有 MEDL 共同的种子值。帧 CRC 使用每个通道的不同部分的二进制值,这样可以防止跨越通道的连接,或者防止与配置不兼容的 LRU 通信。

37.5.2.1 总线访问控制

通常,每个 LRU 在每个周期内有其自己的时隙,但如果在 MEDL 中已有规定,那么不同的 LRU 可以在不同的周期中使用多个复用的时隙。

37.5.2.2 物理距离

节点之间的最大距离可超过 130 m,这对于较大的飞机是有益的,并且与协议特性无关,例如,与防撞[控制器局域网(CAN)载体侦听多重访问(CSMA)防撞(CA)]无关。在特定的 TTP 结构中,节点之间可达到的最大距离取决于基础物理层、编码方案、屏蔽、电磁干扰(EMI)环境和驱动电子器件。

37.5.2.3 总线时延、抖动和效率

时延不是由协议服务(例如,时钟同步、成员、确认或者信息排列顺序等服务)引起的。信息中共享的控制数据已减少到最小的量。一旦发生传输错误,由于没有重试,也不检测和处理碰撞,因此并无附加的时延加到系统上。预定的 TTP 网络通信时延非常小,几乎可以完全利用其带宽。

TTP 消息格式相当简明。理论上可有高达 98% 的消息数据传输效率。其余的 2% 带宽用于发送 CRC 和帧头。典型的情况是,使用现有的 TTP 控制器(即 AS8202NF)的航空电子应用场合,用于信息数据传输的可用带宽为 50%~80%。具有更快的内部协议处理能力的新的 TTP 控制器,由于大大减小了帧间间隙(IFC),可以提供更高的数据传输效率,接近理论极限值的 98%。由 TFG 引起的开销取决于协议处理速度和通信速度。

极小的时延抖动在快速控制环路和电传操纵应用中是非常重要的,时延抖动可以减小到亚微秒范围,这取决于振荡器和物理层。典型的时延值在 1~

10 μs 之间。

37.5.3   协议层

协议服务层以通信服务、安全性服务以及其他各种高层服务建立起协议操作。通信服务包括余度数据传输、节点建立与重新综合、容错时钟同步和分布式确认。它们在时间触发的实时分布式系统中可简单地建立通信。通信服务还包含时间防火墙所要求的所有功能,这样就把通信系统与主机完全分隔开来。

安全性服务包括整个网络状态判断的成员;在超出预想故障的各种情况下避免结团(clique),以保持一致的通信;检测主机失效的寿命标记算法,以及用独立总线监护器保护网络免受 TTP 控制器定时故障的影响等。安全性服务在时域上保证一个故障节点处于沉默状态,并防止在不同控制器状态的不同 LRU 结团情况下产生不一致的相互作用。这样就保持了通信的一致性并防止了故障在群集内的散布。

安全性服务和通信服务通过把一个 LRU 建成一个故障封锁区,保证了TTP 网络的一致性通信和带故障的工作特性。因此,故障不能从一个 LRU 传至 TTP 网络的其余部分。通信服务能容忍单个通信故障,并检测出故障节点,而安全性服务能防止故障在群集中的散布。来自协议层的成员服务和分布式确认,为系统提供了分布式实时健康监测、诊断和故障定位,而且不增加任何总线数据带宽或通信时延。更高层次的服务包括网络计划表的实时方式变更、外部时钟同步和节点的重构。

37.5.3.1   控制器状态用作系统状态本身的判断

LRU 连续监视所有各帧在网络上的传输情况,在内部和本地计算得出的 TTP 控制器状态(C 状态)是网络状态的一种判断。只有各 LRU 具有一致的 C 状态才可以与网络同步,并参与分布式计算和联网。若一个 LRU 与其他大多数 LRU 的 C 状态不一致,那么意味着该 LRU 有故障,或者简单地说它有不一致的状态判断。C 状态包含相应时隙传送的全局时间、周期时隙位置、群集方式数据和网中所有 LRU 的成员信息。因为信息描述符表(MEDL)中存储有共知的时隙传送、周期位置和其他的网络结构设计数据,因此各 LRU 可能有一致的 C 状态。

37.5.3.2　通信服务

37.5.3.2.1　余度数据传送

TTP 利用在两个通道或同一个通道不同时间里传送余度数据来抑制瞬时错误。余度单元可以利用不同的时间在其自己的时隙中发送相同的信息。各接收机确定从一组余度信息中选择哪些报文作为正确的信息。这是使用不同的复制-确认协议(RDA)算法是在 FT - COM 层实现的。这些算法包含多数表决、容错平均、高/低获胜(high/low wins)等。

在两个通道上的通信受各个 TTP 通道独特的位数为 24 bit 的 CRC 保护。在一个通道发生永久故障的情况下,第二个通道仍然可以传送数据。安全关键性数据总是要加以复制,并在两个通道上传送。

各种维修错误,例如,接线错误或使用不兼容的 LRU,将被 TTP 协议检测出来,因为网络接线不正确的 LRU 是不可能综合到通信系统中的。如果 LRU 的通道 A 和 B 的连接器分别被错接到网络的通道 B 和 A,那么这个 LRU 将不能够综合到通信网络。在应用层可以定义附加的用户特定的故障检测服务。

37.5.3.2.2　群集启动和(重新)综合

单独的各个部件的重新综合或者整个系统的重新启动属于自稳定服务,借以支持信息传输从非同步状态转换到同步状态。在电源接通或复位时,群集中的所有节点都试图相互同步。主机和 TTP 控制器上电和初始化以后,TTP 控制器在侦听超时时段内,侦听所有显式 C 状态的信息帧,如图 37 - 7 所示。网络中各个 LRU 的侦听超时时段长度各不相同,如图 37 - 8 所示。

收到这种冷启动帧后,各节点开始综合,并发送数据帧。当该 LRU 识别到了其他节点的活动时,这些节点便加入成员中。发送冷启动帧的前提是:主

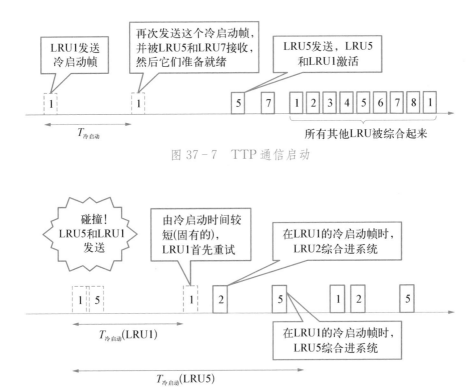

图 37 - 7 TTP 通信启动

图 37 - 8 LRU5 和 LRU1 之间启动碰撞导致提交延迟

机是激活的并准备好发送数据,同时控制器的 MEDL 允许执行冷启动。TTP 控制器激活之后,允许的冷启动次数受设计参数的限制,以防止无限制地发出冷启动。

从系统通信和成员中被逐出的控制器可能想要重新启动,并试图在 I 帧或 X 帧时重新综合进系统,这些帧包含启动成员和控制器时钟的 C 状态信息。后续的周期循环将被密切观测,并检查从 C 状态获得的设置是否已给出与 TTP 网络中的其他参与者有一致的状态。做出肯定的判定之后,重新被综合的 LRU 便开始在总线上通信。

37.5.3.2.3 分布式确认

为了有能力确定网络中每个单元的状态和网络中各帧传输的一致性,

TTP 对分布在网络中所有运行的 LRU 提供帧确认机制。

分布式确认使发送 LRU 能从网络其他正确工作的 LRU 那里证实数据传输的成功或失败。只要任一通道上发送的至少一个复制的帧正确地到达接收机,那么接收 LRU(后续者)就认为正在发送的 LRU 是"激活的"。帧的正确性由 CRC 校验来证实。LRU 只是侦听其后续者的帧传输,并将自己的状态感知与诸后续者对系统状态的判断进行比较,其中自己的状态感知包含在该帧给出的成员信息中。发送节点预期将收到来自无故障 LRU 的单个肯定确认,或者两个相互再次重申的否定确认,如图 37-9 和图 37-10 所示。通过侦听其后续者的判断,发送 LRU 就可确定其传输是成功还是失败。

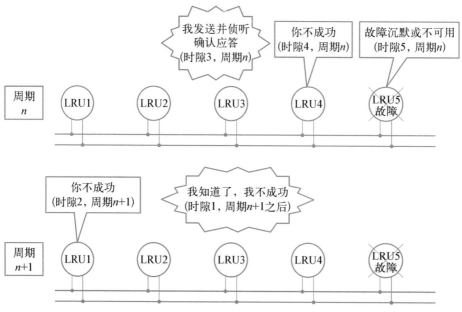

图 37-9 由 5 个节点组成的 TTP 网络的分布式确认流来更新成员矢量。第一个正确工作的后续者对 LRU 3 提供否定的确认。这同样适用于其他所有系统中的发送情况。一个或多个 LRU 并不影响分布式确认服务失败

37.5.3.2.4 容错时钟同步

这种基于稀疏时间的 TTP 时钟同步模型称为宏标记,这是 TTP 网络共同

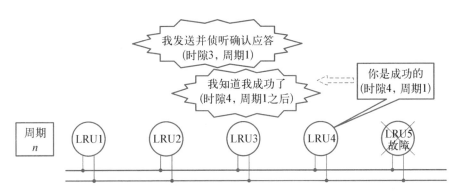

图 37 - 10　LRU3 的肯定确认。只有一个肯定确认两操作后续者需要安抚,LRU 3 正确工作

时间的解决方案。每一个宏标记信号由多个微标记信号组成。宏标记信号与微标记的比例,对不同的 TTP 控制器可以是不同的,这取决于其振荡器。尽管如此,MEDL 的配置数据已考虑了这些局部的差异,所以稀疏时间量在整个网络中是一致的。确定了精确的时间间隔,就能够对时钟进行校准。这个时间间隔小于一个宏报时段。网络中所有的节点都应符合精确时间间隔和全局时基精度要求。

　　同步意味着对时间的共同理解,并将在精确的时间间隔 $\pm\pi/2$ 内得到不断地调整和保持,如图 37 - 11 所示。这是在每个周期的末了使用容错同步算法来完成的。每个 TTP 控制器测量时隙到达时间和 MEDL 中存储的预期到达时间的差值用分布式容错同步算法确定,即该算法取最后 4 个测量值,去掉一个最大值和一个最小值,取剩余两个的平均值。这样就可按微标记信号,计算出对本地时间的修正项。时间同步的校正可以选择猝发的(立即的)或平滑的(跨过几个时隙)调整方式。通信控制器周期性地检查其宏标记信号是否是在整个系统精确时间间隔之内,如果不是,则将产生一个错误。为实现无主控的容错时间基准,至少需要 4 个 LRU,以容忍单一的不对称(拜占庭)定时故障。

　　网络可以配置成保留特定数目的节点作为备用,用于时钟计算和全局时间基准计算之外的其他计算。这可能对降低全系统成本有影响,因为系统的最高

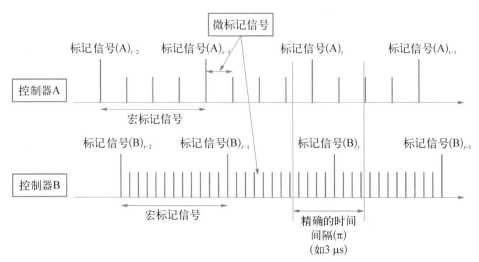

图 37-11 稀疏时间慕准(宏标记信号)、微标记信号和精确的时间间隔

精度仅受具有非常精确的定时时钟的少数几个 LRU 管理。

37.5.3.3 安全性服务

37.5.3.3.1 成员

根据整个网络连续的分布式互确认流,成员矢量更新将表明,哪些单元参与通信,哪些单元传送了正确的数据帧。只有正确发送的 LRU 才可以参与 TTP 通信。在一个 TDMA 周期的延迟时间内,成员服务将每个 LRU 的工作状态通知到 TTP 通信网络中的所有节点,这样就简化了错误源的定位。随着每个帧的传送(广播),各 LRU 给出它们自己对网络状态的感知,并被其他发送者用来确认发送者的数据传输。成员信息既可以在帧中显式提供,也可以隐藏在每帧末了的校验中。

37.5.3.3.2 避免结团

若系统不符合单故障的假定(见图 37-12),则可能出现对网络状态有不同判断的两个或多个结团(cligue)。结团只可能在多故障情况或者具有不对称的传输故障情况下发生。例如,在具有两个可能状态,即运行和停止的系统中并行地发生了两个故障。LRU4 由于通信故障而错误理解 LRU1,并且认为系统处于运行状态。LRU3 由于其内部单一扰乱事件(SEU)的缘故,对来自 LRU1 的传输产生错误的理解,并且完全相信 LRU1 每一部分均处于运行状态,所有其他的 LRU 则认为系统状态处于停止运行状态。因此,有两个组(结团)对系统状态有不同判断。避免结团算法将解决这类问题。

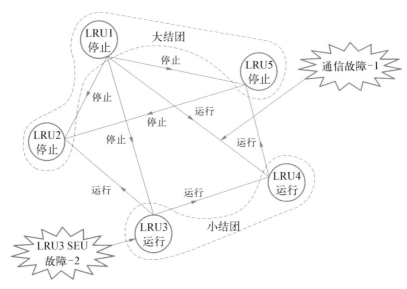

图 37-12　结团的化解或消除

SEU—单一扰乱事件。

成员矢量的一致性在系统的所有节点之间不断地协调,在两个 TDMA 周期之内将解决各种冲突。通过比较每个节点的 CRC 中传输的成员矢量,避免结团算法向应用软件发送信号,告诉它是否属于大结团。节点在发送帧之前,要检查它是否在大结团中。如果它是小结团的成员,那么节点向应用软件发送信号,以决定操作怎样继续下去,是整个系统重新启动和重新进行新的综合,还是执行适合于系统要求的安全性级别的其他活动。

37.5.3.3.3　防止定时故障

总线监护器在发生随机故障,例如,"数据错乱"或"轻微偏离规范"(SOS)的情况下,强制一个 LRU 处于瞬时故障沉默状态。总线监护器的错误被立即报告给控制器和主机软件。一个 TTP 控制器中的内部总线监护器有一个单独的通信计划表副本，并且其时钟是与 TTP 控制器分开的。内部总线监护器与 TTP 控制器的周期起始信号同步。

在 TTP 中，混合拓扑可以由组合总线和星形拓扑来定义。选择其他系统结构，例如并行使用两个或多个双通道 TTP 总线，可以进一步改善系统的安全性。

37.5.3.4　高级别的服务协议

37.5.3.4.1　方式改变

为了在所有 LRU 的消息计划定时中提供一致的在线更改，在每个集群循环的末了可以进行方式更改。所有的 IRU 将同时切换到一个不同的计划表中。这样就允许不同的工作方式具有不同的通信特性。如果在一个周期中有几个改变工作方式的请求，那么将采纳最后一个请求，但任何节点都可以阻止方式的更改。当前的方式请求在每个帧的帧头中给出。

37.5.3.4.2　外部时钟同步

TTP 支持外部时钟同步，以便在不同的 rTTP 群集之间实现同步，或者实现与外部时间源的同步。通过给网络全局时间加入偏移校正值，全局 TTP 网络时基和外部时间之间的差异就可以得到均衡。

37.5.3.4.3　LRU 的重构

此项服务是通信控制器功能的一部分，并允许下载独立于应用软件的 MEDL 数据和协议软件数据。它还能提供客户下载链路，把数据和新版本软件下载到主机中。

37.5.4　容错层

在基于 TTP 的系统中，容错机制是在专用的容错通信层中实现的。副本的数目、表决和重新综合对应用软件完全保持透明。FT－COM 将从复制其他子系统的应用软件中得到各个余度信息，并将其简化为单一的约定值，然后交给本地应用,另一方面FT-COM还决定消息数据的格式和终结。使用这样的容错通信层的应用软件,也可以在一个容错系统或者标准系统中运行,具有相同的功能,且无须任何修改。

借助FT-COM层,TTP将为有效和高效地处理复杂的容错分布式软件系统提供所需的一切服务。对于应用软件开发来说,这意味着应用软件和控制算法的开发更加简单和快捷,因为在功能之间没有相互间的交互作用,因此它们可以独立地进行开发。

37.5.4.1　容错单元和余度LRU

安全关键性的实时系统对系统的可靠性和可用性提出了很高的要求。使用复制和表决方法的主动余度技术是最快捷的容错技术,因为没有服务的停滞时限。实现主动复制需要一些机制,包括副本协调、表决,分组成员、内部状态调整以及瞬时故障后的节点重新综合。TTP协议提供了所有这些机制,并且与应用功能是分隔开的。按照TTP协议(包括FT-COM层),通过实时的硬件复制能容忍智能传感器、作动器和数据处理LRU的故障。在功能和时间上作为单个LRU的容错单元(FTU),TTP不设置冗余LRU数量(图37-13)的上限。

37.5.4.2　结团检测、交互作用一致性和副本确定性

网络通信的完整性和超出单一故障假定的故障探测能力是由结团检测机制实现的。结团检测有助于防止子系统对系统状态产生不正确的判断。这一机制对交互作用一致性和副本确定性也是极其重要的。

交互作用一致性要求任何的传送在所有的接收机上产生相同的(差别极微的)接收。通过分布式确认、成员、结团检测服务,交互作用的一致性保证所有的节点接收到相同的信息序列,实际上,副本确定性确保在同一时间接收到来自一个数据源的输入,与后一时刻从所有其他工作副本接收到的结果将是逐位相同的。基于全局时基和交互作用的一致性要求,只有当所有的副本在相同的时间里经历相同的系统状态才可能给出相同的结果。由于LRU的应用是按

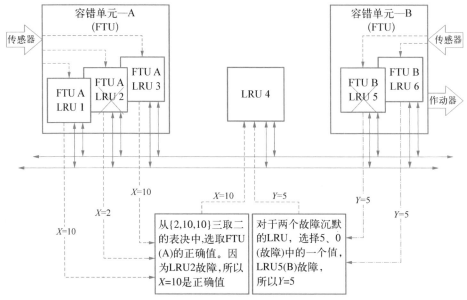

图 37 – 13　故障容错单元(FTU)改善了系统的可用性和安全性

时间触发设计的,而且系统任务与全局时间同步,因此,副本能给出相同的结果。为此,通常在副本确定性的 FTU 和安全关键性的系统中,只要可能就应该避免任何事件驱动的操纵(例如,中断)。在 FTU 中的一个副本出现瞬时或永久故障的情况下,副本确定性将确保一致的计算和功能的转移。不然的话,从一个副本切换到另一个副本会导致严重的错误并扰乱所控制的系统。缺乏这些机制可能会极大地增加安全关键性分布式系统的设计工作量,并给系统设计增加不相称的费用。

37.5.5　应用层

应用层包含在各个 LRU 的主机微控制器上运行的应用任务。在分布式应用中,任务是在若干个 LRU 上执行的,并通过 TTP 通信网络通信来完成所需的功能。如果应用系统和通信系统两者都具有与全局系统时间同步的完全可预测的时间特性,则严格确定性的系统特性就得以实现。图 37 – 14 给出了

988

在 LRU 中应用任务的上下文关系,以及与 FT - COM 层和 RTOS 的关系。应用软件包括已建立的可管理的各项软件任务,并带有设计时规定的任务启动和终结时限信息。

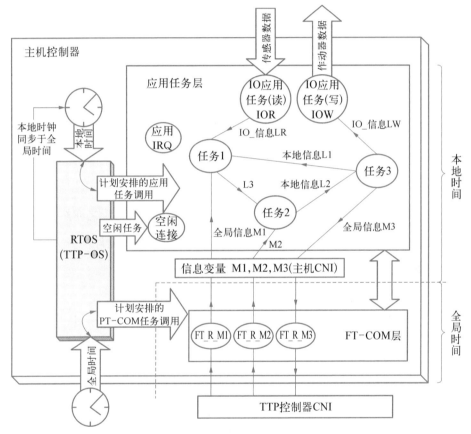

图 37 - 14   具有静态计划任务和对传感器与作动器查询访问的应用软件和系统软件(实时操作系统)

RTOS—实时操作系统;TP - OS - 时间触发协议操作系统;IRQ - 中断请求;IOR - IO 读;IOW - IO 写;FT - COM—容错通信;CNI—通信网络接口。

单个 LRU 中的任务通过本地信息通信,不同 LRU 的任务之间通过全局信息通信,全局信息(状态变量)通过网络传输。信息结构、内容、传输及访问时间是设计时规定的,因此信息通信以及所有其他的处理步骤总是无冲突的,并且不会给系统运行带来任何延迟。在基于 TTP 的系统中，信息总是可以得到准确及时的传送。

图 37-15 表示系统中的每个 LRU 是怎样工作的。应用任务将全局信息（状态变量）M1、M2、M3 作为正常的变量处理。M1 取自 TTP 总线两个通道上的两个不同的时隙，并在容错层的 F1 任务中统一成一个值。在任务 F1 中可以对所有 4 个正确值做平均或者表决处理，这是根据设计而定的。信息 M2 取自一个 TTP 通道，并准备供任务 T2 使用。信息 M3 是任务 T3 的处理结果，并在两个 TTP 通道的时隙 5 中发送。按照设计定义，通过网络传输的所有其他的信息（MX、MY），应用任务是不可见的。如果没有得到立即要处理的应用活动请求，则执行一个空闲任务。该任务可以用作自诊断操作，甚至可用于运行另一个操作系统（例如，RTAI-Linux）。FT-COM 任务和应用任务是按顺序执行的，即时地将消息从通信通道传送到处理应用任务，反之亦然。显然，系统通信的计划安排和应用软件在分布式系统中的运行，在设计严格实时性和

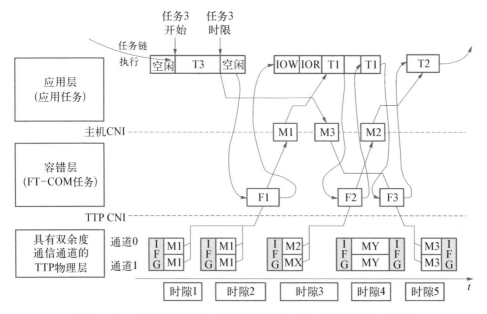

图 37-15　静态计划的应用任务与具有无冲突数据传输特性的通信消息计划的关系

安全性的系统中是关键问题。LRU 和系统的时间特性是设计时规定的。FT -
COM 配置是按照网络和通信规范用设计工具生成的,开发者仅需要在其顶层
编写应用代码。

37.5.5.1　时间触发软件特性

为了保持任务简单和免受事件驱动行为的影响,应当避免使用任何时间不
确定的结构(例如,信号标、数据块读/写或可变的任务执行定时)。此外,TTA
的操作并不需要事件驱动功能。

设计时计划对传感器和作动器的周期性查询可以通过任务执行时间固定
的专用小任务(见图 37 - 14 中的 IOW 和 IOR)来完成。因此,这样就保证了应
用执行时间的确定性,并使分布式高速控制环路有很小的系统延迟和时延
抖动。

只有在保留有处理能力余量时,才可以小心地使用事件驱动的软件设计原
理(例如,中断),此处理余量是为了避免各种中断组合超过时限。TTP 也可以
容纳这样的应用软件,它们受事件驱动,不要求有完全确定性的系统特性,然而
又有利于确定性通信、机内自检监控、故障封锁、系统同步和直接综合。

37.5.5.2　错误处理

即使在主机有故障的情况下,通信系统和应用软件经 CNI 的鲁棒划分,可
以保证不改变基于 TTP 的系统的时间特性,并且故障也不扩散到网络。主计
算机最严重的故障模式是由于数位翻转或传感器的故障提供错误的数据,或者
在要求的时刻就根本没有数据。主计算机对于何时输出数据和输出什么样的
数据有着严格的要求。主机本地 TTP 控制器和网络上的所有其他控制器都在
监视主机的时间特性。

根据控制器驱动的成员服务和确认服务,网络中所有其他 LRU 可立即识
别主机的不符合性或故障。该机制不能检测出如下故障:各 LRU 在正确的时
间发送正确数量的数据,且带有正确的帧 CRC,但由于主机(或传感器)的故
障,传输的信息内容恰是错误的。使用这些机制不能检测出 LRU 的故障,这

类故障一直要到 FT－COM 层或应用层(细化的专用服务)才予处理。通常使用三模数余度(TMR)或通路切换逻辑来处理这类故障。

使用错误处理操作可以截获超出给定预算时间以及时间上不正确的任务运行状态,在这种情况下,TTP 控制器不让有故障的主机发送任何数据。有故障的 LRU 将有机会恢复工作,并且在恢复工作后和接下来的其中一个通信周期综合进系统。在重复发生故障的情况下,按设计时 TTP 控制器配置表中的规定,根据 TTP 控制器的决定,该 LRU 可能要永久地从网络通信中退出。

37.5.5.3　分布式应用软件开发和交互作用一致性

不一致的通信和不同的系统状态判断将立即被识别并报告给应用软件。在容错单元中一个 LRU 的故障将立即被安全服务和通信服务识别,并且在 FT－COM 层中通过表决而予容错。

应用软件开发者通常要求分布式系统具有交互作用的一致性,并且在编写其软件或开发硬件时假定每个节点具有一致的输入数据。如果没有这种基于全局时基的分布式服务、分布式确认、成员、结团规避,那么分布式应用软件的设计就成为一个艰辛的过程。交互作用的一致性必须由用户在应用层实现,这转而又要求深刻理解具体的分布式计算问题。在应用层实现交互作用的一致性包含潜在的危险和风险,使得应用软件结构、认证过程和系统综合大大复杂化。在规划复杂的容错控制系统的过程中,一致性要求有时可能会被疏忽或者没有被很好地理解,但是 TTP 通信协议已经内含了所有所需的支持。

37.5.5.4　采用 TTP 的应用软件开发

开发者可以在更高的抽象层次上设计系统,使用 Matlab 仿真物理控制系统,形式化方法验证系统设计,人工编写应用软件(任务)代码,或根据仿真模型,使用代码生成工具产生代码。由于余度与通信层是完全与应用层分隔开的,因此应用软件开发者可以完全集中精力于功能、传感器采集、控制律和数据格式设计上。

基于 TTP 的系统的主要开发部分是受配置数据设计所驱动的(例如,通信、定时与计划安排、容错、消息格式编排),这样就大大减少了内置余度和健康监测的分布式安全关键性系统设计的工作量。使用内置的 TTP 服务也可以大大减少复杂的分布式安全关键性系统的设计工作量。

37.6 使用 TTP 的系统综合

37.6.1 互操作性

因为难以在所有的情况下估计消息交付的及时性及其准确的提交时刻,所以各子系统不完全知道从其他的子系统可以得到什么。因此,组织起来共同完成一个功能的各子系统之间的互操作性是有风险的,这成为复杂系统直接综合的一个主要障碍。TTP 通过明确定义的时间接口实现了对网络传输管理的全局控制,并消除了互操作性问题。

37.6.2 可构成性

保证时间可构成性的关键因素之一是时间控制结构与逻辑控制结构的鲁棒分离,这样一个子系统或 LRU 就能够单独确认。在 TTP 中,通过设计通信计划表和通信系统与应用软件的间隔,来精确地规定系统时间特性。

如果系统综合使单独建立的子系统或 LRU 的时间特性仍然有效,那么此结构在时间上是可构成的。这也意味着,分立的 LRU 的单独测试与其在系统中的测试给出相同的时间特性和验证结果。

在 TTP 中,同一网络中独立工作的各子系统都不会与其他子系统产生不希望的交互作用。所有的子系统都参与到分布式容错时间同步、分布式确认、成员和结团检测中去,并共同支持交互作用的一致性。一个 LRU 的故障不影响整个网络的服务及数据传输。在子系统和 LRU 上运行的应用软件将能够如设计时定义的那样共享数据,如图 37-16 和图 37-17 所示。

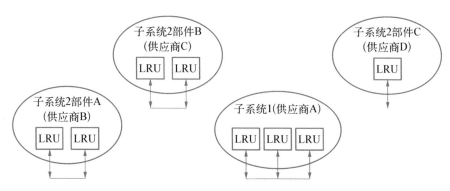

图 37-16 基于 TTP 的子系统可以由不同的供应商分别测试,不存在使复杂系统综合工作倍增的可构成性和互操作性问题

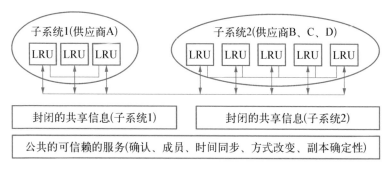

图 37-17 建立在子系统级的 TTP 分布式网络管理的各项服务使系统综合之后平稳地工作

通信计划依赖于全局时间基准。无主控的容错时间同步算法用来防止任何共模定时故障。由错误的 LRU 收发器或振荡器引起的"数据错乱"和"轻微偏离规范"错误将被总线管理器俘获,后者只允许帧在一个专用的时隙中交付。如果没有将一个系统鲁棒地划分出各个故障封闭区(即 LRU 或 FTU)的稳定接口,那么时间可构成性将极难达到。这些封闭区将防止故障向其他子系统传播。

通过把容错功能与应用软件及 TTP 协议中包含的软件的鲁棒分隔,支持了容错系统的逻辑可构成性。交互作用一致性和副本确定性是时域上和逻辑域上可构成的容错系统的重要特性,如图 37-18 所示。从图 37-18 可以看

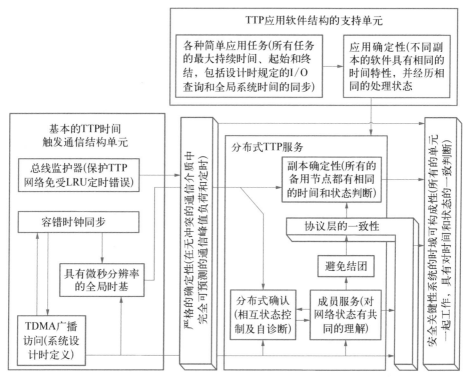

图 37-18　基于 TTP 的安全关键性系统的时间可构成性
TDMA—时分多址访问。

出,结团检测、分布式确认及成员服务为容错系统的逻辑(功能)可构成性提供
了附加的支持。

37.6.3　综合和合作开发

功能可构成性和功能综合的最终责任是供应商以及其合作开发过程。
TTP 提供了为制定准确和无疑的共同规范所需的所有接口(状态信息格式和
定时计划),并给出了联合开发工作的基线。具有预定时间特性的独立通信支
持各自开发网络结构(综合者)、子系统(供应商)及 LRU(承包商)。这将极大
地减少综合工作量。

基于 TTP 的分布式系统的物理部件,利用其余系统(例如,用来完成所需功能的其他系统、飞机网络、飞行动力学等)的仿真特性,可以单独进行验证,并对作为 TTP 系统可构成性和互操作性这一系统级特性做出高置信度的预测。图 37 - 19 所示的是基于 TTP 的 SEITA 客舱压力控制系统(CPCS)的演示系统结构及其开发和验证,演示系统混合使用了物理子系统和仿真系统的特性。

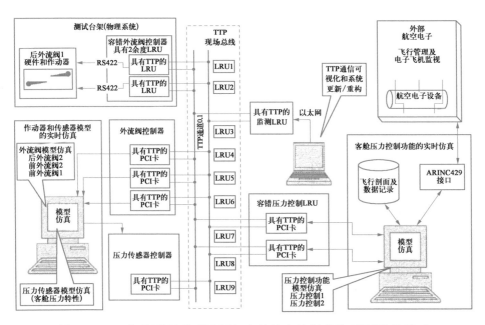

图 37 - 19　基于 TTP 的 SETTA 客舱压力控制系统(CPCS)的演示系统结构及其开发和验证

PCI—外部控制接口。

37.7　模块化和规模可变性

　　规模可变的平台建立在许多可理解的通用单元(分布式服务、软件/硬件模块和部件)的基础上,这些单元具有支持开发复杂系统和规模可变结构的清晰的接口。规模可变结构对于系统功能变更和能力升级是开放的,不会造成开发工作呈指数形式增加。

　　一般来说,由不同供应商提供的不同子系统的综合,以及在若干项目中已取得持续适航性部件模块的重用,在技术和管理上面临很大的挑战。TTA 能够使开发的安全关键性容错系统是规模可变的和可管理的,并且可以减少系统的复杂性。即使系统复杂性增加、部件数目增多、系统规模变大,也不影响对基于 TTP 的系统特性的理解。水平分层(抽象)和垂直分层(分区)有助于理解大系统的复杂性。这两个分层方法都已经应用在 TTA 平台中。

37.7.1　TTP 和 DO‑297/ED‑124 IMA 指南

　　TTP 通信数据总线代表了符合 DO‑297/ED‑124 术语和指南的综合模块化航空电子(IMA)模块和资源。基于 TTP 的平台结合了先进的容错分布式 IMA 概念,还为未来各种安全关键性的实时分布式应用提供了充分的支持。按照 DO‑297/ED‑124,IMA 被描述为一组共享的、灵活的、可重用和可互操作的硬件和软件资源,它们按照规定的一组需求进行设计和验证,综合之后构成一个平台,向实现飞机诸功能的许多应用提供各种服务。

　　基于 TTP 的平台支持符合 DO‑297/ED‑124 的 IMA 概念,但在开发内含安全性和容错特性的分布式应用方面,该平台具有独特性。为了达到 DO‑297/ED‑124 标准条件,TTP 应满足下列要求。

　　(1) 多个应用资源共享(例如,TTP 双通道总线和 CNI 是被一个应用所共享,即一个分布式应用可以由一个或多个任务组成,并在网络不同的主机上执行)。

　　(2) 自主提供对共享资源的鲁棒分区(空间和时间分区)。

　　(3) 只允许驻留的应用软件与所在平台相互作用,所有其他的应用则要通过明确定义的接口进行交互作用(即应用软件只可以通过使用 FT‑COM 顶端的主机 CNI 进行交互,而 FT‑COM 直接与 CNI 和通信硬件相互作用)。

　　(4) 允许用配置资源来支持平台的重用和模块的认证(即可下载的表格驱动 FT‑COM 和 MEDL 配置)。

保护共享资源的能力是 TTP 数据总线设计的一部分,该设计基于 TDMA 总线访问和总线监护器,后者可防止任意时间访问总线。基于 TTP 的 IMA 平台利用分布式的容错服务、确认和成员来提供分布式的故障管理和健康监测。

37.7.2 平台部件和模块

基于 TTP 的 DO-297 IMA 平台的所有模块和应用均按空间和时间分区,由下列部件和模块组成,如图 37-20 所示。

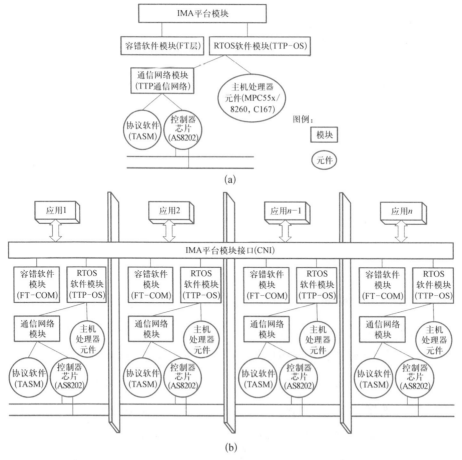

图 37-20 基于 TTP 的 DO-297 IMA 平台的部件和模块组成

(a) 单个基于 TTP 的 DO-297 IMA 模块 (b) 分布式 IMA 平台

(1) 实时操作系统(RTOS 或 TTP‑OS)是在主机处理器上运行的可重用的软件模块,并使用 TTP 通信网络模块的各种服务。RTOS 综合了主机部件和 TTP 网络模块。RTOS 与运行本地 TTP‑OS 任务的 FT‑COM 一起,提供 IMA 应用程序接口(API)功能。

(2) TTP 控制模块包括 TTP 控制器芯片和由该芯片执行的协议软件。协议软件和 RTOS 的开发应支持 DO‑178B level A,开发的 TTP 控制器支持 DO‑254 认证。

37.7.3 应用软件的再使用

CNI、容错时基、静态访问计划(由 MEDL 中规定的配置确定)和总线监护器保证了通信层的鲁棒分区。在应用层,设计时各个任务已经计划好,用来提供要求的功能——这样保证了节点级的时间分区和系统级的空间分区。每个任务的主机资源设计是预先规定的,应用软件应满足可用资源这一约束条件。一个应用软件可以独立于其他应用软件单独设计,避免与其他应用软件有不希望的相互作用。因此,应用软件是可独立修改的可再使用部件。

37.8 小结

37.8.1 飞机结构和 TTP 总线

TTP 总线在串行背板上应用和分布式现场总线应用等各种场合都工作得很好,图 37‑21 所示的是其拓扑结构。基于 TTP 的系统在物理上可以是分布的和分立的,类似于联合式系统,但综合的程度可以与综合模块化航空电子(IMA)系统相比。在许多情况下,关键的航空电子系统要求实时的反应时间,所有子系统要完全同步工作,各个重要数据经过很长的传输距离后应在数毫秒内完成交换。TTP 从一开始就是为确定性和安全关键性的应用而开发的。减

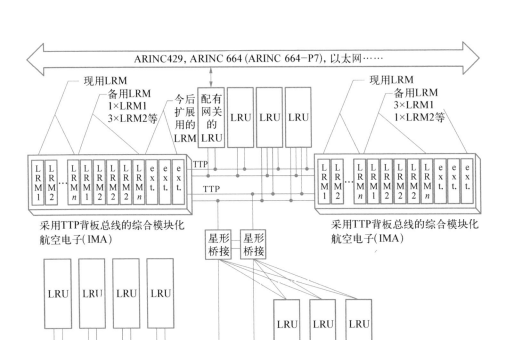

图 37-21 TTP 可以按特定需求构建可剪裁的不同的
综合式或联合式拓扑结构

少重量、提高派遣率,以及降低全寿命周期费用是现代民用飞机使用革新性分
布式架构的主要原因。TTP 完全支持这些目标。

　　TTP 系统通过把容错电子控制器安放在传感器和作动器的附近来优化系
统级重量,因为这样做减少了连线的重量,并提供了更多的选择,用电气系统或
电气-液压静力系统取代了液压系统或机械系统。

　　较长的可控的维修时间间隔和简化诊断过程可保证派遣率和维修性。
TTP 机内自检监控和余度管理,具有准确的故障定位能力,可防止由于故障源
导致无规则的模糊性。TTP 系统将支持作为一个系统工程学科的综合飞行器
健康管理(IVHM)系统的设计。

　　由于使用了更柔韧的复合材料,现代飞机的飞行动力学更加复杂。理论
上,发动机和飞行控制器甚至可以紧密地综合在同一总线上。在使用 TTP 的

情况下,这些功能也是分区的,因此仍然可分别验证。另一个例子是多电飞机的分布式动力控制系统,它以严格确定性与容错通信来确保所有系统的同步工作。

供应商和综合者之间新的关系包括风险分担和整套子系统的综合。供应商将有更大的自由选择具有低全寿命周期费用和可直接实施综合的通信系统来适应他们的应用和系统级的优化。基于 TTP 总线和基于严格确定性 rrA 的各个子系统支持新的飞机系统结构,用于分布式但紧密综合的系统,如图 37－22 所示。同样,这将推进使用适航的、模块可认证的 COTS 部件。

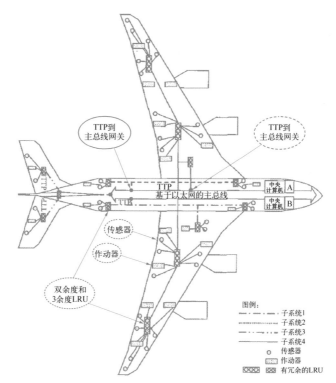

图 37－22　基于 TTP 和严格确定性 ITA 的子系统支持新的飞机系统结构

37.8.2　未来的展望

TTP 的速度仅受限于所用控制器技术的具体实现方案和所用的物理层。

因此,用不同的拓扑结构,未来的 TTP 在两个或多个通道上有望达到更高的速度。新一代的 TTP 控制器功能将扩展,用来提供可变的各种通信安全性级别和支持航空电子系统结构开发。不同关键性级别的一组完全独立的分布式应用软件(见图 37-23)可以在具有微秒级互同步和完全确定性特性的容错系统上运行,并且这种软件在模块级和系统级上是完全时间分区和空间分区的。因此,基于 TTP 的系统将建立这样的网络系统,它如同一台完全分区的、可认证的嵌入式容错计算机,配有可再使用的不同关键性级别的各种应用软件。

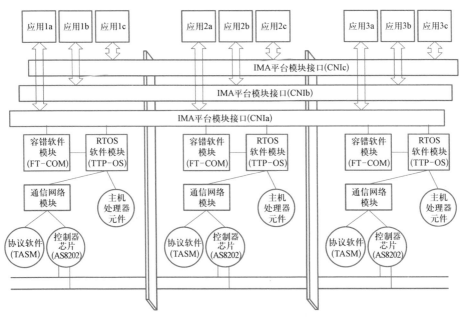

图 37-23　在分布式外场可更换模块(LRM)上运行的分布式模块化应用软件

参考文献

[1] SAE (Society of Automotive Engineers). SAE AS6003 "TTP communication protocol." http://standards. sae. org/as6003. Accessed on April 30, 2014.

[2] TTTech. TTP communication controllers. http://www. tttech. com/products/

aerospace/flight-rugged hardware/components/ttp-controller/. Accessed on April 30, 2014.

[3] Pfeifer, H., Schwier, D., and von Henke, F. W. Formal verification for time-triggered clock synchronization, *Proceedings of Dependable Computing for Critical Applications 7 (DCCA 7)*, San Jose, CA, Dependable Computing and Fault-Tolerant Systems Series, IEEE Computer Society, New York, January 1999, pp. 207 - 226.

[4] Spitzer, C. R. Digital avionics systems, Tutorial, *24th DASC Conference*, Washington, DC, October 31, 2005.

[5] Mathworks. http://www. mathworks. com/model-based-design/. Accessed on July 14, 2014.

[6] Esterel Technologies. http://www. esterel-technologies. com/products/scade-system/. Accessed on July 14, 2014.

[7] Kopetz, H. *Real Time Systems: Design Principles for Distributed Embedded Applications*, Kluwer Academic Publishers, Norwell, MA, 1997.

[8] SETTA, SETTA downloads. www. vmars. tuwien. ac. at/projects/setta/index4. htm.

[9] Maier, R., Bauer, G., Stoger, G., and Poledna, S. Time triggered architecture: A consistent computing platform, *IEEE Micro*, 22(4): 35 - 45, 2002.

[10] DO - 297/ED - 124. Integrated modular certification avionics (IMA) design guidelines and certification considerations, RTCA and European Organization for Civil Aviation Electronics (EUROCAE), 2005.

38

数字航空电子建模与仿真

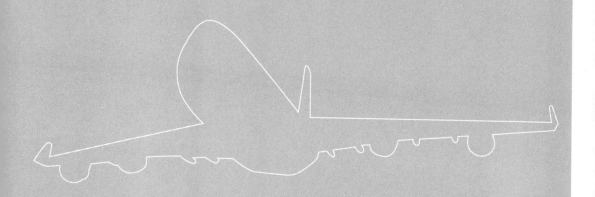

38.1　导言

为了使航空电子系统在性能、可靠性、可保障性、经济可承受性等方面达到前所未有的高度,但又需满足实际运行所必需的水平,民用工业界和军用工业界在飞机设计、研发和制造等每一个领域都将吸取先进的技术、方法。联合式和综合化航空电子体系架构、混合式系统的体系架构以及一些专用系统,如飞行控制系统、发动机控制系统、导航系统、侦察与情报收集系统、电子战系统、武器投放系统和通信系统,都共同使用了与数字化系统建模与仿真密切相关的某些特性。所有这些航空电子系统,在功能和设计的复杂性方面不断增长,对数字计算机资源的利用也在不断增加。在这些进步的基础上,从事民用和军用新型航空电子系统以及现有系统升级的设计师们必须进一步了解、引入并使用数字系统设计的现代化方法、相关专业和实践。本章将介绍数字航空电子系统建模与仿真的基本原理、最切实可行的方法和各种案例。

38.2　基本原理

下面简明地介绍了建模与仿真的基本原理。大多数数学处理过程的结果或对或错,而建模与仿真却具有第三种可能性。建模与仿真过程得出的结果是正确的,但可以是不相关的(Strauss,1994)。这或许令人吃惊,但却是建模与仿真可能出现的真实结果。因此重要的是,要了解推动建模与仿真不断发展的各种观点,包括用户和系统需求在内的研发工作的折中空间,以及正在实践的各种技术基础。

38.2.1　历史观点

在过去的 45 年间,航空业在复杂的系统设计和制造技术等方面出现了巨大的变革。数字计算技术已用于航空电子的各个功能领域,包括通信、导航、飞行控制、推力控制以及军用武器系统的各个方面。随着模拟、机械和电气系统被数字电子系统所取代或增强,对新型、高可靠性、保密的数字计算技术以及高性能数字计算技术资源的需求在日益增长。

20 世纪 60 年代后期和 70 年代早期,数据、信号和显示处理器均为专用处理器(Swangim 等,1989)。20 世纪 80 年代早期到中期,专用器件让位给可编程的数据、信号和显示处理器。这些器件的编程水平较低,通常采用汇编语言来编程。20 世纪 80 年代后期到 90 年代初期,民用和军用航空电子使用了高级语言编程的高性能通用型计算器件。例如,美国空军的 F22 战斗机采用了通用的商用微处理器,用 Ada 语言编程。F22 使用了综合化的航空电子结构,其飞行操作程序有将近 100 万条 Ada 代码,机载计算能力大约是信号处理为每秒 200 亿次操作,数据处理为每秒 5 亿条指令。此外,诸如处理器、存储器、图形显示器、光纤通信等商用货架产品(COTS)在许多军用和民用航空电子系统中的应用在不断地加强。目前在研的 F35 联合攻击战斗机(JSF)采用 C 语言编程的商用处理器。目前的程序数据在机载系统中计算了近 600 万行代码,另外还有 900 万行代码用于脱机系统。

在设计抽象的各个级别上,商用货架产品的设计师和航空电子系统的开发者们已经把商用计算机、通信产品、数字航空电子产品与系统的建模作为一种标准的工程实践。随着电子设备设计复杂性显著地增加,建模与仿真技术在功能综合和功能实施方面也变得更为复杂。复杂的计算机辅助设计(CAD)软件可具有数十万条的源代码,这还尚未计入随这些系统购置的大量的程序库。这些软件产品需要先进的工程工作站计算资源,包括牵涉方方面面的文件、存储结构以及数据管理系统。一些与高速局域网连接的,具有几千兆赫级处理器和数百千兆字节硬盘驱动器的工作站已很普通。此外,用来增强和加速建模与仿真的一些专用硬件环境在性能和复杂程度上已提高到了超级计算机的水平。

硬件仿真器和快速原型设备可以达到接近实时系统性能的水平。目前建模与仿真技术的复杂性以及性能的每一方面都与被用来开发的数字航空电子产品相同。

38.2.2　经济观点

对商用系统和产品的设计师来说,投入市场的时间是一项至关重要的产品开发因素,它对于任何一项产品投放市场的经济生命力具有重大影响。第一个投入市场的产品通常能补偿所有的一次性工程实施和开发的费用,并通常获取多达一半的市场总份额。这就是为什么旨在缩短投入市场时间的技术对所有的商品开发者来说是极其重要的。早期的分析表明,节省开发时间是由于采用了数字系统建模与仿真的结果。在较低的层次上,对成本敏感的设计有两个重要议题:经验曲线和组装。

经验曲线很好地说明了生产率会随着时间不断增长。对于器件的制造而言,生产率可以用产量的变化(增加)或用制造出的产品通过完好性测试的百分率来衡量。不论是芯片、电路板或者系统,在有足够量的情况下,使产量增加1倍的设计一般会使产品成本减半。数字建模与仿真固有的设计的可再使用特点直接增强了经验曲线。芯片、电路板或系统级的组装,与基本设计的正确性和系统的划分有关,且涉及成本。本章后面将介绍一个供系统划分用的性能建模的例子。

影响商用系统设计的许多问题,对军用系统设计来说也同样存在,随着更多的商用技术产品成为军用系统的组成部分,情况更是如此。此外,从38.2.3节可以看出,作为现代的自上而下的设计范例,任务目标和操作要求是标准的输入。可是,一旦研发工作开始之后,在系统完整性的相继层面上,出现差错后付出的相对代价会越来越高,如图38-1所示。所以,一个低成本但不能充分满足系统需求的解决方案到了研发的后期可能会转变为一个高成本的系统。

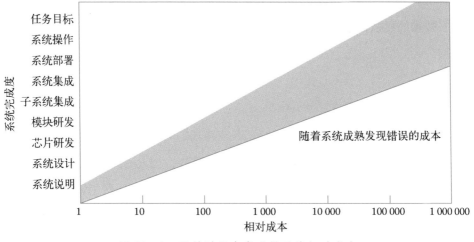

图 38-1　设计过程中发现错误的相对成本

38.2.3　设计观点

Bell 与 Newell 将计算机硬件划分为 5 个抽象级别：处理器存储器开关级（系统级）、指令集级（算法级）、寄存器传输级、逻辑级和电路级。任何一个层面上的硬件系统也可以用它们的特性、结构和物理实现方法来描述。Walker 和Thornas 将这些观点组合起来，提出了一个设计表示和综合的模型。该模型包括结构级（系统级）、算法级、功能块级（寄存器传输级）、逻辑级和电路级。这些级中的每一个级是按它们的特性范畴、结构范畴和物理范畴来定义的。特性设计采用符号表示法，例如用行为语言、寄存器传输语言以及逻辑方程来描述硬件的特性或功能。结构设计规定的是功能块和元件，例如，寄存器、门电路、触发器以及它们之间的连接。物理设计描述的是一项设计概念在硬件平台上的实施，诸如电路板的布置图和集成电路(IC)芯片中的晶体管、标准单元和宏单元的布局。

分层次的设计始于高层次的设计或特性的设计。这些高层次的设计转换（或综合）为物理范畴中的电路。各种计算机辅助设计工具可供进入设计和转换设计时使用。数字化建模与仿真技术和工具可直接结合到设计过程，以确保各个层次上设计的正确性与完整性,以及确认从一个层次转向下一个层次的转移的精确性(Liu,1992)。

38.2.4 市场观点

一般认为航空电子市场主要有两个部分,即商用航空电子市场(对象是航空公司和通用航空)和军用航空电子市场。如前面所提到的,军用和商用这两种系统使用的技术能力有着极其相似之处。不过,在产品的开发周期和业务基础方面,两种系统存在一些根本的差异,这些差异确实重要且应予以重视,因为它们会影响到建模与仿真的成本性能分析,表 38-1 归纳了这些差异。商用和军用航空电子设备生产量之间的差异需要认真考虑,因为它们影响建模与仿真技术的资金投入决策。商用系统与军用系统比较起来,决策准则的相对优先级多半是不同的。

表 38-1 商用和军用市场细分后的因素比较

准 则	商 用	军 用
经济基础	市场	预算
发展层面	产品	能力
产品数量	中-高	低
系统复杂性	中-高	高
系统设计周期	短	中-长
生命周期	短-中	长-很长
合同关注	授权、可靠性	可靠性、死亡率

38.2.5 折中空间中的需求

技术(商用的或军用的)如果没有应用,没有策略或学术价值,那就只能是工程上的猎奇。开发一套航空电子系统或者改进一套现有的系统,需要在多项复杂的限制条件之间仔细地求得平衡。与其他许多类型的研发工作相比,航空电子的研发会遇到各个约束条件之间最为复杂的关系。与体积、重量、功耗、冷却、性能、发展潜力、可靠性、成本等因素相关联的一大批复杂问题，促使人们对系统研制工作中若干最为复杂的工程问题进行折中处理。引入新技术和开发保障技术所带来的风险促使人们制定了一些缓解计划，其特点是完全的平行开发。因此，航空电子系统正在成为飞机研制中最为昂贵的部分就不足为奇了。

为了充分发挥航空电子系统研发资金的作用，必须充分了解系统需求。如果不了解飞行员为了完成任务需要什么，不了解系统的每个部分如何去满足需要，就不可能对需求做出适当的折中，也不可能了解这种折中对工程实施过程的影响。任务需求往往是含糊不清的，性能要求也不明确。研发工作所存在的这种至关重要的问题以及飞行员所存在的一些问题使情况变得更为复杂。飞行员往往不知道或不具备技术素养来清楚地表达系统的详细技术特性或一套要求，不能明确地辨明系统的关键技术参数和要求。

航空电子系统是飞行员用来完成一项任务的一个工具。航空电子系统是用来扩展飞行员感官和能力的。在飞行员努力去完成不断变化的任务时，航空电子系统提供了方位、感知情况和履行职责的功能。要清楚的是，航空电子系统设计和开发过程中的第一步，也是最重要的一步是制定各项需求，而建模与仿真非常适合于完成这项任务。

38.2.6 实践的技术支撑

（Allen）将建模定义为预测系统性能和规划其能力的专业技术。Allen还进一步对建模技术进行了分类，即经验法则、粗略估计（或称为信封背面计算）法、统计预测、解析排队理论建模、仿真建模及基准分析法。若使用得当，所有的方法都是有用的。每种方法对成本和进度有特定的影响。对有效的建模与仿真，解析排队理论建模、仿真建模和基准分析法拥有最大的信息含量，而经验法则通常要掌握最多的知识。对于定量估计，系统部件这一层次适宜采用粗略估计法。

解析排队理论建模，寻求用算法来描述系统，基本的算法集是 M/M/I 排队系统，它是带有一个服务器的开放式系统。所谓的开放式是指至排队系统的客户流或工作流无限,服务器处理客户需求或操作时,提供指数分布式服务。在数学上,提供服务所需要的时间不超过 t 个时间单位的概率是

$$P[S \leqslant t] = 1 - \mathrm{e}^{-t/S} \qquad (38-1)$$

式中: S 是平均服务时间。

对于 M/M/1 排队系统,相继到达的时间间隔简称为到达间隔时间,也具有指数分布特性。在数学上,这意味着如果以 τ 来描述到达间隔时间,那么

$$P[\tau \leqslant t] = 1 - \mathrm{e}^{-\lambda\tau} \qquad (38-2)$$

式中: λ 是平均到达率。

有了平均到达率 λ 和平均服务时间 S 这两个参数,就完全可以定义 M/M/1 排队系统模型了。

仿真建模过程定义为以适当的输入驱动一个系统的模型,并观察其相应的输出。仿真建模的基本步骤包括:建立模型,产生至模型的各个输入量,测量模型内的交互作用,形成被测事项的统计值,分析统计数值和确认模型。比起解析排队理论建模,仿真建模的优点是可以进行更为详尽的建模和分析,缺点是需要更多的研发资源和计算机资源。

基准分析法是在实际的硬件上运行专用的测试软件的过程。它的优点是具有很高的保真度,对特定基准的执行时间是真实的执行时间,而不是近似值。这个方法对于在几个不同的机器上运行同一个基准分析模型来比较所得的各个结果是极其有用的。基准分析法主要的缺点有两个:一是它需要实际的硬件,如果硬件处于研发阶段,则用此方法是困难的;二是除非应用的是基准分析法,不然的话就不大可能准确地表示特定系统的工作负荷。

38.2.7　概要评述

从历史进程上来看,数字航空电子系统的复杂程度和性能有了巨大的提升。这一趋势看来不会改变。复杂性的增加需要许多新的工具和新的过程来

支持航空电子产品的设计、研发和制造。

商用和军用航空电子市场在许多方面存在差异。定量决策可按各自的市场来解释。但是,不论是商用市场还是军用市场都面临着来自经济方面的压力,迫使其缩短研制周期。较短的研制周期通常需要较强的设计技术能力,因此这两种不同市场的数字系统设计过程面临着类似的挑战。

常见的设计周期从概念研究开始,经过设计阶段到原型测试和综合阶段,最后以投入生产结束。结束日期(商用方面是产品的推出,军用方面则是系统的部署)一般不会提前。由于复杂性和协调上的问题,设计花费的时间往往会超出预定的计划。结果是从原型投入试制到投入生产之间的时间被压缩了,其中本该有一段时间用于测试和排故。理想的情况是延长测试和排故阶段的时间,但不要影响设计时间和投产日期。建模与仿真可做到这一点,因为在试制之前可以对设计进行测试,而且此时对设计做改动也比较容易、比较快,费用也低。

任何航空电子系统的研发,其设计过程必须从需求的拟制开始。对整套需求必须有全面的理解,因为需求规定了研发的各种约束条件,并清晰地说明了系统预定的用途。

目前有多种技术可以用来分析和预测一个系统的性能,包括 38.2.6 节中 Allen 提出的一些建模技术:经验法则、粗略估计法、统计预测、解析排队理论建模、仿真建模及基准分析法。从保真度和实施所需资源成本的角度来看,每项技术都有其优缺点。将这些技术集合起来并恰当应用,将为数字航空电子建模与仿真的最佳实践建立严格的基础。

38.3　切实可行的做法

为了使任何一种建模与仿真工作的结果是有效的,必须要注意这样一个基本原理,即任何模型都可能会给出一些相互之间无关联的,但却十分正确的结果。针对这种困境的解决办法是充分理解用户需求和有一个贯穿于系统实施且完全可追溯的流程。尽管目前人们正朝着生成完全符合可追溯需求的目标前进,但现在还没有出现能够实现这种研发活动的自动化工具集。构建一个可理解、可预测系统的第一步是要确保正确地实施正确的需求。市场推动力和系统的工程实施正在促使相应工具集的推广和成熟,从而帮助航空电子系统设计者实现这些目标。以下各节将概述需求生成和系统建模与仿真最切实可行的方法。

38.3.1　需求的工程实施

设计阶段始于需求生成,其关键的任务是建立起系统性能的各项参数。制定需求的过程是逐步完善系统设计的过程,其最终结果是明确定量任务效能度量标准。早期系统建模关注的结果反馈到最高层次的需求理解,常常会给出非预期的结果。通过需求的建模过程所获得的对高层次需求的理解来完善和缩小工程的折中空间,以避免代价昂贵的错误步骤以及计划进度的延误、失败甚或夭折。

系统工程实施最初的一步是生成最终(终结状态)的用户需求。成本、进度、技术要求等方面的约束条件先不考虑,这样可以形成有最大任务效能的系统解决方案,以实现用户所需要的系统。然后,可用基准分析法对必要的折中进行评估,这些折中着眼于计划进度的约束条件。性能度量反映了根据基准分析法给出的最大值的偏离。同样,如果原始的基线是次最佳,那么系统在受到某些扰动下的性能相对于基准分析法或许会有所提高。有条件地运行系统模型有助于早期深入地了解系统的性能要求。在常见的成本、进度和技术等约束条件下,运行系统模型通常可逐步完善和合理化需求。

一旦一组初始需求确定后,不论确认为是最佳还是次最佳,都能在设计者可用的折中空间里对相应的系统性能预测进行评估。系统需求可以利用仿真初步系统模型的系统任务情景,采用设计-试验方法进行评估。透彻理解需求对用户约束条件的影响对于平衡系统设计是至关重要的。

在需求完善过程中,用于评估各种折中设计方法实用性的系统模型与仿真是需要确认的,以便成为系统性能的一种可靠的表示。有许多模型已经过详尽的测试,因此可以认为这些模型是可信的。由于航空电子系统的费用在不断上升,这些模型的价值和可信度要求也在提高,因此对建模与仿真的验证和确认仍是管理机构极为重视的课题。为了确认模型,各个方面将会不断投入很大的力量。在程序的早期阶段,必须注意任何建模活动的验证,因为模型的保真度和准确性将被用作问题集的表示。因此,错误的模型产生错误的系统效用推论。考虑到重要性,国防部已经出版了标准和实施指示。例如 MIL - STD - 3022。就建模活动本身而言,其验证过程对于模型的有效性确认发挥着非常重要的作用,由此表明部门获得正确仿真的价值非常重要。

数字航空电子系统的仿真是现代驾驶舱航空电子设计的一个组成部分。以前人们常用一些粗糙而非实时的或具有初步功能的控制和显示系统来辅助评估人与系统的交互作用。除了将系统作为人与其所处环境的交互作用的延伸外,现在已不再用这种方式来评估系统,而必须从与反应时间有关的决策响应的角度来理解呈现给飞行员的数据的重要性。在提供实际系统之前,仿真是适合的方法,借此可以对包括人的响应在内的整个闭环系统端到端的效能和性能建立信任。

人们已经建立了广泛的人在环路(MITL)的仿真系统来对所提出的系统进行评估。不论 MITL 仿真覆盖范围是局限于部分的任务还是全范围的任务,广泛使用仿真得到的观测结果将证实一套需求的有效性。如果没有来自MITL 的确认,那么这些需求虽然正确但互不相关的可能性就增大了。所以,整套需求的确认是走向平衡设计的第一步。在开发之前,对得到的系统的有用性必须确有把握。

但是,若建议系统的某些方面适合于抽象人的交互作用,那么 MITL 本身就可用相当真实的综合激励加以仿真。如果事先了解了被仿真的 MITL 结果的限度,那么就可以对希望的一组需求的充分性做出推断。在极端复杂任务环境下,飞行员性能建模的研究工作仍在持续不断地进行中。准确地理解将有助于得到更为完善的人与复杂系统交互的系统模型,从而使 MITL 仿真模型得到的结果具有更高的置信度。

最后,在着手于新系统的开发和交付之前,需求确认可对端到端系统的性能建立起信心。从接收机、传感器的灵敏度到效能仿真和操作人员的响应这个链路中,MITL 仿真能把系统性能的各个抽象级结合到一起。在投入有限的资源之前,问题的建模与仿真可以回答两个方面的疑问。一是建议的系统能如预期的那样运行吗? 二是系统能够满足用户要求的性能吗? 需求分析就是回答这些疑问的重要的第一步。

38.3.2　自上而下的系统仿真

自上而下的系统仿真(TDSS)开始了完善设计的过程,其目标是降低系统不能正常运行的风险。如果对设计的系统是有信心的,即相信所要建造的系统能正确地工作,所有的子系统能无缝地综合,各种接口可正确地匹配,那么系统出现运行不正确的总风险将降到最低限度。TDSS 的一些明显的优点包括避免关系到成本和进度的重新设计的硬件和软件问题,防止综合中出现的运行不正确问题以及促使尽早解决需求中的含混不清问题。同时,TDSS 还可以提高复杂系统设计研发过程管理的透明度。用于实施整个或部分 TDSS 所投入的费用和资源的得益往往会远超任何短期负面(不正确的理解)的进度计划所造成的损失。

早期的设计活动从最顶层的需求规范开始逐步完善,然后将系统相继划分为各个部件,直至分解到最低一层,获得各种接口,定下各种协议。单独子系统的设计过程应在相应的专业学科内妥善处理,在系统综合阶段,如果在假设及诠释方面发现了差异,应下决心去弥补,其代价是牺牲进度。系统的建模与仿真为避免设计缺陷提供了一种方法。

应用 TDSS 作为降低风险的工具的关键是确认设计需求,将功能分解到各子系统,确定数据集及其相关的定时关系。在投入硬件和软件资源去实施可能具有潜在缺陷的设计之前,TDSS 能以可视和虚拟的方式实现系统综合,可避免为了协调和解决系统综合阶段后期发现问题后重新设计系统而付出的高昂代价。

采用这个方法的一个例子是美国空军的先进战术战斗机(ATF)的论证和确认研发工作。此项研发工作中通过仿真测试了 5 种极为关键的接口的交互操作性。这 5 种接口的测试暴露的问题超过 200 个,涉及的问题包括设计上的问题以及其所依据的规范上的问题。这些问题将会导致系统综合阶段需要多次反复试制硬件,而有些问题可能直到进入外场时才会被发现。空军的结论是,仅仅将 TDSS 方法应用到论证和确认研发工作上,就节省了大约 2 亿美元的经费,是起初用于 TDSS 费用的 25 倍。

38.3.3　自上而下的系统仿真计划

一个项目自从开始进行设计,所有相关各方必须对 TDSS 提出明确无误的目标以及达到这些目标的时间表,而每个利益关系方必须同意安排资源来完成目标。TDSS 确实是平行的且领先于所需系统的一种虚拟现实。为了获得良好的效果,TDSS 必须要比真实设计提前一个适当的时间段。如果 TDSS 的实施与真实系统同步进行或稍微滞后于真实系统,那么就无法做到解决问题而又不牵涉成本和时间进度。

为了有效地代表系统,TDSS 需要有足够详细的计划和精细度来反映最终的系统。详细制订各实施阶段的计划和协调系统各部分之间的接口对仿真来说是至关重要的。规定各个综合产品小组的责任和任务目标,确保这些小组在最终系统的实施过程中采用相同的假设、相同的设计不确定性解决方案和相同的设计方法。例如,系统结构小组为实施系统需求规定的子系统划分和功能,将规定的接口和定时要求以独立的需求规范交给子系统"A"研发小组。子系统"A"研发小组然后研发出自己的特定领域的模型,该模型产生的输出对应于从其他子系统接收到的输入激励。最终结果仍然是个虚拟系统,该系统模拟了最终系统在所有重要领域方面的性能。接口和定时方面的问题必须在交付系统实际硬件和软件之前及早解决。

如果说 TDSS 对系统研发的成功是重要的,那么最为重要的是设计小组在实施 TDSS 本身时,达到与系统设计计划相同的精确度。如果要使 TDSS 真正代表系统,那么 TDSS 就不能做成"特定"("adhoc")的,为此必须投入具有足够宽专业范围和可视性的充足资源,以获得能有效实现的需求。

在 TDSS 研发中,每个阶段必须具有出口判断准则,并且严格地服从该准则。为了"完成"而仓促地通过仿真,会使得仿真的实施毫无效果。在硬件设计转入试制或软件投入实施阶段之前,仿真必须给出可以接受的结果。系统设计的每个阶段,不论是初步设计还是关键设计,作为进入下一步的进口准则,必须要对仿真结果做相应审查,并获得批准。轻视仿真结果所造成的后果,简单地说,是将发现问题的时间推迟到设计过程的后期,即会导致付出高昂代价,需要在后期阶段进行弥补。注重虚拟设计将确保 TDSS 给工程项目带来节约资源、保证时间进度和免超预算等好处。

TDSS 计划包括定义参与系统设计的每个小组之间传送的数据集和数据格式。在设计开始之前,所有各方必须对数据集的充分程度和准确性取得一致意见。为了将特殊的定义及其使用减少到最低限度,各个数据集应当是所有相关各小组共同使用的和共同遵守的,从而最大限度地提高数据的共用性和解释的一致性。减少对数据的不同解释就会使数据传送过程造成的差错减到最小。简单差错的例子极多,其中之一便是共同的定义和"单位"的用法。

最后,从抽象到硬件和软件的物理实现过程来看,相继改进模型有点类似于设计的逐步简化。至关重要的是,仿真系统作为实际系统的虚拟表示,要把注意力放在仿真系统的目的上,因为实际系统要从概念出发经综合后,才能最

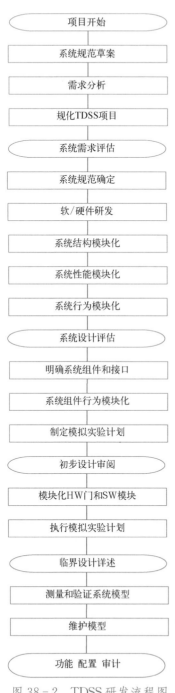

图 38-2　TDSS 研发流程图

终投入现场使用。

38.3.4　自上而下的系统仿真过程

TDSS 过程是按照一般的系统研发周期结构来实施的,将系统的功能进行分解,从较高层次的抽象逐步到较低层次的实施。TDSS 研发始于系统级定义的建模与仿真。系统模型要有合适的确认过程,确保系统表达的全面和完整。从规范到提出系统实施,对各种需求要加以跟踪,以确保完整、严格和一致。TDSS 研发过程中的不足之处要予以完善,过度的设计要予以消除,假设要得到明确。在项目前期,各方要有一致的认识,即模型要真实地代表预定的和确定的系统。如同真实系统那样,细节的逐步完善发生在专业领域的建模。设计细节的每一个低层,用专业领域的知识对其建模,该模型依然代表每个部件的性能。性能包含与部件相关的所有信息数据转换、精确性、结果的时间性、附加的其他限制以及允许性能变化的统计值。图 38-2 列举了 TDSS 研发流程。每次评审要对模型的开发予以详细的审查。系统需求评审中,要评审模型开发计划以确定所建议的模型的综合程度是否足以代表该系统。在系统设计评审时,要评审模型的成熟程度,以评估是否详细到足以成为系统的基准,从而作为有用的工具来评定各个潜在的子承包商可能提出的其他设计方法。

　　详细设计可以按照建模系统划分的子系统、功能件、模块和组件来进行。模型开发要用计算机可以执行的系统表示方法来进一步完善系统设计。系统设计者评审和批准各个细化的模型,并验证这些细化的模型确实能完成预期的划分功能。在确保中层和低层模型正确之后,在建造真实的硬件和软件之前,系统应在集成意义上进行准确而有效地综合。参与评审、建造模型、测试模型性能、比较结果以及解决不同小组诠释之间的差异等所有这些工作有助于在整个实施小组内建立共识。随着模型有效性及可信度的提高,由此产生的系统有效性及可信度也在增强。

　　最后,建立起反映最低层硬件和软件功能的模型。设计测试是对照这些模型进行的,测试偏差应加以修正,以得到如模型所预测的结果。要记住模型是标准,由这些标准来衡量硬件和软件,一旦予以实施,将确保系统最低层硬件和软件具有预期的性能,并相继使各个较高层硬件和软件正确地得到综合。TDSS 模型须受到配置控制,其严格程度与系统硬件和软件的配置控制一样。如果不这样做,就会使建模工作偏离要求。

　　从系统模型到最低层建模,使用 TDSS 和包含公共数据集的可执行模型进行集成将解决各小组之间发生的诠释含糊的问题,其中公共数据集是在一个可充分理解和可重复的机制上形成的。系统综合中的绝大多数问题是由于对规范的各种不同的诠释造成的。由于系统设计者可对仿真系统进行多种测试,因此用虚拟方法从顶层直到底层建模将是强有力的手段。系统设计师有信心在系统建造之前预测该系统在各种不同的条件下的特性。通过建模与仿真来论证系统,是实现可预测和受控的系统设计的关键。发现、理解、解决和测试模型接口差异,最终减少系统综合差错要经历漫长的过程。其间,确定问题所在对投入费用和进度计划的影响是很大的。就获得对系统正确性的信心和可验证的综合系统特性这两项成果而言,花在建立和维护 TDSS 上的费用和资源都是很值得的。

38.4 机载接收机升级的性能特征：案例研究

以下案例研究描述了建模和仿真的实际应用，用于表征和预测对现有机载接收机系统进行架构修改产生的系统级性能影响。图 38-3 描述了机载通信系统升级的初始系统概念(ISC)，提出的修改以灰色突出显示。在可能的情况下，整个系统设计使用 COTS，并与现有飞机系统进行最低程度的集成，以减少对整个程序进度和成本的影响。该系统将被放置在具有高水平的电磁干扰(EMI)以及射频(RF)干扰的环境中，这会降低整体信噪比(S/N)。

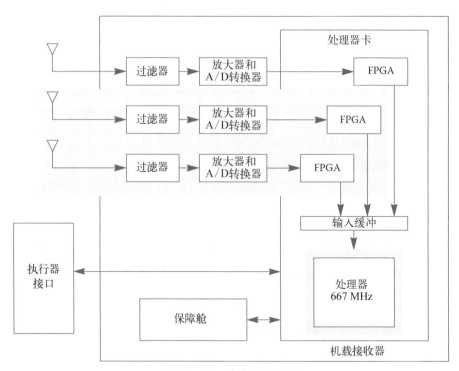

图 38-3 系统更新 ISC

38.4.1 系统说明

现有架构包括以下功能组件。

(1) 由两个环形天线组成的单个天线输入，在方位角方向组合形成全向图案。

(2) 模拟前端,可以对天线信号进行滤波、放大和数字化。

(3) 包含主处理器的处理器卡,提供整个系统的上电和初始化、系统控制和波形处理。

(4) 提供混频器/调谐器,滤波和信号处理功能的数字前端现场可编程门阵列(FPGA)(包含在处理器卡内)。

(5) 由屏幕显示和键盘组成的操作界面。

鉴于现有架构,系统设计人员必须首先确定系统是否能够满足最坏情况(强制性)EMI 和 RF 干扰环境的最大处理器利用率要求。为了使未来的波形增长,这个最大的处理器利用率要求已经设定为 40%。独立实验室基准测试数据为良好,正常和最坏情况环境下的高可靠性操作提供了建议的使用水平,如表 38-2 所示。

表 38-2 不同环境条件下处理器的利用率

环 境	描 述	处理器的利用率/%
有利—高 S/N	电磁干扰最小,无射频干扰	最小:10 最大:25
常规—中等 S/N	中等条件	最小:10 最大:30
压力—低 S/N	电磁干扰和射频干扰最大	最小:15 最大:30

在使用多个天线通道支持接收信号的极化分集处理的压力环境中,可以显著改善 S/N。使用信号处理算法的根据是使用两个还是三个独立天线输入信号,所提出的接收机升级能够进行空间间隔,减轻一个或两个干扰信号的影响。

建议的升级将需要额外的天线,天线滤波器组件,放大器和 A/D 转换器组件以及每个添加通道的 FPGA。每个添加通道将具有与表 38-2 中描述的现有单通道接收机类似的处理器利用特性。附加的通道数据将被发送到现有的输入缓冲器,增加由主处理器处理的数据。据估计,现有的处理器将消耗额外的 5% 和 10% 处理器容量来分别进行双通道和三通道的并行处理。在 ISC 中提出了具有现有处理器两倍容量的升级处理器,以提供额外的处理能力。

38.4.2　模型开发

现有和提出的接收机设计的建模,仿真和演示使用 Wolfram Research, Inc 的计算软件程序 Mathematica 来完成。该模型分为 3 个部分:初始化,设置模型的基本参数;控制,提供实时模型操纵;输出,提供模型图、图表和统计信息。在压力环境下,三通道升级处理器设计的模型控制和输出如图 38-4 所示。

38.4.2.1　初始化

基于现有设计的处理器利用率数据,根据均匀随机分布构建了 3 个数据阵列,表示在良性、正常和压力环境下的处理器利用率。根据用于每个模型场景的附加通道的数量、随机数据阵列与预期的操作系统开销和并行处理开销相结合,形成新的随机分布,从中可以计算出所需的统计量。对升级后的设计做出以下假设:

(1) 独立的天线通道具有相同的 RF 环境,即如果采用三通道选择良性场景,则所有三通道都将根据良性参数给出均匀分布。

(2) 升级的处理器的 RF 环境利用率和操作系统开销利用率是现有处理器利用率的一半。

(3) 与双通道设计(单通道设计没有并行处理开销)相比,三通道设计具有两倍的并行处理开销。

(4) 现有输入缓冲器具有足够的处理额外通道的容量。

38.4.2.2　控制

几乎所有的参数模型操作员都可以实时定制,下面提供了每个控件的说明。

(1) 通道数:确定是否对 1 个,2 个或 3 个天线通道进行建模。

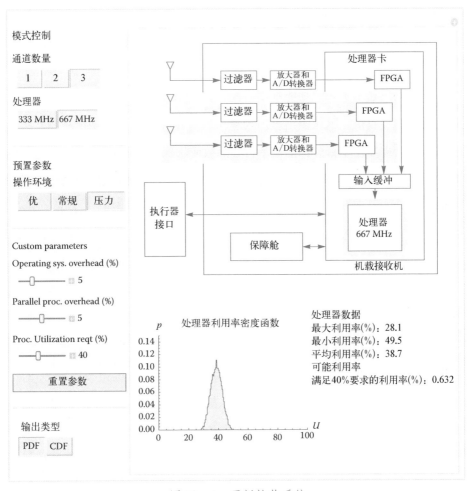

图 38-4　更新接收系统

（2）处理器：确定现有（333 MHz）或升级（667 MHz）处理器是否被建模。

（3）操作环境：确定哪个 RF 环境将被建模（良性，正常或受压）。

（4）操作系统开销：相对于现有处理器，设置操作系统消耗的处理量。

（5）并行处理开销：相对于现有处理器，设置通过添加天线通道消耗的处理量。

（6）处理器利用率要求：设置处理器最大允许利用率百分比要求。

（7）重置自定义参数：设置操作系统开销，并行处理开销和处理需求变量，以分别建立 5%,5%和 40%的默认值。

（8）输出类型：选择概率密度函数或累积分布函数作为主输出类型。

38.4.2.3 输出

模型输出显示了一个功能框图，表示具有选定数量的天线通道和现有或升级处理器的接收机。默认输出显示现有单通道接收机设计的功能框图。第二个输出是处理器使用百分比的概率密度函数或累积分布函数，这取决于选择的输出类型。最后，显示所选择选项的处理器利用率的统计信息，包括所选择的接收机设计的处理器利用率将落在最大允许处理器利用率要求之下的概率。在任何控制值被修改之后，Mathematica 环境动态地更新模型输出，允许建模和仿真结果作为交互式演示的一部分呈现，而不是预设结果的静态显示。

38.4.3　建模结果

建模和仿真结果提供了几个选项，供系统设计者在决策的时候考虑，包含要升级的设计中涵盖了多少个通道和哪个处理器。在压力条件下，一对三通道的现有和升级处理器设计的总结如表 38-3 所示。从总结数据可以看出，现有的处理器不适用于双通道或三通道设计。这表明如果需要额外的天线通道，那么升级的处理器必须并入设计中。进一步分析显示，将处理器利用率要求放宽到 50%，允许升级处理器的三通道设计来满足要求，如图 38-5 所示。

表 38-3　受压环境下的模块输出数据

无线通道	处理器利用率数据 现存处理器		处理器利用率数据 更新后的处理器	
1	最小值	10%	最小值	7.5%
	最大值	30%	最大值	15%
	平均值	22.5%	平均值	11.3%
	可能利用率满足 40%要求	100%	可能利用率满足 40%要求	100%

（续　表）

无线通道	处理器利用率数据 现存处理器		处理器利用率数据 更新后的处理器	
2	最小值	30.1％	最小值	17.5％
	最大值	59.9％	最大值	32.4％
	平均值	44.9％	平均值	25％
	可能利用率满足 40％要求	22.1％	可能利用率满足 40％要求	100％
3	最小值	46％	最小值	28.1％
	最大值	88.8％	最大值	49.5％
	平均值	67.6％	平均值	38.7％
	可能利用率满足 40％要求	0％	可能利用率满足 40％要求	63.2％

处理器利用率密度函数

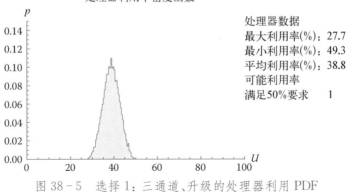

处理器数据
最大利用率(%)：27.7
最小利用率(%)：49.3
平均利用率(%)：38.8
可能利用率
满足50%要求　1

图 38-5　选择 1：三通道、升级的处理器利用 PDF

作为第二个选择，如果操作系统开销和并行处理开销分别降低到 2％和 3％，那么 40％的处理器负载要求可以通过三通道、升级的处理器设计达到 96.7％的概率，如图 38-6 所示。

38.4.4　案例研究总结

形成本案例研究基础的建模和仿真工作是机载接收升级程序发展过程的一部分。这个结果指导了系统级要求的定制，包括利用升级的处理器的三通道设计选项。通过在需求阶段的早期表征处理器性能，接收机的 ISC 可能已经成

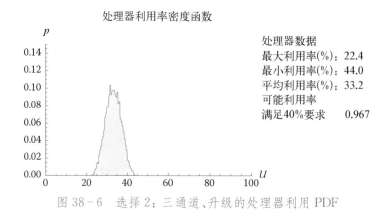

图 38-6　选择 2：三通道、升级的处理器利用 PDF

熟,这避免了在程序开发阶段后期的多处理器和天线通道选项的昂贵的系统表征。

本案例研究进一步展示了依靠基准数据的已知设计进行建模和仿真的优势,特别是当开发程序被日程安排所驱动时。建模和仿真工作可以用来改进要求,并将重点从 ISC 引导到更成熟的首选系统概念,最终是从初步设计,而不是从未知设计和不成熟的要求开始。

38.5　小结

真实系统的每一个方面并非都可以在每一个工具中完全建模(也不需要),而是与性能相关的系统的已知特征形成了性能估计和容量规划的质量模型。显然,市场力量将继续推动系统工程环境的数量、质量、完整性和变化率。实际上,这要求自动化系统和系统/软件工程环境之间更好地集成和可追溯。提出的系统概念之间的可追溯性驱动要求,由此形成的技术配置以及成本和进度影响将是该集成的重要结果。

方案层面的承诺要求在技术、方案、财务和市场边界上整合贸易空间,这很可能会继续下去,而且仍然是不完整的。

对布鲁克斯来说,相较于技术社区,这里有更多可接受的共同点和大多数管理者所不了解的差异。在系统性能中,自动化本身不会减少这种努力的复杂性,直到有一个共同的、多学科的、定量的成本和价格的定义。对于自动化而言,当前和传统的技术、财务以及计划的数据库的规模从内容到格式的问题将继续增长和出现分歧,直至大学课程的管理人员培养出一群毕业生,他们能够解决更多问题。这些新从业者必须开发未来的信息系统和工程环境,包括对实践至关重要的学科、语言和方法。

推荐阅读

Arnold Allen 的书籍,*Computer Performance Analysis with Mathematica* ®,是对计算系统性能建模出色且可读的简介。它没有印刷出版,如果你能找到一个副本,你可以购买它。Hennessy 和 Patterson 的第 5 版教科书 *Computer Architecture: A Quantitative Approach* 仍然是本科和研究生计算机工程的终极文本。该文本有大量的"案例研究和示例",形成了对建模和仿真有用的边界。

对于绩效建模和能力规划,以下组织通过期刊和专门出版物提供信息:

(1) 计算机测量组(CMG)(www. cmg. org)。

(2) 计算机协会(www. acm. org)。

对于 CAE,以下网站提供有关的主要工具和环境供应商的信息:

(1) www. opnet. com。

(2) www. cadence. com。

(3) www. wolfram. com。

(4) www. mentor. com。

(5) www-cdr. stanford. edu/SHARE/DesignNet. html。

参考文献

[1] Allen, A. O. , *Computer Performance Analysis with Mathematica*®, Academic Press, New York, 1994.

[2] Bell, C. G. and Newell, A. , *Computer Structures: Readings and Examples*, McGraw-Hill, New York, 1973.

[3] Bratley, P. , Fox, B. , and Schrage, L. , *A Guide to Simulation*, 2nd edn. , Springer-Verlag, New York, 1987.

[4] Brooks Jr. , F. P. , *The Mythical Man Month*, Addison-Wesley, Reading, MA, 1995.

[5] Donnelly, C. F. , Evaluating the IOBIDS specification using gate-level system simulation, in *Proceedings of IEEE National Aerospace Electronics Conference*, Dayton, OH, May 18 - 22, 1992, p. 748.

[6] Hennessy, J. L. and Patterson, D. A. , *Computer Architecture: A Quantitative Approach*, 5th edn. , Morgan Kaufmann, San Francisco, CA, 2011.

[7] Kleinrock, L. , *Theory, Queueing Systems*, vol. 1, John Wiley & Sons, New York, 1975.

[8] Liu, H. -H. , Software issues in hardware development, in *Computer Engineering Handbook*, McGraw-Hill, New York, 1992, Chapter 2, pp. 2. 1 - 2. 13.

[9] Parnas, D. L. , Education for computing professionals, Technical. Report. 89 - 247, March, 1989, ISSN 0836 - 0227.

[10] Portelli, W. , Oseth, T. , and Strauss, J. L. , Demonstration of avionics module exchangeability via simulation (DAMES) program overview, in *Proceedings of IEEE National Aerospace Electronics Conference*, Dayton, OH, May 22 - 26,

1989，p. 660.

[11] Strauss，J. L. ，The third possibility，in *Modeling and Simulation of Embedded Systems*，*Proceedings of Embedded Computing Inst.*，La Jolla，CA，July 18 - 19，1994，p. 160. Society for Computer Simulation，San Diego CA.

[12] Swangim，J. ，Strauss，J. L. et al. ，Challenges of tomorrow — The future of secure avionics，in *Proceedings of IEEE National Aerospace Electronics Conference*，Dayton，OH，May 22 - 26，1989，p. 580.

[13] Walker，R. A. and Thomas，D. E. ，A model of design representation and synthesis，in *Proceedings of the 22nd Design Automation Conference*，Las Vegas，NV，1985，pp. 453 - 459.

39

采用 AADL 的模型开发

39.1　导言

　　航空系统是信息物理系统(CPS)的复杂及安全关键子集,需要严格的开发过程,包括验证要求、精心设计和功能实现以及发布之前的认证/鉴定。虽然这些系统具有丰富的开发实践和严格的要求,但并置和交互功能的数量已显著增加,推动了综合成本和风险呈指数级增长。增强的功能也推动了综合模块化航空电子设备(IMA)的使用,这是一种更复杂的架构模式。因此,开发新系统或更新现有系统很难实现。统计表明,在综合期间或之后发现了 70%(至少)(NIST02)的问题。结论很明显,导致成本提高的主要原因与架构有关。我们在提出需求和设计阶段发现不了这些问题,在建立架构和详细阐述的过程中,只发现了 3.5%的(NIST02)错误。我们可能无法构建设计的架构,因此在最新型的飞机上,我们所付出的软件成本占系统开发成本的 70%,其中大部分源自软件返工。事实上,目前,在某些情况下的软件返工是飞机系统总体开发的最主要成本。

　　为了克服这些软件/系统架构问题,一个思路是使用正式的架构描述语言来提取系统关注点,设计一种支持定量分析、软件系统组合、执行语义的分析和自动化系统综合的语言。这样,基于模型的工程技术可提供系统和工具的高级描述,从而以可预测的、精确的方式支持开发过程。根据系统的技术和规范语言(抽象级别,特性描述和具体性质)及其工具集,有多种方法支持开发过程的

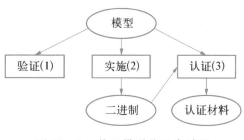

图 39-1　基于模型的开发过程

不同方面。基于模型的一种理想工程方法将支持开发平台的所有方面(见图 39-1)。

　　(1)验证:对模型进行分析和处理,以检查系统要求的正确性和系统的可

行性。通过虚拟综合过程可在概念架构的要求阶段就开始验证。在开发过程中，随着设计的详细制定，该架构逐步得到验证。在此期间，供应商提供其子系统/组件的模型，并且在构建系统时逐步验证架构约束。

（2）实施：为了保持分析预测的精确规范，可使用代码生成器自动生成代码，代码生成器将架构模型和组件转换为在执行环境（处理器加上操作系统（OS）、总线、内存等）下运行的可执行代码。所有配置、部署和综合都是自动实现的，工程师不必在执行环境中手动综合组件。

（3）认证和验证：对生成的二进制文档和模型进行处理，以检查生成的系统是否强制执行系统要求，并协助产生认证材料。根据模型的详细信息和要求描述，可自动化生成几种材料，例如系统要求的从文档到代码的可追溯性，以及综合和单元测试的自动化。新的研究领域是使用正式架构描述语言对系统进行正式的分析和组成。

在基于模型的现有工程方法中，通过几个项目已经证实，架构分析和设计语言（AADL）可支持航空电子系统开发的不同方面，无论是设计、验证和实施，还是最近的认证/验证研究。尤其在系统架构虚拟综合（SAVI）（AADL-WWW）项目的背景下，该技术成功表明，使用 AADL 对软件和系统进行预测性和分析性虚拟综合，可在早期就发现一些综合问题，并在整个生命周期中还能逐步发现综合问题。

下一章介绍这一技术以及用于开发航空电子架构的相关生态系统。首先，提出核心语言及其规则。然后，解释航空电子架构的定制语言。AADL 尤其具有专用的附加文档[ARINC 653 附件（AADL-ARINC 653）]，可捕获关于其要求（诸如时间和空间间隔）的 IMA 架构。我们还提出了处理 AADL 的工具，检查特定的航空电子系统架构要求，并通过生成代码来实现系统的自动化生产。最后，列举了几个新的具有挑战性的研究领域，解释了 AADL 模型将如何支持航空电子系统认证要求。对 SAVI 过程、分析方法和演示感兴趣的人可在官方 AADL 网站上找到文档（AADL-WWW）。

39.2 AADL 概述

AADL 是由国际自动机工程师协会(SAE)出版的标准,使用文本或图形符号来表示用于定义系统架构软件和硬件的建模语言。核心语言分为 3 个组件类别。

1) 软件组件

(1) 过程:该组件表示存储程序代码/数据的内存空间,并为应用线程提供执行环境。

(2) 线程和线程组:该组件表示执行代码的并发实体(由堆栈,指令指针等表征)。

(3) 子程序和子程序组:该组件根据编程对象对代码进行建模。它们引用由架构调用的源代码(指示编程语言,过程/函数名等)。

(4) 数据:该组件可指定类型或共享变量。

2) 硬件和部署组件

(1) 处理器和虚拟处理器:该组件对每个处理器/虚拟处理器(如 Linux 的 OS)上的物理/虚拟硬件(诸如 x86 的处理器架构)和软件执行环境进行建模。

(2) 总线和虚拟总线:该组件表示连接两个或多个分布式节点的物理总线(如以太网或 MIL‐STD‐1553)或其不同层的虚拟分离(如总线的通道分配,根据特定服务质量政策分层)。

(3) 设备:该组件表示连接到运行平台的硬件设备(传感器,制动器,键盘,显示器,摄像机等)。如果稍后需要对内部进行建模,例如,需要将应用软件加载到组件中,则设备可扩展到系统。

3) 混合组件

(1) 系统:该组件表示模型的根组件(整个系统)或分布式架构的节点(子系统)。

(2) 抽象:该组件表示一个通用组件,在实施之前其类型应被细化为特定的组件类别。当对可在软件或硬件中实现的功能建模时,这是有用的。在这种情况下,高级组件使用抽象组件对其接口和行为进行建模,并且实施将其细化为适当的类型(如为过程使用软件实现功能时或为设备使用硬件方法时)。这一方法避免了对相同的高级别要求建模两次,并确保组件的两次实现之间的一致性。

从不同角度定义组件,包括类型(外部规范)和实现(内部蓝图):

(1) 组件类型定义组件类别、名称、属性及接口。组件接口指定通信机制(发送或接收事件和/或数据)及其依赖性(例如,如果过程需要访问特定总线)。

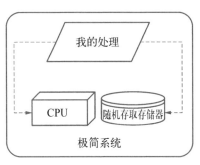

图 39-2　表示极简系统的 AADL 图形模型

(2) 组件实现扩展了类型,包括子组件声明(定义组件的每个实例)、内部连接、子组件属性和操作模式。子组件实例也包括定义类型和实现层面,从而形成层次结构。例如,过程(存储代码和数据的空间)包含了调用一个(或多个)子程序的线程。语言定义了适用于组件组成的符合性规则,使得模型能表示可行的架构(例如,子程序不能包含处理器)。AADL 还将检查架构完整性,并逐步认可定义的模型和分析。例如,图 39-2 中的架构在完全指定时需要用总线将 CPU 连接到 RAM。

完整且合法的 AADL 模型是组件的分层组合,最上面的系统包含至少与一个处理器(提供执行环境)相关的一个过程(建模软件)。图 39-2 显示了使用 AADL 图形表示的这种模型,而表 39-1 则显示了其文本表示。

通过将属性与组件相关联来捕获系统要求和特性。该标准包括一组预定义属性,代表在设计架构时最常使用的特性,它可由用户细化和扩展,如下所述。图 39-2 显示了与 CPU 和存储器的过程绑定的以及文本规范中的文本属性。

虽然核心语言可满足大多数工程师的要求,但 AADL 还提供了两种扩展机制来定义特定领域的语言能力。

表 39‐1　极简系统的 AADL 文本模型

```
processor i5
end i5;
processor implementation i5. four_cores
end i5. four_cores;
memory ram
end ram;
memory implementation ram. i
end ram. i;
process application
end application;
process implementation application. impl
end application. impl;
system minimalist_system
end minimalist_system;
system implementation minimalist_system. i
subcomponents
cpu：processor i5. four_cores;
ram：memory ram. i;
my_process：process application. impl;
    properties
Actual_Processor_Binding =>（reference（cpu））
                        applies to my_process;
Actual_Memory_Binding =>（reference（ram））
                        applies to my_process;
end minimalist_system. i;
```

（1）用户定义的属性扩展了与每一个组件相关的潜在特征集。采用与预定义属性集相同的方式，用户可定义自己的属性名称、用法限制和要添加的值。用户定义的属性通常用于支持特定的分析工具。可以提取具有相关架构数据的属性值，并将其提供给分析工具。

（2）附件扩展机制可用于将其他语言与 AADL 组件相关联，并指定其他系统方面。几个附件已经过标准化，例如属性附件（组件在状态机中的属性）、错误模型附件（错误故障和传播）或 ARINC 653 附件（IMA 架构的建模）。下一节将重点介绍后者，说明航空电子设计架构的支持，特别是 ARINC 653 架构的时间和空间分区。

有一大组工具可以支持 AADL。其中,开源 AADL 工具环境(OSATE)在 Eclipse 建模环境上提供了一个建模环境。虽然其开发是由软件工程学院 (SEI)主导,但许多其他工业和学术合作伙伴也对工具集基础做出了贡献。 OSATE 已经通过一些项目进行评估,如 SAVI 项目[见 AADL wiki(AADL - WWW),查询报告、论文、演示和陈述]。SAVI(SAVI)包括来自航空电子工 业的组织,如空客公司、波音公司、Embraer、Goodrich、Honeywell、Rockwell Collins 以及 FAA、NASA 和陆军等机构。另一种常用的 AADL 工具是由法国 研究机构开发的 Ocarina。Ocarina(OCARINA)是一个基于命令行的模型处 理和代码生成工具。它已在不同的项目中进行了评估,目前综合在 TASTE 中,这是一个由欧洲航天局支持的基于模型的工程平台。STOOD 是一个具有 编辑器、文档和分析支持的商用 AADL 工具集。AADL wiki[AADL - WWW] 上提供了工具清单。

39.3　基于 AADL 的模块化航空电子架构

AADL 委员会在 ARINC 653 附件(AADL - ARINC 653)的文档中规范了 用于表示分区航空电子架构的建模模式。AADL - ARINC 653 由一组定义 AADL 组件集合的规则组成,囊括了航空电子架构和要求。它还通过专用于 描述 IMA 系统的新属性丰富了语言,这些属性支持由 ARINC 653 OS (ARINC 653)提供的时间和空间间隔。

以下部分通过由两个通信分区组成的分区架构示例说明附件的使用。

(1) 第一分区(数据获取,data_acquisition)从硬件传感器(如速度/温度) 检索数据。每个传感器由该分区内的一个任务(对应于 AADL 线程的 ARINC 653 过程)控制,使用分区间通信将获取的数据发送到第二分区。

(2) 第二分区(统计,statistics)从第一分区接收传感器数据并执行计算。

它由两个任务组成：一个接收和过滤来自传感器的原始数据(如去除不一致值或超限值)，另一个计算一些统计和测量。

以下段落详细介绍了本示例中 AADL ARINC 653 建模模式的应用，演示了如何从头开始构建 AADL 模型。在本章附件中提供了文本，图 39‐3 描绘了相关的图形 AADL 模型。

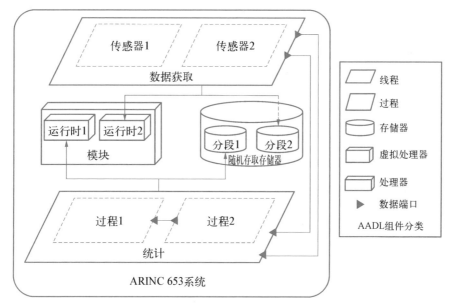

图 39‐3　基于 AADL 模型的 ARINC 653 架构案例研究
采用 AADL 图形符号的描述

IMA 架构将系统应用间隔到分区中。分区被描述为 AADL 过程组件。AADL 核心语言将此组件定义为包含应用代码和数据的内存空间，因此它与 ARINC 653 分区的描述相符。在分区内，应用由共享分区资源的一个或多个 ARINC 653 过程执行。ARINC 653 过程类似于任务或线程的概念，因此我们使用 AADL 线程组件来表示 ARINC 653 过程。

物理处理器上的基本 OS 通过保证用于其执行的预定义时隙而在时间上间隔分区。在每个时隙内，都有一个运行时在分区内执行 AADL 线程组件

（ARINC 653 过程），而在虚拟处理器上，该组件只是从概念上执行。为了表示分离的运行时环境，ARINC 653 附件要求将主处理器组件（模拟硬件架构和 OS）分离（或在其上构建）成几个虚拟处理器组件，每个组件代表每个分区的运行时。此外，每个分区（AADL 过程组件）与定义分区运行时要求（在图 39 - 3 中，用虚线箭头表示相关的过程和虚拟处理器组件）的专用运行时（AADL 虚拟处理器组件）相关。虚拟处理器到物理处理器的 Actual_Processor_Binding 以图形形式显示。

此外，为了模拟分区运行时的分离，指定用 3 个专用属性来说明时间间隔策略。

（1）Partitions_Slots：列举执行分区的时隙清单。

（2）Slots_Allocation：描述每个分区的时隙分配。

（3）Module_Major_Frame：指定模块的主要帧（重复调度时隙的速度）。

因为上面 3 个属性能确保实施基于时隙的间隔策略，因此这 3 个属性在处理器上指定。

ARINC 653 系统还支持空间间隔。分区被限制在分离的存储器段中，使得分区自身具有存储代码和数据的空间，并且不能访问另一分区的存储器。为了在 AADL 模型中满足这个要求，我们将主 AADL 存储器组件（模拟硬件存储器的组件）分成使用存储器子组件的逻辑存储器段。每个存储器子组件表示一个存储器段。然后，对于每个子组件，定义了所包含对象的类型（代码和/或数据）以及相应的要求（字大小、字计数等，用文本模型中的 Byte_Count 属性表示）。每个分区（AADL 过程）至少与一个存储器段（AADL 存储器子组件）相关。在我们的实例研究中（见图 39 - 3），硬件存储器组件（RAM）分为两段（分段 1 和分段 2），每个分区与其中一个相关（在图形版本中，用虚线箭头表示，在文本中，用 Actual_Memory_Binding 属性表示）。

ARINC 653 过程和分区使用分区内（ARINC 653 黑板，缓冲区，信号量或事件）或分区间（ARINC 653 排队和采样端口）通信服务进行通信。前者连接分区内的 ARINC 653 过程(由 AADL 线程组件表示),而后者连接 ARINC 653 分区(AADL 过程组件)。两个通信级别都使用在组件之间连接的适当 AADL 端口(事件端口,数据端口或事件数据端口)来表示。

以下建模规则将 ARINC 653 分区间服务映射到 AADL 模型。

(1) 使用连接两个 AADL 过程组件的 AADL 事件数据端口指定 ARINC 653 排队端口。

(2) 使用连接两个 AADL 过程组件的 AADL 数据端口表示 ARINC 653 采样端口。

以下建模模式将 ARINC 653 分区内服务映射到 AADL 模型。

(1) 使用连接几个 AADL 线程组件的 AADL 数据端口指定 ARINC 653 黑板。

(2) 使用连接几个 AADL 线程组件的 AADL 事件数据端口指定 ARINC 653 缓冲区。

(3) 使用连接几个 AADL 线程组件的 AADL 事件端口指定 ARINC 653 事件。

(4) 使用几个线程组件之间的共享 AADL 数据组件指定 ARINC 653 信号量(访问具有特定保护机制的共享资源——使用 AADL 属性指定——以避免并发访问)。

图 39-3 所示的例子使用分区间和分区内服务。

(1) 在两个分区(AADL 过程组件)之间连接的两个 ARINC 653 采样端口(AADL 数据端口)。

(2) 在统计分区的两个 ARINC 653 过程(AADL 线程组件)之间连接的一个黑板(AADL 数据端口)。

ARINC 653 标准还定义了一种健康监测服务,该服务与在不同执行级别(模块,分区或过程)发生的各故障恢复策略相关联。例如,系统设计者可以在其应用代码触发除零异常时重新启动任务,或者在其任务之一发出非法请求

（例如试图访问其不拥有的存储器区域）时重新启动分区。此服务在 AADL 中使用特定属性进行转化，这些属性将分层架构（模块，分区和过程）的各级故障和恢复策略关联起来。附件包括 ARINC 653 标准中规定的故障，但可根据用户需要或 OS 规范进行扩展。

我们为案例研究的模块指定了一种健康监测策略。由于 AADL 属性未在图形模型中显示，而只是以文本表示形式显示，ARINC 653 模块（AADL 处理器）的文本定义如表 39-2 所示。根据 HM_Errors 和 HM_Module_Recovery_Actions 属性，可检测到 3 个潜在故障。

表 39-2　具有两个分区的 ARINC 653 模块的规范

```
processor implementation arinc_module. two_partitions
subcomponents
 runtime1：virtual processor partition. i;
 runtime2：virtual processor partition. i;
properties
 ARINC 653：:Partition_Slots =＞ (10 ms，20 ms);
 ARINC 653：:Slots_Allocation =＞ (reference (runtime2)，reference
(runtime1));
 ARINC 653：:Module_Major_Frame =＞ 30 ms;
 ARINC 653：:HM_Errors =＞ (Module_Config, Module_Init,
Module_Scheduling);
 ARINC 653：:HM_Module_Recovery_Actions =＞ (Ignore, Reset, Reset);
end arinc_module. two_partitions;
```

（1）Module_Config 对应一个配置错误。在此示例中，忽略该错误。

（2）当启动模块时检测到错误操作时，将触发 Module_Init。检测到该触发信号时，模块重新启动（复位）。

（3）当分区安排期间出现错误时，将触发 Module_Scheduling。检测到该触发信号时，模块重新启动（复位）。

用户使用相同的方法，可通过向 AADL 虚拟处理器（与分区关联的运行时）和 AADL 线程（ARINC 653 过程）组件添加属性，为 ARINC 653 分区和过程指定健康监测策略。

39.4 航空电子架构需求验证

模型提供了系统的抽象表示,并为系统参与者提供了一种良好通信机制。此外,其明确的符号使得分析工具可以处理模型,并检查需求的执行。这样,工程师可以在设计过程中获得支持,并在开始实施工作之前检查潜在问题。此外,通过早期的问题检测,可避免不同问题在各开发过程之间蔓延,减少了重新设计工作和开发成本,并确保交付时间可控。

在航空电子设计架构的背景下,必须检查和验证几个要求,即关于建模模式或系统级特征的一致性要求,例如资源规模和性能分析。下面,我们选择了两种分析方法,以采用下述方式来解释验证过程和模型的使用。

(1) 模型一致性验证检查模型符合 ARINC 653 的特定模式,保证模型可以通过支持 ARINC 653 AADL 附件的工具进行处理。

(2) 性能分析提供了关于运行时属性和部署问题(如调度和使用共享资源)的度量指标(如延迟)。

模型一致性验证包括分析模型和确保 ARINC 653 建模模式的实施,支持工具处理系统架构并执行以下操作:

(1) 检查组件聚合以确保模型执行 ARINC 653 附件中定义的建模规则。如这将包括验证 AADL 处理器(ARINC 653 模块)含有 AADL 虚拟处理器组件,每个组件表示支持 ARINC 653 分区的运行时。在我们的示例中,这将通过检查主 AADL 处理器组件(模块)分为两个 AADL 虚拟处理器组件(运行时 1 和运行时 2)来验证。

(2) 检查属性定义正确性涉及系统要求。例如,分析工具检查每个 AADL 处理器(ARINC 653 模块)调度每个 AADL 虚拟处理器(ARINC 653 分区),确保每个分区在每个主要帧中至少执行一次,通过处理文本模型来验证。AADL 处理器组件必须引用 ARINC 653::Slots_Allocation 属性中的每个 AADL 虚拟处理器组件。

通过检查组件定义、配置和要求来完成性能分析。可进行多次分析和验证，次数越多越好。在 ARINC 653 系统中，连接分区之间的延迟评估可能是一个主要问题，因为它根据执行环境和系统配置（如分区调度策略）而变化。在这种情况下，我们设计了一个专用工具来评估两个分区之间的延迟。它在最坏情况下分析系统，即周期结束时任务输出数据；当达到主要帧时，分区间通信端口被刷新。因此，根据分区调度，此策略可能对数据流具有显著影响，涉及不同组件（甚至位于同一处理器上）的几个连接。图 39-4 显示了该方面，由第一分区（数据获取，data_acquisition）发送的数据仅在主要帧之后可用于第二分区（统计，statistics）。

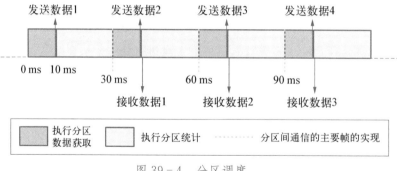

图 39-4　分区调度

通过使用例子，我们的工具评估了 data_acquisition 完成和 statistics 分区开始之间的延迟，并给出了 30 ms 的结果，即在这一开发阶段的最小延迟，忽略了 OS 所用的时间。实际上，假设在主要帧完成分区间通信，由 data_acquisition 分区发送的数据在下一个主要帧开始之前不可用于其他分区。因此，数据将在下一个周期用于 statistics 分区。这在图 39-4 所示的调度图中显示：data_acquisition 分区在其周期完成时发送数据。该数据仅在下一个主要帧开始时可用，并且只有当其再次执行时才能由 statistics 分区处理。此特定调度问题可能对系统性能和基本功能行为具有很大的影响。此外，当考虑 OS 时，此延迟可根据目标 OS 及其调度策略而变化。为此，在开始系统实施之前对系统性能的评估是一项重要的工作,可在进行代码开发工作之前发现潜在的问题。

39.5 源自模型的自动实施

为了自动完成系统的开发并产生符合各参与者要求的实施,我们从 AADL 模型产生系统。在所有开发步骤中使用相同的一致符号,避免了重复使用不同要求规范时的传统陷阱,提高了系统的可靠性和稳健性。在将模型转换为可与执行平台(OS,设备驱动程序等)综合的代码时,产生了实施。为此,建模语言语义应当提供必要的信息以产生最终应用,而不必对系统/组件通信和执行要求做出假设。在我们的研究中,AADL 的语义描述了系统架构及其配置和部署问题;AADL 是一种合适的语言,可生成用于执行系统功能的代码。从模型生成的代码将包括如下内容。

(1) 创建系统线程,涉及其特性(周期,期限,优先级等),以支持系统应用代码的执行。

(2) 根据共享资源(如变量或内存区域)的特定属性(锁定机制,优先级上限),实例化共享资源。

(3) 根据与其他组件的连接(与总线上其他节点的链路,设置 IP 地址等),激活和配置系统设备(网络接口)。

(4) 建立跨系统应用的连接(通信通道)和自动确定分布问题(输入或输出接口的大小,例如 ARINC 653 排队端口或缓冲区)。

(5) 系统状态的管理,例如初始化、完成、容错错误处理以及系统状态和组件内的模式更改。AADL 正式定义了可由发生器和模拟器使用的系统状态和状态变化。

生成的代码专用于支持系统应用代码的执行,在模型中引用为由线程组件

调用的 AADL 子程序组件。这些子程序组件指定了定义其实施特性(源语言,
源代码等)的属性。源代码组件由用户提供并在 AADL 模型以及支持的 OS
中引用(符合航空电子系统的 ARINC 653 标准),以便完整实施,如图 39-5
所示。

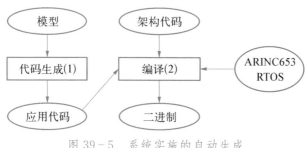

图 39-5　系统实施的自动生成

从模型产生的实施依赖于以下工作流:

(1) 代码生成过程产生具有来自(可能先前验证)AADL 模型的特性的架
构代码。

(2) 编译过程集成了生成的代码与 ARINC 653 兼容的专用 OS(以航空电
子设计架构为例)的功能代码。

为了创建系统实施代码,生成器使用预定义代码模式将源语言(AADL 模
型)转换为实施代码(C 或 Ada)。每个模式根据 AADL 组件的类型和属性产
生参数化代码块。例如,对于每个 AADL 线程组件,生成器输出创建 ARINC
653 过程的代码。然后,根据 AADL 组件属性(周期,期限,任务类型——周期
的,偶发性的等)配置实例化 ARINC 653 过程。此外,当处理两个组件之间的
连接时,生成器根据模型要求(交换数据的大小,输出速率等)输出配置通信通
道的代码。

然而,如图 39-5 所示,生成使用特定 OS 的应用使得生成的过程必须针
对 OS 的需要定制。由于每个 OS 都有自己的构建指令,因此必须修改一些生
成的工件(例如 Makefile),以确保顺利集成生成的代码。在该过程结束时,用

户获取准备在目标架构上部署的二进制。指定的目标架构可以是多处理器并集成多种风格的架构,如 IMA 和联合。

与现有的开发方法相比,该过程在几个方面和标准上改进了系统生产。

(1) 避免错误:通过从模型中预定义和已建立的代码模式生成代码,此过程可避免与手动代码生成相关的错误。

(2) 执行系统要求:通过规范(AADL 模型)和实施代码(C/Ada)之间的直接翻译。

(3) 实现要求可追踪性:通过从模型自动生成实施,可以对代码进行注释并添加信息(例如,评论),以追踪和证明从规范到实施的每一行源代码。

(4) 遵守编码规则:诸如 DO-178C 的标准要求实施代码遵守特定的编码规则,并且可限制目标语言的语法和/或语义。通过在代码生成模式中实施这些规则,生成的代码将自动符合这些标准。

(5) 性能改进和存储器优化:通过从 AADL 架构规范衍生实施代码并根据系统要求自动实现资源实例化,避免浪费系统资源,从而提高了代码覆盖率(删除无用代码)和存储器占用率(资源创建仅限于系统要求),这是针对高可靠性 CPS 的两个代码要求。

这个过程在 Ocarina 中实施,Ocarina 是一个提供代码生成功能的 AADL框架,已经通过几个项目进行评估和演示。特别是,Ocarina 能够产生与ARINC 653 相容的代码,并且已经完成许多实验,将生成的代码与 POK(POK)(支持 ARINC 653 服务的开源 OS)自动集成。此外,该代码生成功能适用于任何商用 OS,更改主要限于将生成的工件集成到目标构建系统中。

39.6　与模型相关的其他研究点

模型是开发 CPS 的重要资产,对基于模型的工程技术的关注将在未来几年持续增长。无论是用于开发新系统还是用于更新现有系统,架构模型将是生产过程中的中心工件。虽然目前的研究成果显示了规范、验证和架构实施的模型价值,但模型目前尚未充分发挥其潜力。特别是,它们可能是用于支持系统认证的重要资产,尤其是用于自动测试系统,如图 39 - 6 所示。

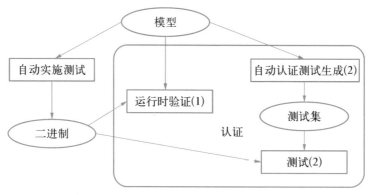

图 39 - 6　基于模型的支持系统认证

(1) 根据规范自动实施测试:执行系统,并将性能指标与系统规范和要求进行比较(如检查任务的执行时间是否符合其描述)。

(2) 根据系统架构规范生成自动认证测试,并针对生成的应用执行认证测试。

(3) 在架构中提及假设和保证案例职责,并以某种形式进行测试或验证。

以下段落介绍了将证明模型在系统认证领域具有附加价值的研究主题。

航空系统在性能和资源消耗方面有着很严格的要求。某些服务不允许尽快交付或执行,而是按时交付。一方面,在设计期间必须分析计算和通信资源,以保证其可行性。另一方面,也必须在执行时对其进行检查。架构模型将是验证过程自动化的重要资源(见图 39 - 6 中描述的第一测试用例),通过处理架构模型并提取其特性,可列举系统将满足的所有约束条件(时序,性能等)。然后,从这些约束条件中,可建立将在运行时监视的性能特性,以测试系统并检查约束的实施。

除了对实施和规范之间的符合性进行验证之外,系统还必须经过压力测试,以显示在恶劣环境中操作时的性能正确性。到目前为止,这些测试大多是手动编写和执行的,这一做法的成本极高并且容易出错。此外,对于代码生成,可处理模型,以实现测试生成的自动化(见图 39-6 中描述的第二测试用例)并在生成的应用上自动执行它们。特别是,架构规范揭示了系统的潜在优点和缺点并将有助于进行设计测试,以发现潜在错误和/或故障。

在降低开发成本和提高系统稳健性的同时,这些验证工作和测试的自动化还有其他好处。特别是它们提高了客户对生成应用的信心,还为产生认证材料提供了重要支持,大多数标准都要求对系统进行压力测试和/或根据规范检查执行能力。因此,适用于设计的精确预测模型将通过测试生成和记录的自动化以及系统要求的可追溯性来针对实施的分析结果进行更严格的验证。

39.7　小结

最近的研究工作已经表明基于预测模型的工程技术与开发 CPS 和航空电子设备架构的相关性。这些模型在项目启动或更新时成为一项重要的资源,适用于通信、验证或实施。我们尤其对 AADL 感兴趣,它用相同的符号来承载所有开发过程——设计/规范、验证和实施。正在进行的研究主题计划使用这种符号来支持认证工作,从而涵盖整个开发过程。使用相同的工件来执行和自动化所有开发步骤可避免将系统规范和要求从一种符号转换到另一种符号的常见陷阱,还可避免手动开发工作。

在航空电子系统的背景下,AADL 及 ARINC 653 附件通过提供可分析的航空电子设备特定的建模模式,为指定的 IMA 架构提供有价值的信息。其相关的分析框架包括用于验证架构正确性、评估性能(例如延迟)和自动化实施生产的功能。航空电子架构的验证和自动实施(SAVI)(RAMSES)已经过证明,并且这些验证和代码的生成能力已在软件工程工具(ASSERT)中证明。

这些建模技术可以用于开发过程的其他方面。特别是,随着软件复杂性的持续增长,认证和测试活动需要更多的关注,因此需要我们做出更多的努力。扩展到测试和认证领域的基于模型的分析和预测方法可提供重要的信息,包括更大的自动化和目标架构相关分析。使用适合于多个开发方面(例如设计、逐步验证、实施)的相同规范进行测试和认证,将加强整个开发过程,并使其更加一致。

附录

ARINC 653 案例研究的 AADL 文本模型

```
thread thr_sensor
features
value: out data port dummy;
end thr_sensor;
thread implementation thr_sensor. i
end thr_sensor. i;
process pr_data_acq
features
sensor1out: out data port dummy;
sensor2out: out data port dummy;
end pr_data_acq;
process implementation pr_data_acq. i
subcomponents
sensor1: thread thr_sensor. i;
sensor2: thread thr_sensor. i;
connections
```

port sensor1. value —> sensor1out;

port sensor2. value —> sensor2out;

end pr_data_acq. i;

thread thr_filter

features

sensor1in: in data port dummy;

sensor2in: in data port dummy;

filteredout: out data port dummy;

end thr_filter;

thread implementation thr_filter. i

end thr_filter. i;

thread thr_collector

features

filteredin: in data port dummy;

end thr_collector;

thread implementation thr_collector. i

end thr_collector. i;

process pr_stats

features

sensor1in: in data port dummy;

sensor2in: in data port dummy;

end pr_stats;

process implementation pr_stats. i

subcomponents

process1: thread thr_filter. i;

process2: thread thr_collector. i;

```
connections
port process1. filteredout —> process2. filteredin;
port sensor1in —> process1. sensor1in;
port sensor2in —> process1. sensor2in;
end pr_stats. i;
memory segment
properties
ARINC 653: :Memory_Type => (Data_Memory, Code_Memory);
end segment;
memory implementation segment. i
end segment. i;
memory ram
end ram;
memory implementation ram. i
subcomponents
segment1: memory segment. i;
segment2: memory segment. i;
end ram. i;
virtual processor partition
end partition;
virtual processor implementation partition. i
end partition. i;
processor arinc_module
end arinc_module;
processor implementation arinc_module. two_partitions
subcomponents
```

runtime1: virtual processor partition. i;

runtime2: virtual processor partition. i;

properties

ARINC 653::Partition_Slots => (10 ms, 20 ms);

ARINC 653::Slots_Allocation => (reference (runtime1), reference (runtime2));

ARINC 653::Module_Major_Frame => 30 ms;

end arinc_module. two_partitions;

system arinc653_system

end arinc653_system;

system implementation arinc653_system. i

subcomponents

module: processor arinc_module. two_partitions;

ram: memory ram. i;

data_acquisition: process pr_data_acq. i;

statistics: process pr_stats. i;

properties

Actual_Processor_Binding => (reference (module. runtime1)) applies to statistics;

Actual_Memory_Binding => (reference (ram. segment1)) applies to statistics;

Actual_Processor_Binding => (reference (module. runtime2)) applies to data_acquisition;

Actual_Memory_Binding => (reference (ram. segment2)) applies to data_acquisition;

end arinc653_system. i;

参考文献

[1] (ARINC 653) Avionics application software standard interface：ARINC specification 653P1 - 3. Aeronautical Radio，Inc. ，Annapolis，MD，November 15，2010.

[2] (NIST02) The economic impacts of inadequate infrastructure for software testing，NIST Planning report 02 - 3. National Institute for Standards and Technology，Washington，DC，2002. http：//www. nist. gov/director/planning/upload/report02 - 3. pdf.

[3] (AADL) Architecture Analysis and Design Language（AADL）. http：//standards. sae. org/as5506b/，2013.

[4] (AADL - WWW) Architecture Analysis and Design Language（AADL）official website，http：//www. aadl. info，2013.

[5] (AADL - ARINC 653) ARINC 653 annex for the AADL. http：//standards. sae. org/as5506/2/，2013.

[6] (SAVI) System Architecture Virtual Integration（SAVI）. http：//www. avsi. aero/research/current_projects. HTML.

[7] (POK) Partitioned Operating Kernel. http：//pok. tuxfamily. org.

[8] (OCARINA) J. Delange，L. Pautet，and F. Kordon. Code generation strategies for partitioned systems. In *29th IEEE Real-Time Systems Symposium（RTSS'08）*，

Barcelona, Spain, Work in Progress, IEEE Computer Society, Washington, DC, December 2008.

[9] (RAMSES) F. Cadoret, E. Borde, S. Gardoll, and L. Pautet. Design patterns for rule-based refinement of safety critical embedded systems models. In *International Conference on Engineering of Complex Computer Systems (ICECCS'12)*, Paris, France, 2012.

[10] (ASSERT) J. Hugues, L. Pautet, B. Zalila, P. Dissaux, and M. Perrotin. Using AADL to build critical real-time systems: Experiments in the IST - ASSERT Project. In *Fourth European Congress ERTS*, Toulouse, France, January 2008.

40

与 MBD 有关的 Mathworks 方法

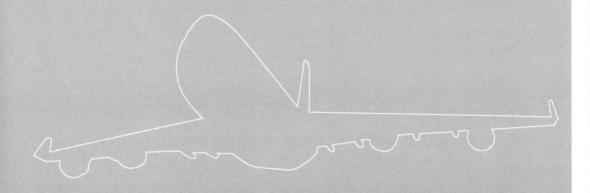

40.1 导言

在过去几十年里,电子产品小型化的发展非常迅猛,每 18 个月,单位区域的晶体管数量就会翻一番。对于可以想象电子产品的未来功能,在实现最复杂的性能方面,已经开启了一个无与伦比的时机。计算的灵活性没有限制,因为软件设计性能的极端灵活性。技术系统在通用系统集成中已越来越依赖于软件,将其作为系统功能实现的主要手段。此外,除作为主要手段之外,软件已经成为创新的驱动力,因为诸如飞机、汽车和电子产品等的特征区分在很大程度上依赖于纯信息技术功能,除计算之外,其他任何技术都无法实现功能。

然而,虽然软件提供了前所未有的行为灵活性,但大型代码库的开发也充满了复杂性。多年来,已经有人提出了许多软件工程方法,但是这些方法大多将软件间隔为"系统",并且未能解决在物理环境中嵌入软件的复杂性。最值得注意的问题是时间的匮乏且资源的利用率低,未能对通用软件工程范例中的并发性提供一流的支持。与软件工程范例相反,嵌入式系统开发团队已经通过模型设计解决了软件产品化的困难,其中,计算功能的抽象水平从软件提升到模型。因此,工程师解决了他们在问题空间(例如差分方程)中的设计问题,而不是迫使他们根据解空间(例如函数调用图)来思考。从设计的角度来看,工程师因此有能力以直观的方式探索他们的设计空间,而不必理解和关注广泛的软件实施细节。

即使提高抽象级别可有效解决生产率差距(即每个区域的晶体管数量比有效设计的晶体管数量增加更快),但从实施角度来看,系统的某些点仍需在软件中实现。基于模型的设计从自动代码生成中获得大部分价值,其中嵌入式软件可以从用于各种不同嵌入式目标的高级模型中自动生成。自动代码生成技术弥补了设计和实施之间的差距,对于大规模软件项目,所得到的软件仍然需要与其他子系统的软件、运行时平台的软件和目标硬件集成。对于飞机等安全关键系统,证实软件开发的完整性至关重要。

联邦航空管理局(FAA)最近通过了认证标准 DO‐178C"机载系统和设备认证中的软件注意事项"[1]以及相应的 DO‐331"对 DO‐178C 和 DO‐278A 提供的基于模型的开发和验证补充"[2],支持基于模型的设计,以实现高效认证。尤其是在设计期间开发并用于实施的各种工件,能够实现全面认证的逐步证据建设。本章描述了在 DO‐178C/DO‐331 过程中基于模型的设计所使用的开发和验证工具链的高级架构。该过程使用了两种工具,即开发工具和验证工具,其中形式方法已经提供从自动生成测试的工具到验证工业中使用的开发工具。使其在验证工具中使用,从而弥补了差距。

本章首先简要介绍了基于模型设计时使用的开发工具;接下来提出了能够验证所开发工件的工具;紧接着讨论如何将这种验证工具应用于开发的模型和源代码;再接着讨论了如何从模型自动生成测试;然后介绍了处理目标代码的开发和验证;最后针对有效的 DO‐178C 开发提出了基于模型设计的结论和总结。

40.2 开发工具的描述

本节介绍基于模型设计工具链中使用的开发工具,并讨论其相关性。

40.2.1 模型开发

＊Simulink®是用于仿真和模型设计的平台环境,提供了一个交互式图形环境和一组可定制的模块库来模拟数学算法。Simulink 支持离散时间和连续时间模型的框图描述。Simulink 模型还可包括 Stateflow®提供的状态转换图、流程图或真值表。Stateflow 支持包括经典、Mealy 及 Moore 状态机的 3 种状态转换图。Mealy 和 Moore 状态机以形式语义为基础。

Simulink/Stateflow 模型由互连的功能块组成,功能块描述模型的算法或逻辑组件,它们之间的连接表示功能块间传送的控制和数据。框图层次结构中的组件可以由其他组件聚合而成,也可是基本组件。Simulink 环境的一个重要性能是具有广泛的仿真能力,可执行语义也归功于 Simulink 模型。

Simulink 和 Stateflow 是用于模型开发的独立工具。Simulink 可以在没有 Stateflow 的情况下使用,但是当使用 Stateflow 时,也就需要使用 Simulink。

40.2.2　源代码开发

代码生成器 MATLAB Coder$^®$、Simulink Coder 和 Embedded Coder^{TM} 有助于从 Simulink 图和 Stateflow 图生成源代码。

Simulink Coder 有助于从 Simulink 图和 Stateflow 图生成 C 和 C＋＋代码,生成的源代码可用于实时和非实时应用,包括模拟加速、快速成型和硬件在环(HIL)测试。Embedded Coder 将该功能添加到需要高效和可追踪代码的嵌入式实时系统中。它通过提供配置选项和高级优化来扩展 Simulink Coder,为生产中使用的基于目标的快速原型制造板和微处理器生成代码。Embedded Coder 还提高了代码效率,便于与旧代码集成。

MATLAB Coder、Simulink Coder 和 Embedded Coder 是用于开发源代码的独立工具。MATLAB Coder 是 Simulink Coder 和 Embedded Coder 的先决条件。在本章的以下部分,为了将 Simulink Coder 和 MATLAB Coder 纳入整个代码生成工具集而引用了 Embedded Coder。

40.2.3　可执行目标代码的开发

第三方编译器工具用于将源代码转换为可执行目标代码(EOC)。

40.2.4　需求管理

需求管理接口允许用户将模型中的 Simulink 和 Stateflow 单元链路到要

求文档，并在模型单元之间建立链路。接口支持的文档类型有 Microsoft Word 文档、Microsoft Excel 电子表格、IBM Rational DOORS 数据库、MuPAD 笔记本、Simulink DocBlocks、文本文档、超文本标记语言（HTML）文档、可移植文档格式（PDF）文件和统一资源定位器（URL）。

需求管理接口为 Simulink 验证和确认的一部分。

图 40-1 的左侧展示了模型和源代码开发过程，包括需求管理。EOC 开发过程如图 40-3 的中间行所示。

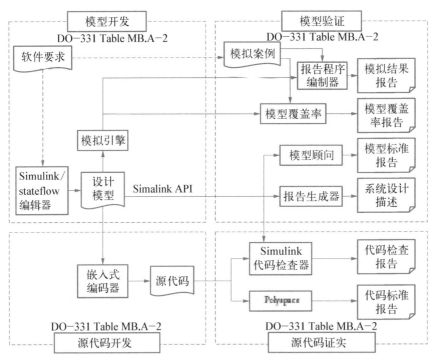

图 40-1　模型和源代码开发和验证

40.3　验证工具描述

本节介绍了基于模型设计工具链的实例中使用的验证工具和报告生成器，

并讨论其相关性。

40.3.1　报告生成

报告生成器提供用于报告 Simulink 和 Stateflow 模型的组件。

Simulink 和 Stateflow 模型的报告组件由 Simulink Report Generator 提供。这些组件可使用 Simulink 应用程序接口(API)来询问模型,读取内存中的模型数据。System Design Description 由这个工具创建,包括通过需求管理接口插入模型中的要求追踪链路。报告生成器还可以对批处理的模式进行仿真,设置测试条件,并生成包括数据绘图或分析的仿真报告。Simulink Report Generator 的功能由 MATLAB Report Generator 提供。

MATLAB Report Generator 和 Simulink Report Generator 是两个独立的工具,其中 MATLAB Report Generator 是 Simulink Report Generator 的先决条件。

40.3.2　模型验证

Model Advisor 是 Simulink 和 Stateflow 模型的静态分析工具。Model Advisor 对模型执行静态检查,可用于验证建模标准以及模型的准确度和一致性。

有几个不同的产品提供 Model Advisor 检查:Simulink、Embedded Coder, Simulink Code Inspector, Simulink Verification and Validation 和 Simulink Control Design。Model Advisor 使用 Simulink API 从模型中读取数据。

模型覆盖率工具分析在模型仿真期间实现结构覆盖率。该工具在仿真前将 Simulink 和 Stateflow 模型加载到内存中,并在仿真过程中评估覆盖率标准。模型覆盖率还能将多个模拟运行合并到组合覆盖率报告中。模型覆盖率还能测量模型的圈复杂度。

Simulink Verification and Validation 提供了模型覆盖率分析的功能。用

户在启用和禁用覆盖率时都可运行仿真,以确保仪表检查不会对模型的性能产生任何影响。

Simulink Design Verifier 有 3 种功能:设计错误检测、属性验证和测试用例生成。Simulink 设计验证器包含模拟引擎,该引擎运行在从 Simulink 模型衍生但运行在形式不同的内部表示上。设计错误检测可使用形式方法找到模型中的具体设计误差,如除零或数字溢出。属性证明可以证明与假设相结合的属性,其中的假设和属性由用户定义;也可以使用形式方法来证明。属性证明可帮助验证 ARP4754A[3] 和 ARP4761[4] 中的系统安全性能。Simulink Design Verifier 可基于模型自动生成测试用例,验证 EOC 是否符合模型。测试用例的基础可以是用户定义的约束、模型中的功能块的模型覆盖率准则和用户定义的测试目标的组合。为了使用生成的测试用例来验证代码,测试用例必须在模型上运行,以便为代码产生预期的结果。测试用例的完整性可以使用模型覆盖率工具来评估,而预期结果可通过查看仿真结果来评估。

40.3.3　源代码验证

Simulink Code Inspector[5] 是一个独立的工具,可用于验证从 Embedded Coder 开发的 C 源代码。此工具使用 Simulink API 询问模型,读取模型数据。该模型被转换为不同的中间表示(抽象语法树形式),用于代码检查过程。Simulink Code Inspector 还使用生成的 C 代码文档作为输入,并将其解析为可与模型的中间表示不同的但可进行比较的中间表示。该工具输出源代码的检查报告和可追溯性报告。Polyspace 有两种功能:编码标准检查(例如,MISRA AC AGC[6])和运行时错误检测。Polyspace 的主要输入是源代码;然而,它可使用 Simulink API 从模型选择读取范围规范数据。当使用 Polyspace Model Link SL 产品时,可将源代码中发现的缺陷回溯到模型的源块中。无论是自动生成还是手动开发,Polyspace 都支持任何 C 代码。对于运行时错误检测,Polyspace 在方法引擎中使用抽象解释。

40.3.4 可执行目标代码验证

从模型开发的 EOC 可使用 Simulink 和嵌入式编码器提供的处理器在环 (PIL)能力来验证。PIL 模式允许将目标 CPU 连接到 Simulink,以便为 EOC 提供有效的测试环境。

当在 PIL 模式下执行 EOC 时,第三方代码覆盖率工具用于分析源代码和/或目标代码的结构覆盖率。

图 40-1 的右侧显示了模型和源代码验证过程。图 40-3 的上面部分显示类 EOC 测试过程。本章接下来的部分将对这些过程进行描述和讨论。

40.4 模型和源代码的开发和验证过程

当模型用于 DO-178C[1] 过程时,DO-331[2] 成为该项目的适用补充。在使用嵌入式编码器从 Simulink 和 Stateflow 模型生成代码的工作流中,这些模型被认为是 DO-331 中定义的设计模型。它代表了模型最常见的用例,并且还要求开发模型有更高级别要求,如图 40-1(模型和代码的开发和验证)所示。还可以在建模要求中使用 Simulink 和 Stateflow,从而表示 DO-331 中定义的规范模型,但是这不是工具的典型用法。

在图 40-1 中,软件要求通常采用诸如 IBM Rational DOORS 等要求管理工具内的文档或数据形式。这些要求代表 DO-178C 第 5.1 节定义的高级软件要求,使用 DO-178C 第 6.3.1 节定义的评论和分析来验证这些要求。

图 40-1 中的设计模型表示在 DO-331 第 MB.5.2 节中定义的低级软件要求。建模要素可使用要求管理接口追溯到高级要求。可结合 DO-331 第 MB.6.3.2 节和 MB.6.3.3 节中定义的评论、分析和模拟来验证模型。DO-331 将仿真作为验证方法,并在模型验证中分析模型覆盖率。

如图 40-1 所示,仿真用例根据软件要求开发,并在设计模型上执行。在此活动期间生成模拟结果报告和模型覆盖率报告,并作为验证活动的一部分进行审核。这两份报告阐述了与符合高级要求、准确度和一致性、可验证性和算法方面相关的目标。使用 Model Advisor 生成的模型标准报告阐述了与标准目标的一致性。由 Simulink Report Generator 生成的 System Design Description 文档提供了 DO‐331 第 MB.11.10 节中定义的设计描述数据以及 DO‐331 第 MB.11.21 节中定义的一些追溯数据。本文档中的追溯数据审查阐述了高级要求的可追溯性目标。

源代码(参见 DO‐178C 第 5.3 节)是使用 Embedded Coder 从设计模型开发的。Embedded Coder 可生成与平台无关的 ANSI C 代码,但也具有生成使用自定义目标功能的代码的可选功能。Embedded Coder 仅支持 Simulink 模型中的离散时间固定步长解算器,并且还约束可使用的 Simulink 功能块类别。遵守了 Model Advisor 所强制要求的某些建模约束,生成的代码符合 MISRA AC AGC 编码标准[6]。生成的源代码还可包括将代码回溯到模型以及软件要求文档的注释。

如图 40‐1 所示,可使用 Simulink Code Inspector 和 Polyspace 的组合来验证源代码。Simulink Code Inspector 提供了 Code Inspection Report,阐述了符合低级要求、符合软件架构、可验证性、可追溯性以及部分准确度和一致性相关的目标。Polyspace 可用于阐述符合编码标准的目标,尤其是 MISRA AC AGC 规则。Polyspace 还提供运行错误报告,包括源代码的准确度和一致性等。对 Polyspace 运行错误检测还可采取置信度指标来定义,以解决 EOC 的稳健性,这将在后面讨论。

40.5　测试用例开发过程

DO‐178C 标准提出了 3 种测试:硬件/软件集成测试、软件集成测试和低级测试,所有这些测试都是根据软件要求提出的。对于 DO-178C,测试用例应包括正常范围测试用例和稳健性测试用例。

对于从模型开发的 EOC,高级测试用例和预期结果可能与仿真案例及预期结果相同(见图 40-2)。这些是从高级要求文档开发的,还应包括稳健性用例。这些测试用例可使用 PIL 功能与用作测试工具的 Simulink 环境结合执行,也可以在完全独立的软件测试工具上执行。

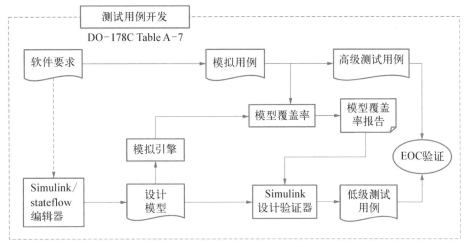

图 40-2　测试用例开发

低级测试用例和预期结果的基础是代表低级要求的模型。Simulink Design Verifier 可用于开发这些测试用例(见图 40-2),使用已有的代表低级要求的模型作为其主要输入,并且还能输入模型覆盖率数据。DO-178C(见第 6.4 节)指出,如果可看出高级测试涵盖低级要求,那么专门的低级测试不需要涵盖这些低级要求。模型覆盖率可作为高级测试涵盖低级要求的证据,特别是对于模型内的逻辑决策,还可用作模型内的查找表数据和信号范围数据。而且,对于高级测试未涵盖的其他低级要求,例如模型中的衍生要求,可使用 Simulink Design Verifier 来生成测试。用户还可以在模型或模型测试工具中插入信号约束和用户定义的测试目标来完成测试。例如,模型输入的测试目标插入超出正常范围的测试数据，是验证稳健性的好方法。

硬件/软件集成用例和软件集成用例(见图 40-3)通常是根据高级软件要求手动开发的。这些测试用例在最终目标上执行，运行环境与建模环境无关。最终目标将包括 RTOS 或调度程序以及与目标硬件连接的设备驱动程序。

40.6 目标代码开发和验证过程

图 40-3 显示了 EOC 开发和验证过程，包括 PIL 模式的使用和目标的集成测试。这些过程为模型和源代码开发和验证的最后阶段。编译器或 IDE 由 MathWorks 以外的第三方提供。编译器注入的错误可以通过测试过程检测

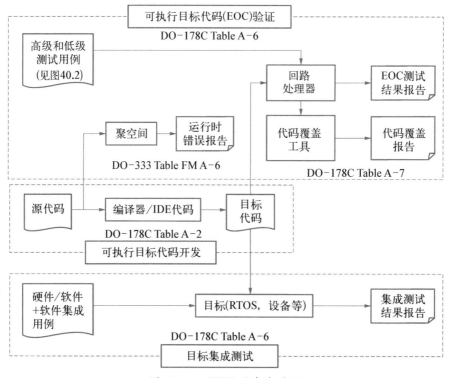

图 40-3　EOC 开发和验证

到。代码覆盖率工具也由 MathWorks 以外的第三方提供,并且此工具通常在项目中很适用。

在 PIL 模式下进行的测试使用备用测试环境,如 DO‐178C 第 6.4 节注释所述。此环境可以用于单独测试软件组件,可以更精细地控制测试输入和监视组件输出。通常,在更受控的测试环境(如 PIL 模式)中,这种测试可以获得结构覆盖率结果。PIL 模式测试阐述了 EOC 符合高级和低级要求的目标以及高级和低级要求的稳健性。当然,这并不排除对最终目标上的这些组件进行软件‐软件和软件‐硬件集成测试的需要。目标集成测试解决了 EOC 与目标计算机的兼容性。

图 40‐3 所示是使用 Polyspace 分析来消除目标代码的某些稳健性测试用例。其中一个示例是用 Polyspace 中的范围分析功能来替换超限数据测试,这种置信度在 DO‐333(形式方法补充)中解释。

40.7 小结

本章介绍了使用基于模型的设计和相应工具链的开发和验证流程,以便根据 DO‐178C 和 DO‐331 标准高效开发和认证航空航天软件,这些方法都是在与领先的航空航天公司合作下开发并完善后提出的。

DO‐178C 标准及其补充文档列出了本章未讨论的其他目标,例如软件验证工具的鉴定。该工作可由相应工具供应商的专用工具鉴定包来提供支持,例如 DO 鉴定包,它涵盖了前面章节讨论的各种模型和代码验证工具。

参考文献

[1] RTCA DO‐178C, Software considerations in airborne systems and equipment

certification, December 2011. RTCA, Inc. : Washington, DC.

[2] RTCA DO - 331, Model-based development and verification supplement to DO - 178C and DO - 278A, December 2011. RTCA, Inc. : Washington, DC.

[3] Aerospace Recommended Practice ARP4754A, Guidelines for development of civil aircraft and systems, SAE International, December 2010.

[4] Aerospace Recommended Practice ARP4761, Guidelines and methods for conducting the safety assessment process on civil airborne systems and equipment, SAE International, December 1996.

[5] M. Conrad, M. Englehart, T. Erkkinen, X. Lin, A. R. Nirakh, B. Potter, J. Shankar, P. Szpak, J. Yan, and J. Clark, Automating code reviews with Simulink Code Inspector, *Proceedings of Ⅷ Workshop Model-Based Development of Embedded Systems (MBEES 2012)*, Dagstuhl, Germany, February 2012, pp. 31 - 36.

[6] MISRA AC AGC, Guidelines for the Application of MISRA - C: 2004 in the Context of Automatic Code Generation, MIRA Ltd. , November 2007.

与 MBD 有关的 Esterel SCADE 方法

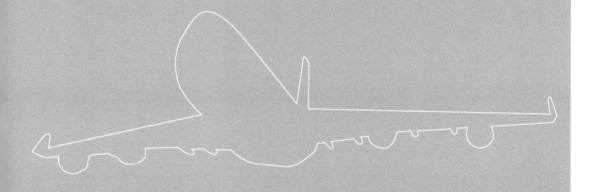

41.1　导言

SCADE Suite®是基于模型的开发环境,专用于关键嵌入式软件。通过本地集成 SCADE 语言及其正式符号,SCADE Suite 成为关键应用的集成设计环境,涵盖了基于模型的设计、模拟、验证、可验证/认证的代码生成以及与其他开发工具和平台的互操作性,包括要求可追溯性。SCADE Suite 专门用于关键的任务和安全嵌入式应用。SCADE Suite KCG 代码生成器根据以下国际安全标准认证/鉴定,包括达到 A 级的 DO‐178B 和用于民用和军用航空的 DO‐178C。本章旨在介绍使用工具集进行基于模型的开发和验证(MBDV)过程,这些工具集用于设计、开发和模拟航空电子系统。

41.2　SCADE 概述

41.2.1　SCADE 产品概述

SCADE 即"安全关键应用开发环境"。SCADE 代表工具链,"Scade"代表基本建模语言。本章介绍在 SCADE 下基于模型的软件开发和验证。

Esterel SCADE 是包括以下产品的产品线(见图 41‐1)。

(1) SCADE Suite,用于开发嵌入式软件反应应用。

(2) SCADEDisplay,用于开发嵌入式图形显示部分。

(3) SCADESystem,用于设计系统。

(4) SCADE LifeCycle,用于生命周期管理应用。

为简单起见,本文仅介绍 SCADE Suite 部分。

41.2.2　SCADE 产品来源

从早期的工业阶段开始,SCADE Suite 在由开发安全关键软件的公司合作

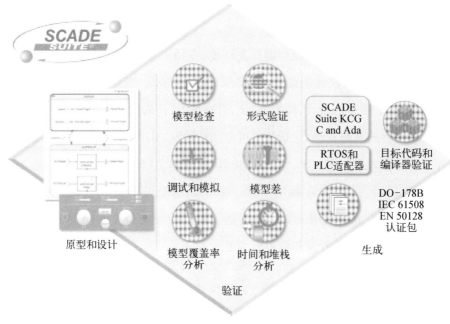

图 41-1 SCADE 集成开发环境

下开发。SCADE Suite 在一些安全关键软件开发的工业基础上使用,如飞行控制软件(空客,欧洲直升机公司)、核电站安全系统(劳斯莱斯民用核电公司,前身为施耐德电气公司)和铁路交换系统(Ansaldo STS,前身为 CSEE Transport)。这些公司曾经使用内部工具链开发软件。他们为开发第三方解决方案做出了贡献,可与供应商和合作伙伴共享标准环境。

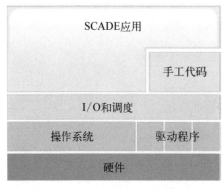

图 41-2 SCADE 解决了软件的适用部分

41.2.3 SCADE 在嵌入式软件中的位置

SCADE 解决了软件的应用部分,包括图形和相关逻辑,如图 41-2 所示。这通常是软件最复杂多变的方面。

41.3　SCADE 语言

41.3.1　SCADE 数据流语言元素

因为 SCADE 语言适合反应系统及其完整性原则,这一属性对工具和用户起到了关键作用。

SCADE 语言是控制工程和软件工程之间的桥梁,减少了系统生命周期和软件生命周期之间的接口错误和成本,是一种所谓的同步语言。通常,这表示软件基于"采样和保持"方法循环计算其输出。

SCADE Suite 支持控制工程师所熟悉的两种符号的自由组合。

(1) 方块图(也称为数据流图),用于指定控制算法(控制律,滤波器)。

(2) 状态机,用于指定应用中的模式和转换(例如,起飞,着陆)。

SCADE 的基本构造块被称为运算符。运算符是预定义的运算符(如＋、延迟)或用户定义的用其他运算符分解而得到的运算符。因此,可采用结构化的方式构建复杂的应用。

SCADE 语言允许使用诸如"$x = y + z$"的文本符号和图形符号。符号类型对语义和代码的生成没有影响(见图 41-3)。

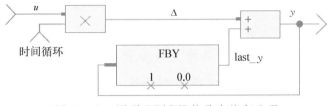

图 41-3　图形 SCADE 符号中的积分器

该语言包括预定义的具有相关原始操作符(例如布尔/算术操作符)的原始数据类型(布尔、整数、实数、字符等)。该语言允许构建无限制的结构化数据类型(数组、结构)(见表 41-1)。

表 41 - 1　SCADE 运算符的元素

元　　素	集成运算符的文本符号
形式接口	node IntegrFwd(U: real; hidden TimeCycle: real) returns (Y: real);
本地变量声明	var delta: real; last_y: real;

方程	delta = U * TimeCycle;
	y = delta + last_y;
	last_y = fby (y, 1, 0.0);

Scade 简洁地表达了功能级别的并发性和功能依赖性,如图 41 - 4 所示。

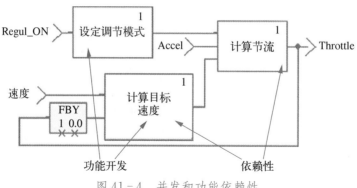

图 41 - 4　并发和功能依赖性

（1）运算符 SetRegulationMode 和 ComputeTargetSpeed 在功能上是并行的。

（2）ComputeThrottle 在功能上取决于 ComputeTargetSpeed 的输出。SCADE Suite KCG 代码生成器考虑到这一点：它生成的代码在执行 ComputeThrottle 之前先执行 ComputeTargetSpeed。

41.3.2　SCADE 高级结构

除了其数据流的历史基础之外,SCADE 还支持高级架构。结构化状态机支持并行性、分级结构和内核抢占(见图 41 - 5)。

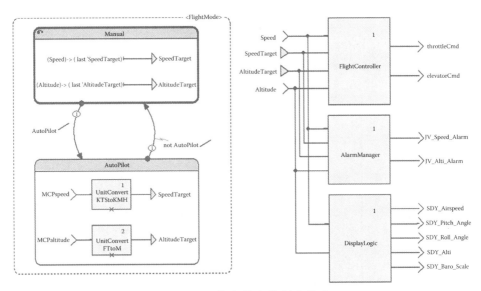

图 41-5 状态机与数据流结合

该语言还支持安全迭代处理,允许开发大范围的迭代计算,例如矩阵计算、卡尔曼滤波和反应性图形用户接口元素集的管理。

41.4 SCADE 的典型 MBDV 生命周期

SCADE 有各种可能的生命周期,这取决于模型在生命周期的位置和技术。本文档提供了一个典型的生命周期,其中 Scade 模型本质上用于指定部分应用软件架构和低级要求(LLR)。

41.4.1 生命周期概述

在这个生命周期中,Scade 模型主要用于全面描述部分应用软件的架构和 LLR。该模型是使用适当的代码生成器 KCG 进行自动编码的输入(见图 41-6)。

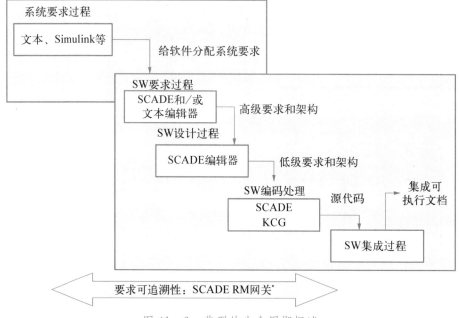

图 41-6 典型的生命周期概述

注：对于这种生命周期，SCADE 编辑器可用于描述高级要求（HLR）的一些元素，例如高级功能及其连接的标识。但这种模型是不完整的，仅仅具有说明性。

41.4.2 设计过程和相关验证过程

41.4.2.1 设计过程概述

设计过程使用 HLR 作为输入，首先将软件分解为几个主要部分。其中一些分配给 SCADE 开发（40%～95%），其余的分配给传统开发。然后，SCADE 部分被进一步细化为 SCADE 架构和 SCADE LLR（见图 41-7）。

41.4.2.2 可追溯性

在构建模型时就建立了模型中 HLR 和 LLR 之间的可追溯性，用于建立这种可追溯性的技术很多，从使用电子表格工具或模型注释再到专用工具，如

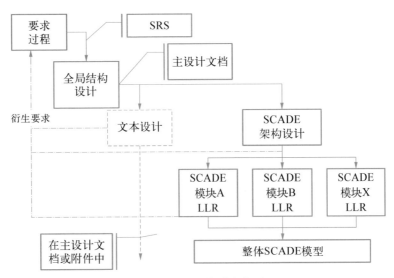

图 41-7 设计过程概述

SCADE 要求管理网关和/或 DOORS,而且模型验证期间又验证了可追溯性。

41.4.2.3 设计的完整性

有两种可能的方法可实现软件的完整性。

(1) 使用通用许可语言/符号,并尝试强制/验证该语言的限制使用规则。例如,源代码级的 C 语言或模型级的 UML 通常需要大量的编码/设计规则。

(2) 针对具有适当内置属性的特定类别应用设计和使用语言,有时称为"面向应用的语言"。

SCADE 语言的设计源自其安全关键软件的开发,并基于完整性原则。这些被正式纳入语言参考手册,并由合格的语义检查器验证。

SCADE 语言是确定性的,这反映在从模型生成的代码中:对于给定的输入序列,总是有相同的输出序列,该序列由语言参考手册确定,无论代码生成器的版本和代码生成选项怎样。

语言是强类型的,也就是说,每个数据流都有显式类型,SCADE 模型中的类型一致性由 SCADE Suite 工具验证。任何语言结构均没有副作用的风险:

除正式输出外,模块正文不能写入任何其他数据,而其本身显式地连接到其调用模块中的其他模块。未定义数据或数据覆盖均无风险:在一个周期中使用的任何数据必须在该周期中生成一次且仅生成一次。

SCADE 是模块化的:运算符的特性不随上下文而变化。因此,一个模块的内容验证对于该模块的任何使用都是有效的。

SCADE 可正确处理时序问题和因果关系。因果关系意味着如果数据 x 依赖于数据 y,则在计算 x 开始之前,y 必须可用。递归数据回路产生因果关系问题,如图 41-8 所示,其中"Throttle"输出通过 ComputeTargetSpeed 和 ComputeThrottle 运算符依赖于自身。在循环中插入单位延迟可解决因果关系问题。

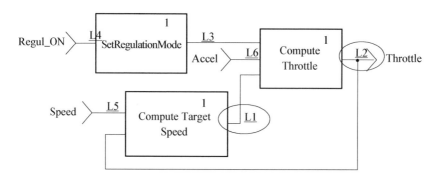

目 录	代 码	消 息
Semantic Error	ERR_400	Causality error at <u>Package 2∷ Operator 1/L1</u> = the definition of flow _ L1 depends on flow _ L2; (<u>Package2∷ Operator1/L2</u>=)the definition of flow _L2 depends on flow _L1;

图 41-8 因果关系循环

总之,通过 SCADE 语言的固有属性可系统地确保大量的设计完整性,通过不提供风险结构(如指针处理)或通过合格验证语言完整性规则(如类型、因果关系)防止了大量风险。

41.4.2.4 模型审查和模拟

作为验证中语法和语义检查的补充,模型审查、分析和模拟用于验证以下这些方面。

(1) A－4.1:模型对其 HLR 的遵从性(模拟非常适合验证动态方面)。

(2) A－4.5 和 A－4.12:与用户向语言参考手册的预定义(强加的)规则中添加(如有)的建模规则的一致性。

(3) A－4.6:模型的 HLR 可追溯性。

(4) A－4.7:算法准确度(模拟非常适合动态方面)。

(5) A－4.8:架构与 HLR 的兼容性。

(6) A－4.9:与非 Scade 软件的接口一致性。

(7) A－4.3 和 A－4.10:与目标计算机兼容所需的资源量的初步评估。这在 HW/SW 集成测试期间被最终验证。

(8) 以传统方式执行软件分区(A－4.13)分析。

仿真应在 HLR 的基础上进行(见图 41－9)。

41.4.3 编码过程和相关验证过程

41.4.3.1 编码和集成过程

编码过程组合了两个线程(见图 41－10):使用 KCG 的有限自动编码和手动编码。这两个线程的代码经编译并集成后用于最终软件的构建。

KCG 产生的结构化代码适合于嵌入式安全关键软件的特性,例如可移植性(与目标和操作系统无关);与设计有关的可读性和可追溯性;基于静态存储器分配,不含指针运算;不含递归,循环次数和执行时间都有界。

41.4.3.2 源代码验证

用 TQL－1(DO－178B 中的 A 级开发工具)鉴定 KCG 免去了根据表 A－5 的目标对源代码进行人工审查的工作。

A－5.1 源代码符合 LLR。

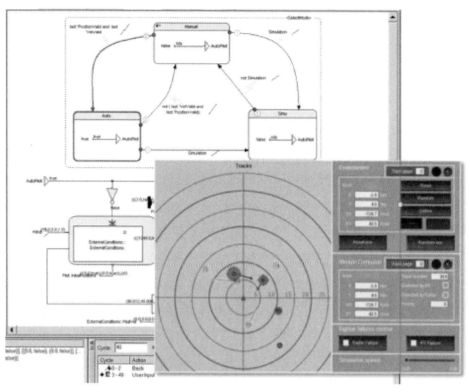

图 41-9　基于要求的模型模拟

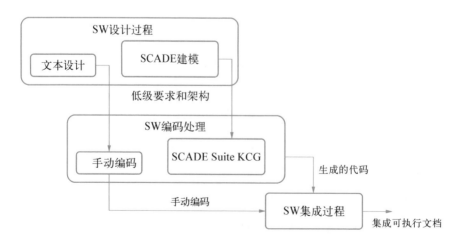

图 41-10　编码过程概述

A-5.2 源代码符合软件架构。

A-5.3 源代码可验证。

A-5.4 源代码符合标准。

A-5.5 源代码可追溯到 LLR。

A-5.6 源代码准确且一致。

集成过程的输出验证按传统方式完成。

41.4.4 测试

一种有效的方法包括了模型模拟和测试之间共享基于要求的验证用例。合格测试环境(QTE)允许将这些共享的验证用例用于模型模拟、目标测试和模型覆盖率分析(见图 41-11)。在所有情况下,将实际软件响应与预期响应进行比较,该比较过程包括在独立开发和验证的验证用例中。

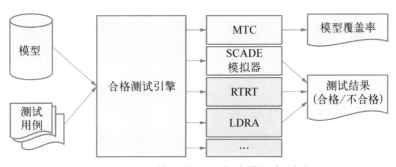

图 41-11 基于统一要求的模拟和测试

首先开发基于 HLR 的测试。只要有可能,它们也用于涵盖非衍生的 LLR。需要为衍生的 LLR(如有)开发专用低级测试,因为根据定义,它们是不可追溯的(HLR 测试的意外涵盖没有任何价值)。

使用 LLR 覆盖率分析和分辨率可检测不足的测试、不足的 HLR 以及不活动的/禁用的/非预期的模型元素。SCADE 模型测试覆盖率(MTC)支持 LLR 覆盖率分析。设计 SCADE 模型覆盖率标准是为了支持对模型中包含的

LLR 进行准确的数据流和控制流覆盖率分析。该分析阐述了原始结构（例如 MC/DC，时间运算符）的精细化覆盖率和库功能（例如，监视器触发，滤波器复位）的激活。

除了分析 LLR 覆盖率之外，MTC 还包含另一好处：KCG 保留了从模型到代码的覆盖率，并且 MTC 分析了可追溯到代码的结构性代码覆盖率。这允许用户集中分析模型级而不是代码级的覆盖率。

41.5　SCADE 在航空中的应用

1999 年，SCADE 首次被评为 A 级开发工具，用于欧洲直升机 EC 135 的自动驾驶仪的开发。从此，100 多种不同的机载设备上已部署了 SCADE，包括但不限于自动驾驶仪和飞行控制系统，制动和起落架系统，驾驶舱显示系统，FADEC，飞行警报系统，燃料管理系统，导航、引导和惯性装置，电气负载管理。

41.6　小结

经验表明，在结合以下内容时，MBDV 是以较低成本实现高完整性的一种有效手段。

（1）首先，真正理解 DO‐178B/C 的原理并适当应用于 MBDV，最早是在 DO‐178B 框架中完成，现已转移到 DO‐331（对 DO‐178C 和 DO‐278A 所做的 MBDV 补充）。我们想强调的是，一个模型与其他开发生命周期数据相当，它并不神秘，但比较严格。

（2）使用有形式化基础的面向应用的语言。

（3）合格的模型语义检查。

（4）合格的代码生成。

（5）含模型覆盖率分析的统一模拟和测试。

参考文献

［1］［DO‐178C］Software Considerations in Airborne Systems and Equipment Certification，RTCA DO‐178C，RTCA Inc，2012.

［2］［DO‐248C］Final report for clarification of DO‐178C Software Considerations in Airborne Systems and Equipment Certification，RTCA DO‐248C，RTCA Inc，2012.

［3］［DO‐330］Software Tool Qualification Considerations，RTCA DO‐330，RTCA Inc，2012.

［4］［Benveniste et al.，2003］A. Benveniste，P. Caspi，S. A. Edwards，N. Halbwachs，P. L. Guernic，R. de Simone，The synchronous languages 12 years later，*Proceedings of the IEEE*，91(1)：64‐83，January 2003.

［5］［Halbwachs，1991］N. Halbwachs，P. Caspi，P. Raymond et Daniel Pilaud，The synchronous dataflow programming language Lustre，*Proceedings of the IEEE*，79(9)：1305‐1320，September 1991.

42

模型检查

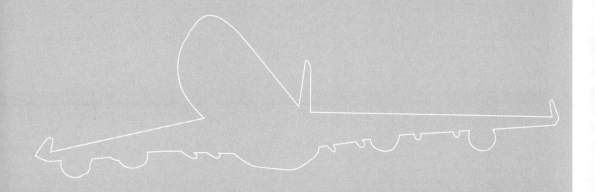

42.1　导言

模型检查[5]是一种广泛应用的正式验证技术,旨在评估复杂系统的属性。近年来,模型检查的一般方法已经广泛用于一些应用领域,从硬件部件设计到软件和系统工程。为了限制讨论的范围,接下来,我们将重点关注并发分布式软件系统的验证。在这一领域中,最突出的一个工具是 SPIN 模型检查器[1,10],这是本章的重点。

与几乎所有其他模型检查器一样,SPIN 需要使用待分析系统和待验证属性的模型,两者均通过适当的形式语言指定。通俗地说,SPIN 旨在通过系统地探索待分析系统在其执行期间(从其初始状态或开始状态起)可达到的每个可能状态来证明所关注的属性。总的来说,这些状态被称为系统的状态空间。每个状态都由状态向量来表示,其中包含能表征该状态的所有信息,例如状态变量。

通过基本计算步骤系统从一个状态转移到另一个状态。源自给定状态的可能计算步骤由模型指定。因此,从起始状态到最终状态的路径(其中不可能有更多转变),表示系统可执行的一个可能有限计算。如果路径包含一个周期,则可能执行无限次计算。除非模型指定了严格的顺序系统,否则可能执行许多不同的计算,并产生不同的结果。

与其他模型检查工具不同,SPIN 最初的基本概念中不包括时间。当需要时间这个概念时,必须明确建模,例如通过另外引入状态变量来跟踪时间。一个显著的例子是 UPPAAL[3,7]。通过定时自动机形式化[4]直接支持时间概念的模型检查器。SPIN 本身也被扩展到支持离散时间,形成 DTSPIN[8]。

同样,SPIN 仅能评估在计算中能否达到某个状态。其他模型检查器,例如 PRISM[2,15],允许用户指定发生转换的概率,因此,它们能够计算系统达到某个状态的概率。在这两种情况下,获得更丰富模型的代价通常是验证性能的损失。

本章的目的是概述 SPIN 的工作方式及其应用示例,其结构如下:42.2 节简要描述了 SPIN 输入语言,例如 PROMELA[9,6];然后,42.3 节提供了有关验证流程的更多详细信息,并提供了一些提高性能的方法;最后,42.4 节给出一个实际例子来表示如何建模和验证简单通信协议的几个有用属性。最后一节给出了可供进一步阅读的一些参考文献。

42.2 PROMELA 建模语言

本节提出了建模语言 PROMELA 结构的一般观点,其语法类似于编程语言 C[13]。本书大部分描述是非正式的,可看作是进一步学习该语言的基础。其他信息可查阅更专业的教科书。

42.2.1 过程

在 PROMELA 中,并发的概念是通过过程来表示的。例如,在分布式系统中,节点可表示为一组过程,即由该节点执行的建模函数。过程可相互交错地并发执行。因此,过程是 PROMELA 模型的主要组成部分。它们包含模型的所有可执行语句,可通过 proctype 关键字声明:

proctype P(<param>) {

<body>

}

以前 P 是过程名,<param>是参数清单,为可选项,而<body>是构成过程的一系列语句。此处在下面的示例中,符号<body>(带尖括号)用作未显示的代码部分的占位符。与 C 语言不同,序列中的语句由分号分隔(但不是结尾)。如前文本所述,必须通过 run 操作符明确说明过程实例化的次数为 0 次或多次,即如果恰当,run 为关键字,后面是过程名称及其实例参数。另一种过程声明方法是使用关键字 active:

active $[<n>]$ **proctype** P( ) {

<body>

}

使用关键字 active,该过程在开始验证时隐性地实例化。但是,这种情况下,过程不能有任何参数。通过指定正整数值<n>,可以对相同的过程实例化<n>次,但所有实例将是相同的。如果省略[<n>],则 P 的默认实例次数为 1。如有必要,特殊过程 init 也可以声明为

init{

<body>

}

过程 init(如果声明)总是被第一个实例化的过程。它通常以较复杂的方式对其他过程和或全局变量进行初始化,而不是简单地给给定一个固定的预定义初值。

42.2.2 变量和数据类型

变量是 PROMELA 语言中最基本的元素,具有多种类型。表 42-1 列出了 PROMELA 支持的所有基本数据类型。给定架构上的数据类型取决于基本 C 编译器,更多的解释可参考 42.3.1 节。表 42-1 给出了典型 32 位架构上的数值数据类型范围。在选择用于某个数值变量的数据类型时,主要需要考虑的是范围要求和状态向量大小的平衡。还应注意,在其他编程语言中常见的一些数据类型在 PROMELA 中不可用,例如字符、字符串、指针和浮点数[9]。

在范围方面,变量可分为本地变量和全局变量,这取决于它们相对于过程声明的位置。如果一个变量在过程中声明,那么它是该过程的本地变量,它是私有的,也就是说,它不能在该过程之外被引用。另一方面,如果一个变量在所有过程之外声明,那么它是全局变量,它在这些过程之间是共享的。变量可声明为

表 42-1　典型 32 位架构中具有其大小和范围的基本 PROMELA 数据类型摘要

名　称	大小(位)	范　围
bit	1	0，1
bool	1	false，true
byte	8	0，…，255
short	16	-32768，…，32767
int	32	-2^{31}，…，$2^{31}-1$
unsigned	$n \leqslant 32$	0，…，2^n-1
chan	n/a	n/a

byte x = 4

此语句声明了变量 x 为类型 byte，并将其初始化为 4。在 PROMELA 中，如果没有明确给出初始值，则所有数字变量默认初值为 0。

此外，PROMELA 还支持数组类型。数组元素具有相同的类型，数组中的元素可通过其在数组中的位置索引进行引用。与 C 语言类似，第一元素的索引位置为 0。数组可声明为

int a[5]= 8

在该例中，数组元素的数据类型为 int，数组名为 a，方括号内的数字表示此数组中总的元素个数。PROMELA 仅直接支持一维数组，但可使用 typedef 声明来声明多维数据结构，这一点稍后再讨论。如果指定了初始值，如例中的 8，则不是将 8 赋给所有数组元素。

在模拟并发和分布式系统时，通道是非常有用的数据类型。其中节点和通信网络可被模拟为并发过程和通道，并通过这些通道处理来实现消息的交换。通道可声明如下：

chan ch = [＜capacity＞] **of** {＜type＞,…, ＜type＞}

在此声明中，ch 是通道的名称，＜capacity＞可以是 0，表示汇聚的未缓冲通道；也可以大于 0，表明通道已缓冲。反过来，这会影响通道本身发送和接收

的操作,42.2.5节会做进一步的描述。数据类型名称<type>,…,<type>序列定义了消息结构。

值得注意的是,在评估状态向量大小时必须考虑通道容量。在没有充分理由的情况下,使用大容量可能会损害验证过程。

在 PROMELA 中,通道通常被声明为全局变量。这样,任何过程可向/从任何通道发送/接收消息。因此,与其名称略显不符的是,通道并不局限于点对点。也可能存在局部通道,但其使用超出了本章的范围。

为使代码更具可读性,可通过 mtype 声明给符号名赋值。例如:

mtype= {mon, tue, wed, thu, fri, sat, sun};

mtype date = fri

从内部来看,此类值代表 type 类的正值。应注意的是,对于整个程序,只能给出这种类型定义一组名称。如果在多个 mtype 声明中给出符号名称,它们都将是同一集合的一部分。最初引入 mtype 类型,是为了使用符号名称(而不是数字)来表示不同类型的消息。

复合数据类型可使用关键字 typedef、新数据类型的名称和组件清单来定义。例如,

typedef message {

mtype msg;

<type> var_1;

<type> var_2

}

声明一个名为 message 的复合数据类型,其中有 3 个字段:msg、var_1 和 var_2。例如,复合数据类型尤其可用于表示一个消息的结构。复合数据类型中的单个字段可通过已知的 C 语言"点符号"来引用。例如,如果 x 是类型 message 的变量,x. var_1 引用 x 的字段 var_1。

42.2.3 表达式、语句及其执行

大多数情况下,构建 PROMELA 表达式的方式与 C 语言相同,并且支持大多数 C 语言运算符。表 42-2 中按降序优先顺序列出这些运算符;具有相同优先级的运算符列在一起。最重要的区别在于必须能够重复计算 PROMELA 表达式,以确定过程是否可执行。因此,表达式被限制为上下文无关,即表达式的值不能以任何方式修改系统状态。

表 42-2　按降序优先顺序列出的 PROMELA 运算符总结

运 算 符	相关性	含　　义
()[]•	L	括号,数组索引,字段选择
!"	R	否定,按位互补
* /%	L	乘,除,模数
+ -	L	加,减
<<>>	L	左/右按位移位
<<=>=>	L	关系
==! =	L	等式/不等式
&	L	按位与
^	L	按位异或
|	L	按位或
&&	L	逻辑与
||	L	逻辑或
->:	R	条件表达式

为此,与 C 不同,PROMELA 赋值不是表达式(因为它们改变了左侧变量的值),并且后缀增量和减量操作符(++和--)只能以独立赋值形式使用,像++,而不是以表达式形式使用。除了条件表达式运算符外(其中 ? 运算符替换为->),表达式语法的所有其他方面与 C 相同。

单个表达式和赋值都是有效的 PROMELA 语句。此外,在 PROMELA

中还有五个控制语句,用于模拟一个过程中计算流程的运行,即序列、选择、重复、跳转和除非子句。该顺序已在 42.2.1 节中讨论过。为简便起见,这里仅描述最基本的(即选择和重复)。

在详细讨论控制语句之前,有必要简要介绍 PROMELA 中的两个关键概念,即语句的可执行性和执行的原子性。因为这些概念与并发系统的两个关键方面——被动等待和同步在 PROMELA 模型的形式化有关,因此非常重要。

可执行性的基本定义很简单。在给定状态下,任何 PROMELA 语句都可能或不可能执行。每当过程在执行过程中遇到不可执行语句时,阻塞(被动等待)而不继续进行,直到语句在后来的计算状态中再次变得可执行为止。给定语句的可执行性规则取决于语句的种类,某些类型的语句(如表达式和赋值)规则相当简单。也就是说,如果表达式的值不为假,则表达式是可执行的,而赋值总是可执行的。其他更复杂语句的可执行性规则将在其描述中一并给出。

表达式有利于多个过程的同步。例如,以下代码段(遗憾的是,后面我们将看到这些代码不完全正确)试图迫使多个过程以相互排斥的方式进入临界区:

bool lock = **false**;

! lock; lock = **true**;

<critical region>

lock = **false**

代码背后的原理是,全局变量 lock 的值说明各进程在给定时刻是否在临界区内。开始时,所有过程均不在临界区,所以其初始值为 false。因此,当 lock 为 true 时,表达式 ! lock 将不可执行,也就是说,当某一个进程已经在临界区时,它将阻止任何进程进入临界区。

当一个进程成功地跳过该表达式,也就意味着允许进入临界区时,它将执行赋值 lock = true(即总是可执行的),以防止其他进程执行相同操作。当该进程即将从临界区退出时,lock 变量将重置为 false。这个赋值将使表达式 ! lock 可执行,并且允许先前被阻止的另一进程运行并进入临界区。

如前所述,这种互斥问题的解决方法并不完全正确,原因与执行的原子性有关。在 PROMELA 中,除非另有说明,只有表达式和赋值作为不可分割的执行单位,即以原子方式执行。相反,任何语句序列,如示例中在临界区之前显示的语句,不是不可分割的,并且一个进程的执行可与其他进程的活动交错。

因此,在我们的例子中,因为 lock 为 false,进程 A 可能计算并跳过! lock。然后,在下一个语句 A 设置 lock = true 之前,另一个进程 B 也可能计算! lock。因此,允许 A 和 B 一起进入临界区,将导致竞争,众所周知,这是并发编程的一个缺陷。

对于互斥问题,直接解决方案是以原子方式执行测试表达式和随后的赋值,通常以现代微处理器的指令集级别来实现。可通过在 PROMELA 中模拟以下结构来完成:

atomic $\{$! lock; lock = **true**$\}$

在 PROMELA 中,当且仅当原子序列的第一个语句是可执行的,则整个原子序列都是可执行的。当一个进程开始执行原子序列时,它不与任何其他进程交错,直到序列结束或在其中遇到不可执行语句。在第二种情况下,该进程搁置,直到违规语句再次变得可执行为止。如前所述,在这一点上,执行在原子序列内恢复,并且没有交错。

值得注意的是,当且仅当保证模拟的系统以完全相同的方式工作时,在模型中引入原子序列才是合理的。否则,验证结果可能不正确。

42.2.4 控制语句

42.2.1 节中引入了语句序列的概念,并且模拟了无条件顺序执行。另一方面,选择语句模拟了在多个执行选项中进行选择的过程,一般语法如下:

if

$::$ $<$guard_1$>$$-$$>$$<$sequence_1$>$

...

:: <guard_n>−><sequence_n>

fi

总的来说,如果<guard_1>,…,<guard_n>中至少有一个监视表达式为真,则选择语句是可执行的。在这种情况下,继续执行监视表达式为真的后面的语句序列。当同一语句中其他监视都不为真时,则特殊监视 else 为真。当多个监视为真时,在对应的语句序列之间存在不确定性选择,在验证期间将考虑所有可能的执行路径。

例如,当 i 和 j 都为 1 时,以下代码段指定两个赋值之间的不确定性选择。因此,k 可设置为 1 或 2,验证过程将考虑两种可能性:

if

:: i==1 −>k = 1

:: j==1 −>k = 2

fi

因为实际关注的各种系统总会存在不确定性,所以选择这个概念特别重要。例如,即使在非常简单的分布式系统中,一个节点可能必须对多个外部事件做出反应。因此,对这种行为建模的合适方式是选择语句,其中监视检查某一事件是否已经发生以及相关语句序列是否包含响应。

当然,很可能几个事件大致一起发生,因此不能预先确定处理的确切顺序。在所有这些情况下,至关重要的是验证过程考虑所有可能的指令而不是一个或一些,从而获得可靠的结果。

重复语句的语法与选择语句非常相似,其中,关键字 if 和 fi 分别替换为 do 和 od:

do

:: <guard_1>−><sequence_1>

…

:: <guard_n>−><sequence_n>

od

与大部分执行方式相同,重要的区别在于执行完特定的语句序列后,返回到重复语句的开始处执行,形成一个循环。在重复语句中,关键字 break 可用于退出循环并执行下一条语句。

42.2.5　通道操作

42.2.2 节中提到的与通信通道相关的语句和功能可大致分为两组,即发送/接收和通道状态操作。虽然在 PROMELA 中可用的各种发送和接收语句以通信通道作为主要目标,从而执行消息发送和接收,但它们之间存在几个非常重要的差异。发送(!)和接收(?)语句的最基本形式如下:

ch！$<$exp_l$>$, …, $<$exp_n$>$

ch？$<$var_1$>$, …, $<$var_n$>$

发送语句计算表达式$<$exp_1$>$, …, $<$exp_n$>$,并将计算的结果作为消息通过通道 ch 进行发送。相应的接收语句从通道 ch 接收消息,并将其中找到的值分配给变量序列$<$var_1$>$, …, $<$var_n$>$。在这两种情况下,表达式和变量的数量及其类型必须与通道声明相匹配。在一个接收语句中,将丢掉特殊变量_(下划线)的值。

如果 ch 是会合通道,也就是说其容量为[0]。当另一过程到达接收语句时,发送语句变为可执行,反之亦然。在这里,两个过程之间的数据传输以原子方式进行。另一方面,当 ch 被缓冲并且具有用于[k]个消息的容量时($k>0$),只要通道保存的消息少于 k 个,即它不是满的,则发送语句是可执行的。同样,如果通道保存至少一个消息,即它不为空,则接收语句是可执行的。

另外,存在发送和接收语句的其他更强大变体。它们能够以一定顺序[不一定是先进先出(FIFO)]从缓冲通道存储和检索消息。此外,非破坏性接收语句不会从通道中删除消息。几个表达式检查存储在缓冲通道中的消息数量,并且可用作监视,使得仅在通道不为空时执行特定操作。最后,查询接收表达式具有类似于接收语句的语法。当且仅当相应的接收语句可被执行且不被阻塞时,表达式为真。如前所述,这个表达式主要用作监视。

42.2.6　属性规范

当模型准备就绪时,应指定表示系统行为要求的属性。之后,可用模型检查器检查模型是否具有这些属性。简单的正确性属性,例如互斥,可通过 PROMELA 的断言来指定:

assert(<expression>)

断言可放在模型中任何两语句。当在状态空间搜索过程中遇到断言并且断言失败(即<expression>为假)导致验证错误时,评估<expression>。由于仅在特定过程的特定位置检查断言,因此不管正在执行什么过程,都缺乏评估全局属性的能力,例如,没有死锁。可通过更高级的形式体系,即线性时间逻辑(LTL)[19]公式来指定这些复杂属性。

在最简单的形式中,LTL 公式可从以下元素构建(SPIN 语法显示在括号中;有关本主题的详情请见参考文献[16])。

(1) 原子命题。任何布尔 PROMELA 表达式均是 LTL 中的有效原子命题。

(2) 命题演算运算符,例如 not(!),and(&&),or(||),implication(->),和 equivalence(<->)。原子命题可通过组合命题演算运算符以得到命题演算公式。

(3) 此外,时间运算符,诸如 always([])和 eventually(<>)等,可应用于前面的两个元素,以指定时间特征。

LTL 公式可在验证之前自动转换为 PROMELA 代码,并且可作为 never claim,而成为被验证模型的一部分。例如,以下 LTL 公式指定在计算中,如果 F 为真,则它始终为真,那么意味着不论迟早 G 最终为真:

[](F -> <>G)

该例子突出了原子命题之间的重要区别，一方面可能是命题演算公式，另一方面可能是时间运算符。原子命题和命题演算公式都可仅仅通过查看计算中的单个状态来评估，而时间运算符的评估须在计算中查看未来状态。在前面的例子中，每当 F 为真时，就有必要检查接下来的状态，以查看是否存在 G 为真的状态。

42.3 SPIN 使用说明

42.3.1 SPIN 验证流程

从模型开始，SPIN 可执行两种不同的活动：一是以各种方式模拟系统行为，二是通过状态空间探查来验证属性是否保留。模拟在开发和调试模型时特别有用，但在这里不做详细讨论，而验证通常是主要最终用户的目标。下面介绍 SPIN 的基本验证流程，如图 42-1 所示。

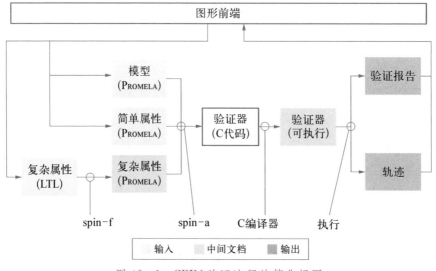

图 42-1 SPIN 验证流程的简化视图

（1）SPIN 的主要输入包括要验证的模型和属性,如图 42－1 的浅灰色框所示。模型和简单属性(如断言)直接在 PROMELA 中指定。

（2）更复杂的属性在 LTL 中指定,如 42.2.6 节所述,使用前必须将其转换成 PROMELA,使用前不得声明。当使用－f 或－F 命令行选项调用时,由 SPIN 本身完成转换。

（3）当要验证的模型和属性都可用时,SPIN 生成验证器,即要执行验证的 C 语言程序。为此,它必须使用命令行选项－a 来调用。

（4）验证器源代码通过将在其上运行验证的计算机的本地 C 编译器被编译成可执行程序。通常,验证器被称为 pan。

（5）然后运行验证器产生验证报告,可能还有轨迹。两个输出在图 42－1 中用深灰色框显示。验证报告总结验证的结果,如果找到一些反例,则轨迹包含反例的全部细节。

SPIN 通常不是由用户直接调用,而是通过图形前端调用。除了为工具提供更加用户友好的接口,前端还提供其他有用的功能。尤其是它们能够后处理 SPIN 文本输出,并且以更方便的形式呈现。一个典型的例子是从 SPIN 轨迹衍生的详细消息序列图(MSC)[14]。MSC 以直观的图形形式列出导致违反被验证属性的计算步骤和消息交换,这对于真正理解反例是非常有用的。有几个不同前端,它们具有不同级别的复杂性,并支持各种操作系统,详见参考文献[1]。

此外,当使用－t 选项时,SPIN 本身能够执行一定的跟踪后处理。尤其值得注意的是模拟模式,其中模拟器被迫遵循导致反例的轨迹。此功能与由大多数前端提供的变量和通信通道内容的图形显示结合使用,通常能更清楚地阐述反例本身。

42.3.2 性能提示

在所有模型检查器中,在验证过程中时间和存储器的使用始终是一个常见的关键问题,这是因为总假定验证是在整个状态空间内进行的,并且很容易导致状态空间爆炸。虽然不可能完全描述 SPIN 在一个小空间内部的工作(关于这个主题的权威意见见参考文献[9]),但一些高级信息通常对更有效地使用 SPIN 有帮助。

根据 42.1 节的定义,状态表示为状态向量。尤其是,状态向量包括了全局变量和局部变量。如通道,用于指示每个过程在其执行中的当前位置的位置计数器。一方面,不确定性和交错是模拟并发和分布式系统的重要方面。另一方面,它们可显著影响状态空间的大小。例如:

```
chan c = [N] of {byte};
active proctype fill() {
do
:: c ! 1
:: c ! 0
od
}
```

如上面所列,fill 过程用不确定方式选择的 N 个字节大小的值填充通道 c,然后,由于通道缓冲器已满而阻塞,在穷举状态空间搜索的过程中,状态数量 x 随着 N 呈指数增长,即 $x \cong 2^{N+1}$。这是因为,只考虑通道变量 c 时,其缓冲区的内容从全空(验证开始)变成了全满(验证结束),并且在任何一步,它可包含任何值的序列,从全 0 到全 1。为了执行穷举搜索,有必要考虑和检查所有这些状态中的重要属性。

实际情况并不是一次构建整个状态空间再对其进行验证。相反,状态向量被即时计算并存储到散列表中。也就是说,当存储状态向量时,应用散列函数来计算指示状态向量在表内的存储位置索引。如果该位置已经存储状态向量,并且它与当前状态向量不相同时,则会发生散列冲突。在这种情况下,新的状态向量被存储在别处,并通过链路清单链接到现有的状态向量。直觉告诉我们,随着散列冲突数量的增加,链路清单会增长,存储新状态的效率也就越来低。因此,需要更多的时间来对清单进行线性扫描,以便检查某个状态向量是否已经在表中。

验证是检查给定属性是否保留在每个状态中的过程。因此,如果已检查一个状态,则不需要再次检查。假设验证是当前正在考虑的某个状态,并且将要执行一个语句。在执行之后,模型中一些变量的值可能会发生改变。这将通向另一状态,即发生状态转换。接下来,SPIN 需要查看散列表。如果新状态尚未存储,则检查属性是否保留在该状态。如果保留,SPIN 将状态向量存储到散列表中,否则 SPIN 只是发现了一个反例,即未保留该属性的状态空间的一个点。

如果状态已存储在表中,则证明该属性保留在该状态中,也就无须再次存储,程序可移动到下一步。总体而言,在验证过程中,SPIN 将状态向量存储到散列表,并查找新建的状态向量,以查看之前是否有未被访问的相应状态。这个过程可能非常消耗时间和内存,取决于很多因素。例如,如果散列函数的质量不够好,则散列表的某处可能有较长的链路清单,而表的其他部分仍然为空。

当试图提高 SPIN 的性能时,目标是实现速度和内存要求之间的最佳平衡。更具体地讲,速度取决于许多因素,例如散列表的大小,管理算法的效率以及 SPIN 在更新和搜索方面的效率。然而,在大多数情况下,速度的提高对内存要求有一些影响。本主题可以通过不同的方式和不同的层次来阐述,从模型本身开始到调整,使一些 SPIN 算法主动运行。

(1) 编写高效模型。通过仔细考虑对状态向量大小和状态数量有较大影响的因素,可以建立更高效的模型。例如,尽可能少地使用并发过程,尽可能将语句序列并入原子序列,且仅在必要时引入不确定性结构,以显著减少在验证期间所需考虑的不同状态的数量。

同样,为减小状态向量大小,应尽可能减少通道缓冲器的个数并且用与其范围要求相容的最窄尺寸声明数值变量,这种方法是有用的。

因为前面所提到的方法中存储状态需要的空间将更少,并且状态比较也会更快,因此将会在存储器和时间方面提高性能。在另一方面(如 42.2.3 讨论原子序列时所述），需特别注意，要确保简化模型还能忠实地代表真实系统，或者至少，已完全了解简化的副作用。

（2）为散列表分配更多的存储器。如前所述，检查与散列表条目相关的链路清单所需的时间明显超过计算其索引所需的时间。如果要为散列表分配更多的存储器，那么通常会减少散列冲突的概率，并且验证时间会缩短。但在这种情况下，我们需要以牺牲存储器来提高效率。

另一个要考虑的重点是，在任何情况下，散列表必须适合机器上 SPIN 运行的可用实体存储器。虽然大多数操作系统提供的虚拟存储器量确实远超过实体存储器，但由于虚拟存储器分页而导致的与磁盘输入/输出操作相关的时间肯定会降低 SPIN 的性能，而不是减少散列冲突。事实是，因为分页算法依赖于存储器访问可预测性（或局部性）来实现良好的性能，而散列表访问实际上是伪随机的，因此很难预测。

（3）压缩状态向量。几百字节的状态向量是相当普遍的，它们不是按原样存储，而是可能被压缩了。在这种情况下，它们需要的存储器将更小。然而，每当需要存储状态向量时，需要花费更多的时间来压缩。因此，该选项代表了存储器和时间要求之间的权衡。

（4）偏序归约。偏序归约的细节相当复杂，在文献［12］中进行了充分的描述。通俗地说，可能发生这种情况：从某个状态开始，可证明几个计算步骤的执行顺序并不影响最终状态，并且任何方式都无法区分不同的执行顺序。例如，当两个并发过程在其局部变量上独立工作时，可能会发生这种现象。

在这种情况下，遵循一个执行顺序就足够了，而不必考虑所有可能的执行顺序并且生成相应的中间状态。在某些场合下，这是一种非常有效的方法，因为这样可大大缩小状态空间。

（5）位状态散列和散列压缩。不分配更多的存储器来容纳较大的散列表，也可能减少对存储器的要求。

在位状态散列中，状态由其在散列表中的索引来标识。因此，单个位足以指示状态是否已经被访问。然而,由于散列冲突,两个不同的状态可对应于相同的索引。如果已为某个状态设置了"访问"位,则当验证感兴趣的属性是否保留在不同但有冲突的状态时,即使实际情况是否定的,结果都是肯定的。换句话说,可能不会搜索部分状态空间,从而导致可能会错过一些反例。然而,反例确实代表了真正的错误。

在散列压缩中,不是存储大的散列表,而是将该表中访问状态的索引存储在另一个更小的散列表中。它具有与位状态散列相同的问题,因为两个不同的状态可在大散列表中具有相同的索引,从而引起冲突。

这两种方法都能非常有效地减少状态存储的内存要求。然而,它们是失真的,并且使验证结果呈现一定概率的假阳性,尽管存在一些反例,但可以认为属性是真实的。可以估计假阳性概率,并通过经常调整一些算法参数来使其降低到可接受的水平[11]。

42.4　例子

本例子将显示如何建模和检查简单通信协议的正确性。该协议的目标在文献[18]提出并进行了详尽的讨论,它使一组代理能够通过通信网络彼此传递私有值,并且这组代理能对每个代理获得的值达成一致。即使某些代理出现故障,并可能发送假消息,协议仍须正常工作。

正在讨论的具体协议最初是为了解决用于飞机控制的软件实现容错(SIFT)计算机中的一些重要设计问题而开发的[20]。它的许多子协议在航空电子设备和其他容错系统中仍然具有重要意义并广泛应用。

42.4.1　交互一致性协议

文献[18]中提出的协议及其正确性的证明是基于以下假设:一组有 n 个

代理,其中最多 m 个有故障。代理之间点对点地发送消息实现通信,其网络非常好,不会丢弃、更改或复制消息。

允许故障代理发送包含任何内容的消息,但是应假定接收者总是可识别消息的真实发送者。换句话说,故障代理不能对其在网络上的身份说谎,并假定故障代理仍将发送协议所需的所有消息。否则接收侧的超时机制将会检测到其故障。

在这些假设下,协议保证,对于任何 $n \geq 3m+1$,每个无故障代理都能计算 n 个元素组成的交互一致性向量,即每个向量都包含系统中每个代理的一个元素。由无故障代理计算的交互一致性向量具有以下两个属性:

(1) 它们是完全一样的。

(2) 对应于无故障代理 A 的向量元素保存 A 的私有值。

应当注意,对应于故障代理 F 的元素可能不对应于 F 的私有值。然而,由无故障代理计算的所有向量仍然具有该元素中相同的值(尽管太武断)。相应地,这使得无故障代理含有每个代理的一致共享视图,包括故障代理。

为简单起见,我们将仅详细分析 $m=1$ 这种最简单的情况,给定 n 的最小值 $n=4$。在这种情况下,协议执行两轮消息交换,其中每个代理发送 $n-1=3$ 个消息。也就是说:

(1) 每个代理向其他代理发送包含其私有值的消息。

(2) 每个代理向其他代理发送包含第一轮期间接收的所有值的消息。

第二轮之后,每个代理 A_i 会有关于代理 A_j 的私有值的 3 份报告($i \neq j$):一个来自 A_j 本身(在第一轮期间接收),两个来自系统中的另外两个代理(在第二轮期间接收)。然后,代理 A_i 将基于这些报告构造其交互一致性向量 V_{A_i}。尤其是:

• 对应于 A_i 本身的元素 V_{A_i},设置为 A_i 的私有值。

• 对应于另一代理 A_j 的元素 V_{A_j},设置为由 A_i 接收的关于 A_j 的大多数报告中包含的值,如果这个值存在。否则,设置为保留值或默认值,在下文称为 nil。

虽然协议对各私有值产生影响,但为了进一步简化建模,将假设这些值是一个简单的布尔标志。此限制根本不会更改协议结构。

42.4.2　协议建模

建模的第一个步骤是定义协议代理所需的数据类型。本例子中,定义如下:

typedef buffer_t {

    bool agent[NA]

  }

  typedef report_t {

  byte i; /* *Number of reports* */

  bool value[NB]/* *Their values* */

}

♯**define** nil 2

typedef result_t {

    byte agent[NA]

}

Typedef results_t {

    result_t opinion[NA]

}

即 buffer_t 表示在消息的第二轮交换中使用的消息缓冲区,report_t 表示关于在协议执行期间收集的单个代理私有值的报告,而 results_t 表示协议的总体结果,即有关每个代理对其他各代理私有值的意见。复合数据类型 report_t 有两个字段:数组 value 保存报告本身,而 i 计算已接收的报告数量并保存 value 的第一个自由元素的索引。与其他数据类型定义不同,results_t 的元素是 byte(而不是 bool)类型的元素,可假定为 nil。

在该模型中，NA 是表示系统中代理总数的宏，本例中为 4，并且 NB 设置为 $NA-1$。为便于进行属性验证，如 42.4.3 节所述，协议的结果保存在全局变量 results 中，声明如下：

results_t results;

图 42-2 总结了交互一致性协议代理使用的主要数据结构。它表明每个代理在局部变量 bool my_value 中保存其私有值，收集关于局部数组 report_t reports[NA]中其他代理的值的报告，将其交互一致性向量存储到全局变量 results_t results 的 id 行。还有一个局部变量 buffer_t buffer 仅在消息的第二轮交换期间用作临时存储，并且为了清楚起见，未显示该变量。

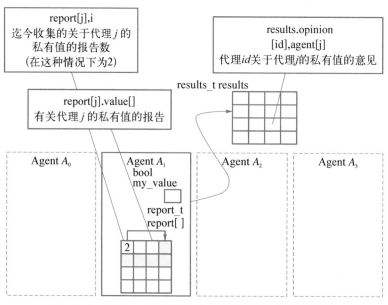

图 42-2　交互一致性协议代理使用的主要数据结构

然后，代理之间的通信通道声明如下：

chan c1[NA]＝[NB] **of** {**byte, bool**}

chan c2[NA]＝[NB] **of** {**byte**, buffer_t}

使用两个不同的 NA 输入通道数组：c1 用于第一轮数据交换，c2 用于第二轮数据交换。这等同于假定,与不同轮次相关的消息之间不会出现混淆。在每个组中,每个输入通道仅与唯一的代理关联。通道缓冲区足够存储一轮交换中的所有预期消息,即 NB 消息。在两个轮次中,第一个类型为 byte 的消息字段始终填充为代理标识。如前所述,第二个字段的结构和内容取决于数据交换的轮次。

每个代理的行为通过下面 proctype 定义来指定:

proctypeP(**byte** id) {

bool my_value;

report_t report[NA];

buffer_t buffer = **false**;

byte i, j;

choose_my_value(my_value);

first_round();

second_round();

compute_result()

}

在定义中,参数 id 是在实例化时唯一标识每个代理的值,可假定包括 0~3 这个范围内的任何整数值。如图 42-2 所示,本地变量 my_value 表示代理 id 的私有值,而 report 是一个数组,保存由代理 id 接收的关于其他代理持有的私有值的报告。该向量的元素[id]对应于代理本身,并且没有用到。其他局部变量在执行期间用作临时存储。

为清楚起见,该定义使用了内联结构,一种为语句序列分配符号名称的简便方法。在其他位置找到序列的名称时,它被相应的语句序列替换,如宏扩展。内联序列可含有形参。在这种情况下,它们在扩展期间通过简单的文本替换方法替换为相应的实参。因此不需要输入形参,仅在扩展之后执行语法和语义检查。

例如,内联序列 choose_my_value 定义为

inline choose_my_value(v)

{

if

:: v = **false**

:: v = **true**

fi

}

当在 P 中进行扩展时,形式参数 v 被替换为 my_value。因此,代码的作用是将 my_value 以不确定方式设置为 false 或 true,因而模拟了每个代理如何选择其私有值。

内联序列 first_round 执行消息的第一轮交换,并定义为

inline first_round()

{

byte source, dest;

bool val;

dest =0; skip_id(id, dest);

do

:: (dest<NA) −>

{

  c1[dest] ! id, my_value;

  dest++; skip_id(id, dest)

}

:: **else break**

od;

i = 0;

```
do
:: (i<NB) ->
{
cl[id] ? source, val;
add_report(source, val);
i++
}
:: else break
od
}
```

第一个重复(do)结构将代理 id 的私有值 my_value 发送给每个其他代理。当前正在处理的代理标识符保存在变量 dest 中。skip_id 内联序列(为简明起见,未显示其扩展)将其第二个参数增加 1,如果它等于第一个参数,则阻止代理向自己发送消息。

通过阻塞接收语句第二个重复结构等待代理 id 在第一轮期间期望接收的 NB 消息。每个消息包含有关另一个代理的私有值的报告。内联序列 add_report 将新值 *val* 添加到收集的关于代理源的报告集中,以处理该消息。

按严格序列分配第一轮的发送和接收阶段不会产生死锁,因为通道缓冲器可保存其期望在该轮期间包含的所有消息,且不会阻塞发送机。第二轮也使用相同的技术。

第二轮消息交换的建模类似于第一轮,但复杂性增加,因为在第二轮中,每个消息包含多个报告。每个代理收集将发送的类型为 buffer_t 的变量 buffer 的报告,并将其从 report 变量中取出。由于在第一轮期间仅收集关于每个代理值的一个报告,并且它们存储在每个 report_t 数据结构(即,元素[0])的第一自由元素中,因此从 report[i].value[0] 检索关于代理 i 的报告。而 buffer_t 的元素[id]实际上并未使用,默认为 false,因为代理 id 在第二轮中不发送关于其自有值的报告。

　　buffer 初始化已包括在 d_step(或确定性步骤)中,d_step 是限制更多的一种原子序列形式,其中不确定性被禁止,并且仅在序列的开始时允许阻塞语句。假定该模型可接受这些限制,验证以非常有效的方式来处理整个序列,即,执行单个确定性执行步骤。情况就是如此,因为从协议的角度来看,buffer 设置是每个代理的内部活动,不能影响其他任何代理。遵循的发送循环与前一个非常相似:

```
inline second_round()
{
d_step {
    i=0;
    do
    ::(i<NA)->


      {
        buffer. agent[i]=
        ((i==id) ->false : report[i]. value[0]);
        i++
      }
      :: else break
    od
    }
    dest=0; skip_id(id, dest);
    do
    ::(dest<NA) ->
      {
```

```
            c2[dest] ! id, buffer;
            dest++; skip_id(id, dest)
        }
    :: else break
    od;
    atomic {
    i=0;
    do
    :: (i<NB) ->
    {
        c2[id] ? source, buffer;
        j=0;
        do
        :: (j<NA) ->
        {
            if
            :: (j==source || j==id) ->skip
            :: else add_report(j, buffer. agent[j])
            fi;
            j++
        }
    :: else break
    od;
        i++
    }
    :: else break
```

```
    od
  }

  }
```

第二轮的接收阶段更复杂，因为代理接收的每一个 NB 消息包含要处理的 $NA-2$ 个报告。因此，它由两个嵌套式重复结构组成。外部的消息是执行的 NB 次数（使用 i 作为索引），结构体仅处理一个传入的消息。内部的消息是执行的 NA 次数（使用 j 作为索引），通过前面讨论的 add_report 结构处理消息内容。传入消息的元素 [source] 和 [id] 被丢掉，因为代理 id 不收集从 source 自身发送的关于某个代理 source 的消息报告；此外，代理 id 不收集关于其自身的报告。

接收阶段整体被定义为语句的原子（atomic）序列。因此，在验证过程中，假定代理在接收到消息恢复执行后，其执行不会中断，即不与其他代理交错，直到它再次阻塞，等待下一次执行。如 42.3.2 节所述，此假设加速了验证，因为它在不影响正确性的前提下缩小了状态空间。事实上，代理接收到消息后执行的所有操作都是该代理的内部操作，无论如何都不会影响其他代理。因为 d_step 不包含除第一个语句之外的任何阻塞语句，所以不能使用。

每个代理活动的最后一个阶段是从所获得的报告中生成自己的交互一致性向量，通过以下代码来模拟这一过程：

```
inline compute_result() {
d_step {
i=0;
do
:: (i<NA) ->
{
if
:: (i==id) ->
```

```
results. opinion[id]. agent[id]=my_value
:: else −>
majority_report(
results. opinion[id]. agent[i], report[i])
fi;
i++
}
:: else break
od
}
}
```

前面提到,内联序列 majority_report 将其第二个参数的大多数元素中找到的值存储到第一个参数中。因篇幅有限,这里不提供源代码。例如,文献[17]中提出了一些高效的算法。所有交互一致性向量均存储在全局结果数据结构中,以用于分析。

42.4.3 结果分析

分析的主要目的是检查即使最多有一个代理可能有故障的情况下,协议能否确保满足 42.4 节中列出的交互一致性向量的属性。此外,我们还将寻找反例,即当两个或多个代理有故障时,无法满足一些属性的情况。分析的第二个目的也很重要,它可针对协议或系统应该工作而不工作的原因及改进措施等方面给出有用的提示。

为了模拟故障代理,定义了备用代理模型 faulty_P。根据该模型,故障代理完全忽略其接收和发送的消息,并向其他代理发送伪造消息(不确定地选择其内容)。同时,该模型反映了 42.4.1 节中所述的故障行为限制,设计协议时,认为该限制是理所当然的。

<>[]p

其中 p 定义为

(results. opinion[1]. agent[0]==results. opinion[2]. agent[0] &&

results. opinion[1]. agent[1]==results. opinion[2]. agent[1] &&

results. opinion[1]. agent[2]==results. opinion[2]. agent[2] &&

results. opinion[1]. agent[3]==results. opinion[2]. agent[3] &&

results. opinion[2]. agent[0]==results. opinion[3]. agent[0] &&

results. opinion[2]. agent[1]==results. opinion[3]. agent[1] &&

results. opinion[2]. agent[2]==results. opinion[3]. agent[2] &&

results. opinion[2]. agent[3]==results. opinion[3]. agent[3])

当且仅当在每次计算中最终(<>)p 总是([])为真时,LTL 属性为真。反过来,当且仅当代理 A_1 到 A_3(好代理)的交互一致性向量相同时,p 为真。通俗地说,这意味着在其执行中,好代理迟早会计算出相同的交互一致性向量,并且不管缺陷代理可以做什么,它们将从那时起是相同的。可以用类似的方式模拟第二个属性,为简洁起见省略了。可以用类似的方式指定所关注的其他属性。例如,可在末尾设置终止标志并检查在每次计算中最后设置这些标志,以验证所有代理都结束了协议的执行。

由于已知分析的协议在这些情况下是正确的,SPIN 确认,当四个代理(其中至多一个代理可能有故障)实例化并根据属性检查它们的行为时,两个属性都被满足。另一方面,实例化两个故障代理(A_0 和 A_1)以及两个好代理(A_2 和 A_3)使得 SPIN 发现了几个有趣的反例。在这里将对其中两个稍作评论。

第一个反例由图 42-3 所示的简化 MSC 显示,并且从 SPIN 输出轨迹衍生,其中列出了导致违反被验证属性的计算步骤和消息交换。为简单明了,删掉了与说明反例工作方式无关的消息。在反例中,两个故障代理联合并使得两个好代理对故障代理 A_0 的私有值未能达成一致,从而违反了交互一致性的属性 1:

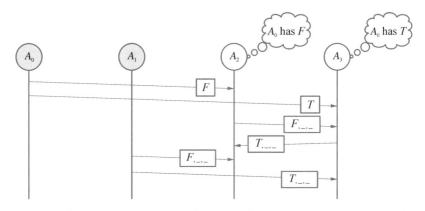

图 42-3　第一个反例：A_2 和 A_3 对 A_0 的私有值具有不同的视图，违反了交互一致性的属性 1(为清楚起见，未显示不相关的消息和消息字段)

在第一轮，A_0 向 A_2 和 A_3 发送关于其自身私有值的对比报告。

(1) 如果 A_0 是系统中唯一的故障代理，则将在第二轮中通过其他代理发送的关于 A_0 值的报告检测到异常。

(2) 然而，在反例中，另一个故障代理 A_1 向 A_2 和 A_3 发送关于第一轮获得的 A_0 值的对比报告。

虽然 A_2 和 A_3 互相发送了关于 A_0 值的正确报告，但这还是无法确保正确性。即 A_2 从 A_0 本身和 A_1 收到关于 A_0 值为 false 的两个报告(图中的 F)。而且，来自 A_2 的少数报告指出，此值为 true(T)，但 A_2 得出结论，A_0 值为 false。另一方面，A_3 收到两个关于 A_0 值为 true 的报告(来自 A_0 本身和来自 A_1)和一个冲突报告(来自 A_2)，因此得出 A_0 值确实为 true 的结论。

如图 42-4 所示，第二个反例的结果甚至更糟，因为它导致好代理 A_3 认为另一个好代理 A_2 的私有值为假。这违反了交互一致性的第二个属性，并且也违反了第一个属性，因为 A_2 和 A_3 的交互一致性向量不同。也就是说，

(1) 在第一轮，A_2 向 A_3 发送关于其自身私有值(其为 false)的正确报告。

(2) 在第二轮，A_0 和 A_1 通过向 A_3 发送关于 A_2 值的两个假报告，导致 A_3 认为 A_2 的私有值为 true。

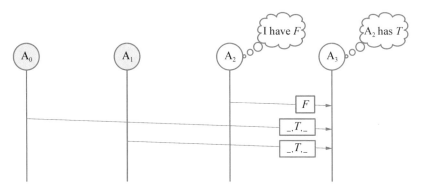

图 42 - 4 第二个反例: A_3 对 A_2 私有值具有不正确的视图,违反了交互一致性的两个属性(为清楚起见,未显示不相关的消息和消息字段)

参考文献

[1] Unix group of the Computing Science Research Centre of Bell Labs, On-the-fly, LTL model checking with Spin. Berkeley Heights, NJ, Online. Available at http://spinroot.com/. Accessed on March 2014.

[2] D. Parker, G. Norman and M. Kwiatkowska. PRISM—probabilistic symbolic model checker. Online. Available at http://www.prismmodelchecker.org/. Accessed on March 2014.

[3] Department of Information Technology, Uppsala University, Sineden and Dept. of Computer Science, Aalborg University, Denmark. UPPAAL home. Online. Available at http://uppaal.org/. Accessed on March 2014.

[4] R. Alur and D. L. Dill. A theory of timed automata. *Theoretical Computer Science*, 126(2): 183 - 235, 1994.

[5] C. Baier and J.-P. Katoen. *Principles of Model Checking*. The MIT Press, Cambridge, MA, 2008.

[6] M. Ben-Ari. *Principles of the Spin Model Checker*. Springer-Verlag, London,

U. K. ，2008.

［7］J. Bengtsson，K. Larsen，F. Larsson，P. Pettersson，and W. Yi. Uppaal—A tool suite for automatic verification of real-time systems. In *Hybrid Systems Ⅲ* ，*LNCS 1066* ，pp. 232 - 243. Springer-Verlag，Berlin，Germany，1995.

［8］D. Bošnački and D. Dams. Discrete-time Promela and Spin. In *Formal Techniques in Real-Time and Fault-Tolerant Systems* ，volume 1486 of *Lecture Notes in Computer Science* ，pp. 307 - 310. Springer，Berlin，Germany，1998.

［9］G. Holzmann. *The Spin Model Checker: Primer and Reference Manual*. Pearson Education，Boston，MA，2003.

［10］G. J. Holzmann. The model checker SPIN. *IEEE Transactions on Software Engineering* ，23(5)：279 - 295，1997.

［11］G. J. Holzmann. An analysis of bitstate hashing. *Formal Methods in System Design* ，13(3)：289 - 307，November 1998.

［12］G. J. Holzmann and D. Peled. An improvement in formal verification. In *Proceedings of the Seventh IFIP WG6. 1 International Conference on Formal Description Techniques* ，pp. 197 - 211，Berne，Switzerland，1994.

［13］*International Standard ISO/IEC 9899* ，*Programming Languages — C.* International Organization for Standardization，Geneva，Switzerland，2011.

［14］ITU-T. *Recommendation Z. 120 — Message Sequence Chart （MSC）*，International Telecommunication Union，Geneva，Switzerland，2004.

［15］M. Kwiatkowska，G. Norman，and D. Parker. PRISM：Probabilistic symbolic model checker. In P. Kemper，ed. ，*Proceedings of Tools Session of Aachen 2001 International Multiconference on Measurement* ，*Modelling and Evaluation of Computer-Communication Systems* ，pp. 7 - 12，September 2001. VDE Verlag，Berlin，Germany.

［16］Z. Manna and A. Pnueli. *The Temporal Logic of Reactive and Concurrent Systems-Specification*. Springer-Verlag，New York，1992.

[17] J. Misra and D. Gries. Finding repeated elements. *Science of Computer Programming*, 2(2): 143 – 152, 1982.

[18] M. Pease, R. Shostak, and L. Lamport. Reaching agreement in the presence of faults. *Journal of the ACM*, 27(2): 228 – 234, 1980.

[19] A. Pnueli. The temporal logic of programs. In *Proceedings of the 18th Annual Symposium on Foundations of Computer Science*, pp. 46 – 57, November 1977. IEEE Computer Society, Washington, DC.

[20] J. H. Wensley, L. Lamport, J. Goldberg, M. W. Green, K. N. Levitt, P. M. Melliar-Smith, R. E. Shostak, and C. B. Weinstock. SIFT: Design and analysis of a fault-tolerant computer for aircraft control. *Proceedings of the IEEE*, 66(10): 1240 – 1255, October 1978.

43

形式化方法

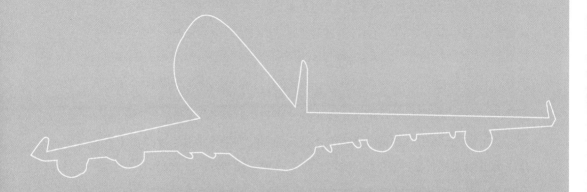

43.1 导言

形式化方法为建模和分析软件设计和实现提供了强大的工具和技术。它们利用数学和形式逻辑来实现高水平的保证,软件组件具有重要的行为属性,或者说不会引起运行错误。对于安全关键的航空电子设备,与只使用测试、模拟和其他非形式化方法相比,形式化方法有助于实现更高程度的软件可靠性。

自第一版《数字航空电子技术》出版以来,形式化方法已经发生了巨大变化。这种变化出现在核心技术能力、软件工具的成熟度和多样性以及几个行业工程师的采纳性等方面。从2012年起,民用航空认证机构越来越认可和接受形式化方法,并预计航空电子开发商将更多地采用形式化方法。

在以前的版本中,Sally Johnson 和 Ricky Butler 提供了关于形式化方法的一个章节,其中强调了编写形式规范的技术。虽然此版本中仍保留了该章的示例应用,但还介绍了形式化方法的其他不同方面。此版本仍讨论形式建模和规范,但把更多的注意力集中在分析和验证技术上。此外,由于该领域最近的有利发展,所以还考虑了目前的监管指南。

本书假定读者事先不熟悉形式化方法,当然,熟悉工程数学或计算机科学会是相当有帮助的。Monin 和 Hinchey[14] 对这一领域使用的数学和逻辑背景进行了有价值的调查。由于篇幅有限,此版本只能对规范示例进行有限的解释,说明集中于验证方法。示例应用具有适度复杂性,因此,读者应能在未完全理解语言特征的情况下掌握形式模型的本质。

43.2 形式化方法概况

虽然形式化方法的技术已经得到稳步发展,但最近提出的注意事项涉及航空电子认证指南。认证中会越来越多地使用形式化分析结果。形式化分析对数字航空电子开发人员显然非常重要,随着在应用中越来越多地使用形式化分析方法,这也将激励技术开发人员增强其工具,以满足面向航空电子的用户的要求。

43.2.1　RTCA DO‑333 颁布后的认证

数字航空电子开发人员可使用形式化方法作为创建可靠设计和实施的辅助手段。然而,它们用于支持认证的用途仅限于在提供充分理由后允许使用"替代性合规手段"的特殊情况。DO‑178B 刻意做出的这种适度认可反映了20 世纪 90 年代初形式化方法的技术不成熟。因此,形式化方法尚未在认证过程中发挥任何重要的作用。最近的事件可能会改变形式化方法的前景。

2012 年 1 月,RTCA 和欧洲民用航空设备组织(EUROCAE)发布了若干文档,即 RTCA 特别委员会 205(SC‑205)和 EUROCAE 工作组 71(WG‑71)的成果,这些都是未来认证航空电子软件的关键。其中最重要的是 DO‑178C(ED‑12C),机载系统和设备认证中的软件注意事项,以及 DO‑278A(ED‑109A),通信、导航、监视和空中交通管理(CNS/ATM)系统的软件完整性保证注意事项。作为期待已久的 DO‑178B 和 DO‑278 的后续文档,这些文档为机载和地面软件的开发人员提供了更新的指南。

SC‑205 和 WG‑71 提供了 DO‑178C 和 DO‑278A 的 4 个补充。其中一个是 DO‑178C 和 DO‑278A 的形式化方法补充,已作为 RTCA DO‑333出版[21],相应的是 EUROCAE ED‑216。航空电子开发人员将首次扩展该指南,利用形式化方法技术产生认证机构可以接受认证信用的证据。这将为形式化方法逐步引入飞机和发动机的开发生命周期和最终认证提供途径,可通过形式化方法确保(部分)软件适航性。

DO‑333 的大部分内容涉及如何使用形式化方法来满足 DO‑178C 和DO‑278A 中的相关认证目标。DO‑333 既不认可也不限制可能适合生成认证证据的形式化方法的类型。然而,它确实规定,只有当一种分析方法确定其保留的属性是合理的,那么它才被认为是形式化方法。合理的分析应是在其未保留某一属性时,从不声称保留该属性。但在其保留某一属性时却声称未保留该属性,这种相反做法则是可接受的,但并不可取。此类结果仅仅被认为是"假警报"。

43.2.2　分析技术概述

在 1990—2010 年间,几乎形式化方法的每一项指标都有明显的发展,包括建模和分析技术的类别、研究人员和从业人员的人数、软件工具的数量和成熟度以及项目环境中成功应用的记录。在商业数字电子行业,形式化方法技术和其专用支撑工具已作为设计工作流程的实践标准。

本章仅描述当前分析技术的一小部分。首先描述 DO-333 中引用的三大类形式化方法:演绎(定理证明)技术、模型检查和抽象解释。接下来,我们将从前两个类别中选择一个代表性工具,并用示例说明其功能。

大多数形式化方法需要有形式模型或规范,通常由用户编写,在某些情况下,可直接从源代码自动提取模型和其他形式化规范。这些技术具有不同的建模方法,但它们都依赖形式逻辑并会形式化一些数学领域。其较大差异在于分析和验证技术,这是其方法的核心。

前面提到的 DO-333 分析类别的关键特征可总结如下:

(1)演绎技术使用定理证明系统建立明确陈述属性的真理。属性通常用与形式模型相同的符号表示。定理验证器可能是自动的或交互的。在这两种情况下,用户需要理解基本的逻辑形式主义,以有效构造证明。

(2)模型检查利用有效探索大状态空间来验证形式模型的属性。大多数模型是基于各种状态转换系统。一个重要的工具特征是针对失败验证尝试生成反例或其他诊断信息的能力。

(3)抽象解释依赖于编程语言的形式化语义来分析抽象领域的属性。该技术通常通过检查源代码以确定是否保留各种预定属性的合理算法来实现。

工具通常采用用于主流编程语言的静态分析器。

并非所有分析工具和技术都可归入这些类别。一些涉及多种技术的混合应用，一些提供核心演绎功能未被视为最终的用户工具，更多是作为组件被纳入其他工具套件。一个例子是可满足性模理论（SMT）求解器的类别。这些工具接受逻辑公式，并应用 SMT 框架包含的不同扣除算法，这是基于 SMT 的技术正在快速进展，并且是几个验证工具中的关键组件。

分析工具的另一个区别是它们运行形式模型还是直接执行程序源代码。后一方式正取得更大的成功并重新获得关注。模型检查和抽象解释都是分析源代码的重要手段。此外，演绎技术源于 20 世纪 70 年代的"程序验证"，提倡用程序证明模拟装置测试。尽管在本章中不介绍这些技术，但"程序验证"可能会在未来几年得到广泛关注。

43.3　应用示例

我们将使用高度简化而具有代表性的航空电子子系统来演示两种不同的形式技术。以下模式控制面板（MCP）是早期 B737 自动驾驶仪的功能。虽然新型飞机使用更复杂的飞行管理系统，但模式、显示和控制的核心要素仍然相关联。非形式软件要求将在后面的内容中采用类似于软件开发人员在实践中经常遇到的方式介绍（而非"应当"）。读者可能希望暂时略过一些要求细节，可以在稍后的检查形式模型中再返回了解这些细节。

43.3.1　模式控制面板的要求

以下 MCP 规范仅涉及有限的飞机功能及其飞行员接口。为简洁起见，我们省略了实际设计中所需的其他接口和命令：

（1）MCP 包含 4 个用于模式选择的按钮和 3 个用于拨号或显示值的屏，

如图 43-1(a) 所示。该系统支持以下 4 种模式：① 姿态控制轮转向(att_cws)；② 飞行路径角度选择(fpa_sel)；③ 高度启用(alt_eng)；④ 校准空速(cas_eng)。模式①～③中只能选择一种，而模式④cas_eng,可与任何其他模式同时使用。通过按下面板上的相应按钮,飞行员可选择一种模式。使用模式①～③中的任何一个,可停用另外两个。

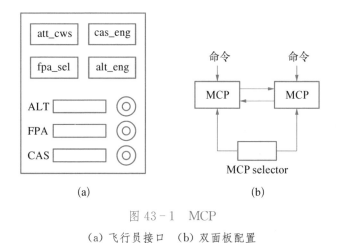

图 43-1　MCP

(a) 飞行员接口　(b) 双面板配置

(2) 面板上有 3 个显示屏：高度(ALT)、飞行路径角(FPA)和校准空速(CAS)。显示器通常显示这些指标的当前值。然而,飞行员可通过拨动显示器旁边的旋钮输入一个新值,以选择飞机达到的目标值或"预选"值。例如,要爬升到 25 000 ft,飞行员将 25 000 输入 ALT 显示屏,然后按 alt_eng 按钮。一旦到达目标或停用该模式,显示屏将恢复为显示"当前"值。

(3) 若飞行员在 ALT 输入一个数(这个数减去当前 ALT 显示屏显示的值之差超过 1 200 ft),然后按下 alt_eng 按钮,则 ALT 模式将不会直接启用。相反,alt_eng 模式更改为"备用",fpa_sel 模式将启用。然后,飞行员须拨入 FPA,以启用飞行控制系统,直到飞机到达所需的 ALT。fpa_sel 模式将启用,直到飞机到达期望 ALT 的 1 200 ft 内,之后,alt_eng 模式启用。

(4) 在启用相应的模式之前,将使用显示的当前值,而不需要预先选择

CAS 和 FPA 值。在启用模式之后,飞行员可输入不同的目标值。相反,在按下 alt_eng 按钮之前,必须预先选择 ALT;否则,此命令将无效。

(5) 每次按下 cas_eng 和 fpa_sel 按钮时,可执行开关操作。相反,如果在已启用相应模式的情况下按下 att_cws 或 alt_eng 按钮,则该按钮不起作用。

(6) 每当启用除 cas_eng 外的其他模式时,所有其他预选显示应恢复到其当前值。

(7) 若飞行员拨入新的 ALT,而 alt_eng 按钮已启用或备用,则 alt_eng 模式停用,并且 att_cws 模式启用。若 alt_eng 模式备用,则 fpa_sel 应停用。

43.3.2 协调两个面板的要求

可假定有两个面板布置供两个飞行员使用,以扩展 MCP 示例。以下规范规定了最低能力:

(1) 两个 MCP,每个飞行员各使用一个,如图 43-1(b)所示。一次只有一个面板处于激活状态。只有激活侧发出的命令才将具有 43.3.1 节描述的效果,被动侧发出的命令会被忽略。

(2) 两个面板将通过通信渠道交流信息。处理完每个飞行员的命令之后,激活的面板会将任何状态改变转发到另一面板。被动面板将接受这些更新,并保持当前的状态信息;同时,还将更新它的 3 个显示屏(ALT、FPA 和 CAS),使得两个飞行员都能看到当前值。

(3) 当需要将被动侧切换为激活侧时,机组人员可用开关或其他控制机构来进行选择。当开关切换到启动转换时,会将停用信号发送到当前激活面板。在切换瞬间,两个面板可能都不激活。

(4) 当前激活面板接收到停用信号时,它首先处理完可能正在进行的任何命令,然后禁用其命令处理功能。接下来,它将通知应承担激活面板角色的另一个面板。接收到此通知后,被动面板立即启用其命令处理功能。

43.4 演绎方法

演绎技术是最初的形式化方法,其历史可追溯到 20 世纪 60 年代末。随着理论的进步,后来又引入了其他类型的形式化方法。自 20 世纪 50 年代以来,定理证明一直是一门条理清晰的学科。一开始,定理证明基本上只在人工智能研究领域受到关注。20 世纪 70 年代初,研究人员开始关注使用数学逻辑来进行程序推理,定理证明也就开始应用于形式化方法中。

今天,关于主要定理证明系统的形式验证工具包相对较少。美国有两个较为重要的工具,即原型验证系统(PVS)[17,18](在下一节中描述)和应用 Common Lisp 计算逻辑(ACL2)[11]。在欧洲,Coq[10]、Isabelle[19] 和高阶逻辑 (HOL)[7] 系统很受欢迎。形式验证工具包大多数使用高阶逻辑。ACL2 使用更严格的逻辑,能提供完全自动化的证明。其他系统选择了更强大的理论,但需要与用户交互才能完成证明。它们经常被称为一种"重量级"形式化方法。

目前,使用较弱逻辑实现更加自动化的验证这方面的研究工作有一些小的进展。其中的许多工作都围绕 SMT 解算器进行。

43.4.1 PVS 验证系统

PVS 是由 SRI International 在 1992 年引入的,其特点是可作为一类形式的经典高阶逻辑的交互式定理证明工具。规范语言也称为 PVS,其语法类似于现代编程语言,使用 Emacs 文本编辑器作为证明系统的前端实现 PVS 用户接口。用户通过 Emacs 接口管理和编辑文档,提交分析和验证命令,并执行所有其他系统交互(包括交互式验证)。用户可从 SRI International 获得 PVS(作为开源软件)。

NASA Langley 研究中心的一个用户组编辑了大量 PVS 资料库[15],涵盖了各种数学领域以及几种特定计算理论。其他 PVS 用户构建了资料库,并将它们提供给用户社区。一些 PVS 资料库已收录到 NASA Langley 收藏库。

43.4.2 模式控制面板的形式指定

Johnson 和 Butler 曾使用 MCP 实例说明了开发形式规范的过程。在本章中，我们重点描述几种分析技术，而不详细讨论建模任务。读者想要了解 PVS 模型原理，可参考本书的前面章节。这里我们使用同一个例子，只略做修改。

我们已在 43.A.1 节的 PVS 程序中按照 43.3.1 节描述的 MCP 要求建立了模型。在 PVS 中，基本模块单元称为原理。其中包括 3 个原理：defs，tran 和 panel。第一个原理(第 1 行~第 24 行)，介绍了描述 MCP 的接口、命令和内部状态所需的类型；第二个原理(第 26 行~第 115 行)，形式化状态转换函数，用于捕捉高级设计细节，即 MCP 如何响应命令和其他输入；最后一个原理(第 117 行~第 160 行)，把未在 43.3.1 节中形式化表达的一些要求形式化。为了实现这一点，我们引入了有关有效初始状态的约束，用于表示不变属性的轨迹概念，以及要被证明的关于模型的两个不变量。

在 tran 原理中，函数 nextstate(第 101 行~第 113 行)在形式化状态机模型的转换关系中起关键作用：$S_{n+1} = \text{nextstate}(S_n, e)$。该原理中的上述定义处理每种输入事件类型的细节。状态属于记录类型(第 11 行~第 18 行)。每个从属转换函数使用 IF 表达式和 WITH 表达式将当前状态 st 映射到新状态。表达式"st WITH [f：=v]"产生与 st 相同的状态值，而字段 f 取值 v。

但是，由于篇幅有限，无法在此更彻底地呈现 PVS 模型。我们鼓励读者尽可能了解模型的大纲，而不要过分关注它的细节。

43.4.3 模式控制面板的形式验证

根据验证器的目标，验证活动可以采取几种形式。其中一个目标是证明设计或实现符合规范。在 MCP 模型中，tran 原理能捕捉那些可证明满足理论面板表达要求的设计细节。

理论面板有几种演绎辅助功能用于证明不变属性。轨迹类型(第 134 行~第 137 行)定义了可重复应用 nextstate 函数产生的所有状态序列集。每个轨迹只包含可从有效初始状态到达的那些状态。这里轨迹被形式化为无限序列。由于任何有限轨迹都是无限轨迹的一部分,所以该公式能够满足关注的所有情况。

不变概念的参数化定义为 is_invariant(第 139 行)。当且仅当每个轨迹中的各状态都保持不变时,给定状态的谓词 P,is_invariant 简洁地表示 P 是不变量。这个定义用于表达将被提交给定理证明器的假设(第 156 行和第 158 行)。这种假设可利用轨迹的定义和 is_invariant 采用归纳法来证明。然而,借助引理 invariant_cases(第 141 行~第 144 行)的推导过程更清晰,证明过程也更简单。高阶逻辑便于表达和证明此类演绎效用。

虽然在大多数工程学科中很少遇到,但数学归纳是演绎形式化方法中常用的证明技术。归纳法主要用于证明命题 P(n)对于所有自然数 n 都是成立的。首先证明 P(0),然后证明对于任何自然数 k,P(k)成立隐含着 P($k+1$)。第二步通常称为归纳步骤,P(k)称为归纳假设。对该基本方案进行一些修改,用于处理不同的数值范围或不同的数据类型。定理证明器通常提供用于执行归纳证明的内置命令。

在 tran 原理中,谓词 mode_rqmt(第 146 行~第 152 行)捕捉模式如何相互关联。这些关系根据要求(1)和(3)得到。例如,始终启用 att_cws、fpa_sel 和 alt_eng 中的一个模式的要求按如下方式表示。首先,指定至少启用一个模式:

att_cws(st) = engaged OR fpa_sel(st) = engaged OR alt_eng(st) = engaged

然后,指定最多启用一个模式:

(alt_eng(st)/=engaged OR fpa_sel(st)/=engaged) AND

(att_cws(st) =engaged IMPLIES

alt_eng(st)/=engaged AND fpa_sel(st)/=engaged)

结合这两个条件就产生所需的结果。

第 156 行定理声明,模式的形式要求是 MCP 模型的不变量。注意,mode_rqmt 中的所有条件都必须满足才能实现可证明的不变量。如果将这些条件分解成单独的不变条件并尝试逐一证明它们,尝试将会失败,这是证明不变量的典型情况。单独的事实并不能单独证明。为了能完成,归纳法通常(但并不总是)需要有足够广泛的归纳假设来涵盖状态要素之间的相互依赖关系。

第二个不变量 armed_rqmt(第 154 行),表示关于备用模式中要求(3)的附加条件。其不变性声明在第 158 行。armed_rqmt 是一个相当简单的关系,表示进入备用模式的必要条件。因此,与前一段中描述的不变量相反,它可以被单独证明。

使用 PVS 交互式证明器包含命令的提交,逐步推进证明,并得出结论。每个步骤可以用合理方式改变证明状态,以与基本逻辑保持一致。证明器显示了每个证明步骤之后产生的新目标。一些步骤可使证据进入两个或更多的支路中。因此,PVS 证据本身就呈树状结构。

为了阐明交互式证明,我们展示定理 armed_invariant 的证明:

armed_invariant:

|—————————

{1} is_invariant(armed_rqmt)

一开始,证明器给出要被证明的猜想。用户以括号表达式的形式输入命令(推理规则),下一个命令请求证明器导入并应用引理 invariant_cases:

Rule? (use "invariant_cases")

Using lemma invariant_cases,

    this simplifies to:

armed_invariant:

    {−1} (FORALL st:

  (is_initial(st) IMPLIES armed_rqmt(st)) AND

    (armed_rqmt(st) IMPLIES

$$(\text{FORALL (e: events): armed\_rqmt(nextstate(st, e)))))}$$
IMPLIES is_invariant(armed_rqmt)

————

[1] is_invariant(armed_rqmt)

当前的证明目标采用被称为序列的特定形式。序列显示为有编号的两个公式清单(布尔表达式),由名为十字转门:|———的符号分隔。意思是,对先验公式的合取(十字转门之上的部分)表示对结果公式的析取(十字转门之下的部分)。

接下来,用户请求证明器进行一些基本的简化。

Rule? (ground)

Applying propositional simplification and decision procedures,

this simplifies to:

armed_invariant:

|————

{1} FORALL st:

(is_initial(st) IMPLIES armed_rqmt(st)) AND

(armed_rqmt(st) IMPLIES

(FORALL (e: events): armed_rqmt(nextstate(st, e))))

[2] is_invariant(armed_rqmt)

这里,不再需要结果公式 2,最好删除它之后再继续下面的步骤:

Rule? (hide 2)

Hiding formulas: 2,

this simplifies to:

armed_invariant:

|————

[1] FORALL st:

(is_initial(st) IMPLIES armed_rqmt(st)) AND

(armed_rqmt(st) IMPLIES

(FORALL（e：events）：armed_rqmt(nextstate(st,

e))))

要完成证明只需要增加一个命令,其功能相当强大,可执行多种演绎启发式步骤,其中一些步骤的计算量非常大。在这种情况下,调用(grind)命令可单独执行,具体细节略。

Rule? (grind)

is_initial rewrites is_initial(st) to...

<many lines of output deleted>

Trying repeated skolemization, instantiation, and if-lifting,

Q. E. D.

Run time = 0.48 secs.

Real time = 11.65 secs.

仅需 4 个命令就可完成证明,谓词 armed_rqmt 确实是所有可能状态序列的不变属性。该结果适用于所有长度的序列,包括无限长的序列。以完全相同的方式证明定理 mode_invariant。

通过比较,支持引理 invariant_cases 的证明涉及几个步骤,但并不会增加证明过程的长度。下面只显示完成的"验证脚本",而省略了验证步骤产生的中间序列：

("")

(skosimp *)

(expand "is_invariant")

(skolem!)

(induct "i")

(("1" (inst?) (flatten) (hide - 2) (typepred "T! 1") (ground))

("2"(skosimp∗)(inst?)(typepred "T! 1")(grind))))

这个证明包含一些证明器的更多"技术"命令。如果直接证明定理 mode_invariant 和 armed_invariant,且不使用引理 invariant_cases,证明过程包含大多数相同的证明步骤。由于引用引理之后的证明难度减小了,因此使用引理是有利的。

43.5   模型检查

模型检查的研究可追溯到 1981 年的两篇开创性文章[2,20]。从此,模型检查迅猛发展,并成为一类最常用的形式化方法。这样的发展态势可归因于几个因素,包括更适中的学习曲线、更高度自动化的分析技术以及提供诊断信息(例如反例)的能力。最后一个特性也使一些模型检查器成为高级调试工具。

尽管不同的工具会采用不同的方法,但大多数模型检查器都能在分析过程中搜索大状态空间。例如,最广泛使用的验证器 SPIN[8,9]是一种显式状态模型检查器。这些工具生成和"访问"用户模型中的每一个可达状态,同时测试状态或路径是否与所需的属性相符。

探索一大组状态显然需要大量的存储器和处理器资源。模型检查工具尝试防止随着模型大小增加出现的"状态爆炸"问题。许多语言和工具的特征是保持状态大小可管理。用户必须了解语言特征如何帮助状态增长,所以他们可编写最小化问题的模型。创建分析不可行的模型并不难。Clarke 等[3]提出了基本模型检查算法,并描述了用于包含状态增长的技术。

符号模型检查器形成第二类别,利用诸如二元判定图(BDD)的特殊技术以更间接的方式来表示状态信息和转换函数。BDD 使用基于有向无环图的数据结构编码大的布尔函数,产生比二进制树等替代方案小得多的结构。这允许探索更大的状态空间,但不是逐字访问状态。这种方式的主要缺点是限制转换函数的复杂性。通过比较,显式状态模型检查器可与具有更复杂转换函数的模型一起使用。然而,符号模型检查器在验证数字硬件设计方面取得了很大的成功。该工具类的代表成果是符号模型验证器(SMV)[1]及后来的替换者 NuSMV[16]。

研究人员一直在寻找其他检查方法。符号分析实验室(SAL)支持在公共语言和建模框架中使用多种模型检查算法。SAL 和其他工具(如 Kind)在其算法中使用 SMT 求解。另一个概念是"软件模型检查",其中检查器直接分析软件源代码。这一类包括 Java PathFinder(JPF)以及用于 C 程序的 Berkeley 惰性抽象软件验证工具(BLAST)检查器。除此之外,还有许多其他方法,如实时概率模型检查。

43.5.1　SPIN 模型检查器

本章我们使用 SPIN 来探讨 MCP 示例的协调功能,并演示不同于 PVS 的分析技术的使用。SPIN 是一个比 PVS 耦合松散的工具集合。SPIN 包含一个核心 SPIN 分析器作为命令行工具运行,还有一个图形前端(称为 XSPIN)为用户提供一种友好的交互方式来调用分析器并检查其输出,另外还创建了各种第三方实用工具,以改进 SPIN 的建模和验证功能。

在本书上一版的同一章中,Hu 和 Bertolotti 介绍了模型检查的概念,并详细介绍了 SPIN 的使用。建议读者可以参考这一章,以了解 SPIN 工具的背景信息,特别是其建模语言、过程元语言(PROMELA)。

43.5.2　双面板子系统的建模

在 43.3.2 节中提出了应用示例的第二组要求。这些要求涉及双面板的配置,如图 43 - 1(b)所示,为每个飞行员各提供一个面板。两个面板之间需要协调,以保持操作一致性,并避免可能由不受约束的操作导致的模糊状态。最重要的是,希望保证每次只有一个活动面板。

SPIN 用于并发过程和通信协议交互性的建模和分析。PROMELA 建模语言支持传递消息的通信方式。因此,它非常适合于分析 43.3.2 节中提到的双面板配置的协调。43.A.2 节给出了以 PROMELA 语言编写的双面板子系统模型。

模型的核心是关于双面板互连过程和通道的语句,另外还包括类型和变量的声明。模型中的主要过程类型称为 MCP(第 11 行～第 41 行)。它具有以下一般结构:

```
proctype MCP (bit side)/ *  Mode-control panel process  * /
{
byte panel_state,c,s; bit b;
do
:: guard—1 ➜ action—1
:: guard—2 ➜ action—2
:: guard—3 ➜ action—3
:: guard—4 ➜ action—4
    od
}
```

该声明引入了过程类型 MCP,将对 MCP 进行两次实例化,对双面板 MCP 的每一侧各进行一次。过程声明的参数侧采用值 0 和 1 来区别双面板 MCP 的两侧,因此每次实例化过程都要知道在哪一侧运行。do … od 是一个循环结构,给出了循环体的框架。详细描述见程序中第 17 行～第 39 行,表示 MCP 过程接收到命令和其他输入时的响应。

do 循环的替代形式为 G➜S,其中 G 称为监视或监视语句。Guard G 是布尔表达式或通道操作(发送或接收消息)。如果监视表达式为真或其通道操作已启用,则执行后面的语句组。当多个监视序列合格,将非确定性地选择一个语句组执行。过程 MCP 的 do 循环内的 4 个监视都是通道接收操作。通道命令为 chan? v 时表示接收变量 v,通道命令为 chan! e 时表示发送值 e。每个监视后的语句详细说明如何响应对应类型的传入消息。

局部变量 panel_state(第 13 行)为 PVS 模型中表示的状态信息提供了一个桩代码。由于 SPIN 模型仅涉及面板交互而不是内部 MCP 行为的细节,因此这里使用 MCP 状态的抽象概念。与其他模型检查器一样,与 PVS 和类似系统使用的抽象方法相反,SPIN 常用具体的数据类型。因此,内部 MCP 状态由类型字节来表示。

若干对(数组)的通道与 MCP 过程(第 5 行～第 9 行)连接。每对通道都通过"侧"ID(0 或 1)进行索引并指向单个通道。

chan MCP_commands[2] = [1] of {byte};/* Represents buttons, dials */

chan switch_over[2] = [1] of {bit};/* Signal to activate other MCP */

chan to_MCP[2] = [1] of {mtype, byte};/* Pipes between MCPs */

每个通道向 MCP 过程提供输入,对应于图 43-1(b)中的箭头。通道 MCP_commands[i]表示由飞行员命令(按下按钮和旋转拨盘)以及传感器输入(例如 ALT 相关事件)产生的输入。通道 switch_over[i]包含指示机组人员何时请求激活被动 MCP 的信号。通道 to_MCP[i]允许两个 MCP 过程相互通信,以交换状态信息,或者当一个通道被请求激活时通知另一个通道。

增加两个过程作为 MCP 过程的输入源:

proctype crew_commands () {/* Simulates commands from pilots */

do

:: MCP_commands[0]! 0 → skip

:: MCP_commands[1]! 0 → skip

od

}

crew_commands 过程(第 50 行～第 55 行)不确定地向 MCP 过程的输入

命令发送"消息"。这些消息模拟包括在 PVS 模型中的机组命令和 ALT 通知。此处不讨论建模细节,仅关注命令输入的出现。

同样,切换器过程(第 43 行～第 48 行)向两个 MCP 过程不确定地发送激活/停用信号:

```
proctype switcher ( ) {/ ∗ Generates switch-over inputs ∗ /
do
:: switch_over[0]! 0 → skip
:: switch_over[1]! 0 → skip
od
}
```

实际上,不会频繁地产生激活信号。然而,为了验证彻底,最好生成所有可能的交错 MCP 过程输入。此外,在模型调试和仿真过程中,明确提供生成器过程可能有用。

最后,特殊过程 init(第 62 行～第 67 行)是 SPIN 模型的标准部分。其主要功能是启动模型中的其他过程,并传递可能需要的参数:

```
init {atomic {side_active[0]=true;
        run MCP(0); run MCP(1) ;
        run crew_commands( );
        run switcher( );
        run monitor( )
}}
```

两个 MCP 实例从 IDs 0 和 1 开始,还运行了两个生成器过程以及监视过程(在下一节描述)。

43.5.3 双面板子系统的分析

SPIN 提供了多种分析和验证工具,其中的模拟功能允许用户采用多种方式进行,包括模拟随机模拟,即根据先前记录的事件轨迹(SPIN 术语中的"轨迹")进行导向模拟,以及用户选择下一个非确定性选择的交互式模拟。输出信息包括详细的轨迹信息和消息序列图,通过图形展示了模拟过程中所用的在时间上具有先后顺序的通信过程。

验证过程中的应用状态探索算法可以搜索各种错误。一种错误是用户提供的断言失败。PROMELA 允许在整个模型中引入断言。在验证(和模拟)期间,测试断言,评估为假的断言都被标记为错误。

另一类可检测的错误是死锁。SPIN 将报告"无效最终状态"这一错误类型,指示发现模型具有至少一个过程的最终状态与预期不符。通常,这种情况为死锁,即不可能转变到其他状态的非预期状态。死锁通常在多个过程彼此等待时发生,在不接收来自其他过程的输入时将无法继续进行。

可使用几种技术验证 SPIN 中的不变量。一种方法是向模型中添加一个包含断言(P)的过程。断言总是可执行的,因此将与模型中的所有其他动作交错,使它们在分析期间被重复检查。一旦条件 P 为假,那么 SPIN 将识别出断言不成立并进行错误报告。

这种方法的变体是使用原子{! P→assert(P)}形式的监视语句。如前所述,在分析期间重复检查条件! P。一旦! P 为真,则违反断言 P。现在可执行的断言语句触发 SPIN 对断言违例的反应。该变体是标准 SPIN 的常用方法,其运行结果是断言(P)相同,但执行效率更高。

该方法通过引入监测过程(第 57 行~第 60 行)来验证 MCP 模型的不变性:

```
proctype monitor () {/ * Checks on invariant assertions * /
atomic {(side_active[0] && side_active[1]) →
        assert(! (side_active[0] && side_active[1]))}
}
```

在前面的描述中,监视器不变性的条件为在任意时刻最多一侧是活动的。

数组变量 side_active(第 3 行)记录每一侧是否为活动面板。通过不变性排除的情况是双侧均被认为是活动面板,这显然是不希望出现的情况。

有几种其他方法可用于表达 SPIN 模型中的不变性。一种方法是使用从不声明,这是一个基于 Buchi 自动机进行分析的特殊 SPIN 结构,其理论结构具有满足该任务的合适语义。另一种方法构造线性时序逻辑(LTL)公式,SPIN 首先转换为从不声明。LTL 可用于表达除不变性之外的附加属性。

图 43 - 2 显示了在提出双 MCP 模型之后 SPIN 验证器输出的报告。报告包括在搜索过程中检查到的各种错误信息。在这种情况下,选择违反断言和无效结束状态。报告还展示了访问的状态计数,深度优先搜索的最大范围以及关于存储器的使用情况。

```
(Spin Version 6. 2. 3 —— 24 October 2012)
+ Partial Order Reduction
Full statespace search for:
never claim — (not selected)
assertion violations +
cycle checks — (disabled by -DSAFETY)
invalid end states +
State-vector 72 byte, depth reached 9773, errors: 0
    51373 states, stored
    106910 states, matched
    158283 transitions (=stored+matched)
        5 atomic steps
hash conflicts: 542 (resolved)
Stats on memory usage (in Megabytes):
    4. 115 equivalent memory usage for states (stored * (State-vector + overhead))
    3. 413 actual memory usage for states (compression: 82. 93%)
            state-vector as stored =58 byte + 12 byte overhead
    64. 000 memory used for hash table (—w24)
    0. 343 memory used for DFS stack (—m10000)
    67. 664 total actual memory usage
pan: elapsed time 0. 11 seconds
No errors found —— did you verify all claims?
```

图 43 - 2 在模型上运行 SPIN 的验证输出

报告最后列出了最终的结论"未发现错误"。对于这个模型，没有错误表明：① side_active 在每个状态中不变量均为真；② 在模型中未发现死锁状态。

要验证表达所需属性的其他不变量或 LTL 公式是可能的。一个例子是不变量的验证，除了在更新这些值的处理动作中间，两侧面板状态始终相同。另一种可能是对属性的验证，即在 k 侧接收到停用信号之后 $1-k$ 侧最终变为活动，表达此属性需要时间逻辑(LTL)公式。

值得注意的是，可使用 SPIN 或其他几个模型检查器来表示和分析第 43. A. 1 节中的 PVS 模型。事实上，Luttgen 和 Carreno[12]测验了 3 个模型检查器，以确定它们对于模式混淆的可能来源(类似于本章探讨的问题域)设计的分析效果。此外，如果 43. A. 1 节中 MCP 模型在本质上更具数值性，或者形式化了重要的数据结构，那么演绎验证可能比模型检查更恰当。

43.6 抽象解释

1977 年引入了抽象解释[4]，此方法基于广泛的数学基础，主要用于开发直接检查源代码的静态分析器。静态分析器并不验证用户提供的模型或属性，而是寻找可能导致各种运行错误的代码缺陷。即使分析器的理论和算法具有深厚的数学基础，但主要还是用于软件开发。

尽管目前正在进行研究以扩大抽象解释工具的范围，但是它们已被并入两个商用产品。PolySpace 在法国开发，后来由 MathWorks 购买，并纳入其产品线[13]。PolySpace 可分析用 C、C ＋＋和 Ada 编写的软件。第二代工具为分析师统计逻辑分析器(实时嵌入式软件静态分析器，ASTREE)[5]，用于分析空客飞机使用的大量软件(超过 400 KLOC)，现在由商业工具供应商分销。

NASA 埃姆斯研究中心开发了一种非商用系统 C[22] Global Surveyor，用于验证数组绑定的符合性。这个工具应用于 NASA 火星探测漫游任务的飞行软件(550 KLOC 以上)。此外,它分析了用于任务深空 1(280 KLOC)和火星探路者(140 KLOC)的软件。

遗憾的是,基于抽象解释的工具开发费用非常高,几乎没有可用的产品。除上面提到的产品外,唯一实现的是研究原型。重要工具很少提供开源代码。此外,抽象解释算起来可能很昂贵;偶尔需要由专家进行微调才能实现。尽管有这些局限性,航空航天软件已将其成功应用的历史记录抽象解释成了航空电子项目的可行技术。

43.6.1   一般特征

近年来引入的几个静态分析工具在软件开发者中很受欢迎。这些工具包括来自 Coverity 和 Klocwork 等公司的产品。毫无疑问,这些工具有助于发现缺陷,但应用启发式可能会导致假阳性和假阴性。对于可靠软件,产生假阴性(即未检测到的缺陷)的结果是有问题的。

相反,通过抽象解释的分析是合理的,不可能产生假阴性。若分析器未能在一段代码中找到特定类别的缺陷,则保证代码没有此类缺陷。因此,分析构成了一种强大的验证形式。

然而,假阳性仍然可能带有抽象解释。工具开发者试图提高其准确度并降低其假阳性率。更高的准确度通常需要更多的计算,因此实现更高质量的结果存在实际限制。假阳性结果通常源于软件将在其中运行时环境的信息不足。因为不能出现促发错误发生的条件,软件工程师需要仔细检查来确定所讨论的运行错误何时不能发生。

抽象解释的核心是抽象域概念和严谨的离散近似形式。抽象域 A 包括形成具体域 C 的抽象操作和属性。虽然不如 C 的语义精确,但是 A 及其相关的近似算法产生的抽象语义足以完成特定程序属性的分析。此外,抽象语义的计算通常很简单。

几个常用的抽象域包括间隔和凸多面体等。通过在具体域和抽象域之间进行映射，抽象域实现了一种"过度近似"，允许对有关程序变量的可能值进行有用的推断。例如，通过使用间隔来约束循环中的整数变量值，算法可在 n 次迭代之后推断可能值的范围。在这个过程中，衍生了一个约束变量值空间的循环不变量。

更详细的说明请参考以下代码段。

```
x = 0;
for (i = 0; i < 10; i++) {
if (f(i, x) > 20) x += 2;
else x += 1;
    }
```

某种分析方法将使用由变量 i 和 x 生成的 2D 空间。由于每次迭代时变量 x 增加 1 或 2，所以，典型的算法可推出 $i \leqslant x \leqslant 2i$。使用凸包方法，可通过缩小过程找到循环变量 i 的出口值，变量 x 的范围可缩小到区间[10,20]。进而，x 的范围又可用于显示其他操作（如数组访问）在其范围内。虽然对于这样一个简单的例子，这些结果是显而易见的，但该方法适用于无法手动分析的复杂情况。

除已经提到的数学理论外，抽象解释还依赖于对编程语言语义的完全准确的表示。鉴于大多数语言具有语义不确定性的区域（如模糊性和未定义的行为），分析器需要适应这些由于语义的不确定性带来的困难。影响程序执行的任何功能都可能涉及分析过程。事实上，可将编译器在代码生成期间执行的某种分析看作是抽象解释的实例。

43.6.2　可使用抽象解释验证的属性

可通过抽象解释检测导致几种运行时错误的软件缺陷。验证器可确定以下这些类别中的代码何时无缺陷：

（1）超限数组的访问和缓冲区溢出。

（2）未初始化数据的只读访问。

（3）指针解引用的问题(空指针、超限访问)。

（4）无效算术运算(除零、负数平方根、其他)。

（5）非法类型的转化。

（6）整数和浮点的上溢和下溢。

（7）一些非终止循环的情况。

（8）共享数据的并发访问。

（9）C 语言标准中被指定为具有未定义行为的各种情况。

（10）某些用户定义的运行属性的违反。

抽象解释研究旨在探索新的抽象域，并在不会导致太大计算成本的情况下提升准确度。例如，NASA Ames 团队正在开发用于开放式静态分析器的推理内核(IKOS)。IKOS 并不创建一个独立程序，而是将创建一个 C＋＋库，主要用于促进开发基于抽象解释的静态分析器。结合其他软件包，开发人员最终能够使用 IKOS 创建具有特定应用领域所需特性的自定义分析器。

微软研究公司已开始使用 cccheck 工具开发另一种方法[6]。cccheck 也称为 Clousot，使用抽象解释以不依赖语言的方式执行程序合约的静态分析，并已添加到合约设计程序的代码合约框架中。前提条件、后置条件和对象不变量是支持的合约类型。cccheck 旨在只通过分析来决定程序是否违反其合约。

43.7　小结

本章介绍了形式化方法工具和技术的简要示例。尽管使用的示例(MCP)与实际复杂的航空电子系统相比非常简单，但它足以说明形式化语言及其工具的基本用法。建议读者浏览 PVS、SPIN 和其他工具的网站，以了解有关其功能的更多信息。到目前为止，并无实际进行小型建模和验证项目的替代方法。在进行认真验证之前，建议进行这种探索性的研究投入。

大多数方法需要投入大量的时间才能达到熟练的程度。然而，确定一种方法是否适合当前要求并不需要太高的专业水平。无论如何，形式化方法的日益完善将会加速其在安全关键航空电子设备中的应用。随着工程劳动力日益熟悉形式化方法，其在主流项目中的使用可能会增加。

显然，讨论的 3 种形式化方法或任何单独的工具或方法都不是完整的分析方法。在实际应用中，开发人员可能会合并使用几种工具和技术来实现他们的验证目标。虽然很少有工具能促进这种异构使用，但形式化方法工具开发人员越来越意识到，应更加关注互操作性。

最近由 Rockwell Collins 完成的一套案例研究旨在为按照 DO‐333 进行形式化方法认证的实践者和认证者提供帮助。这些案例研究最近作为 NASA 承包商报告发表[23]。

43. A　附录

43. A.1　PVS 规范列表

1 defs：THEORY

2 BEGIN

3

4 md_status：TYPE = {off, armed, engaged}

5 off_eng：TYPE = {md：md_status | md = off OR md = engaged}

6

7 disp_status：TYPE = {pre_selected，current}

8

9 altitude_vals：TYPE = {away，near_pre_selected，at_pre_selected}

10

11 state：TYPE = [♯ att_cws: off_eng,

12 cas_eng：off_eng，

13 fpa_sel：off_eng，

14 alt_eng：md_status，

15 alt_disp：disp_status，

16 fpa_disp：disp_status，

17 cas_disp：disp_status，

18 altitude：altitude_vals ♯]

19

20 events：TYPE = {press_att_cws, press_cas_eng, press_fpa_sel,

21 press_alt_eng, input_alt, input_fpa, input_cas,

22 alt_reached, alt_gets_near, fpa_reached}

23

24 END defs

25

26 tran：THEORY

27 BEGIN

28

29 IMPORTING defs

30

31 event：VAR events

32 st：VAR state

33

34 tran_att_cws(st)：state =

35 IF att_cws(st) = off THEN

36 st WITH [att_cws：= engaged, fpa_sel：= off, alt_eng：= off,

37 alt_disp：= current, fpa_disp：= current]

38 ELSE st%%IGNORE

39 ENDIF

40

41 tran_cas_eng(st): state =

42 IF cas_eng(st) = off THEN

43 st WITH [cas_eng:= engaged]

44 ELSE

45 st WITH [cas_eng:= off, cas_disp:= current]

46 ENDIF

47

48 tran_fpa_sel(st): state =

49 IF fpa_sel(st) = off THEN

50 st WITH [fpa_sel:= engaged, att_cws:= off,

51 alt_eng:= off, alt_disp:= current]

52 ELSE

53 st WITH [fpa_sel:= off, fpa_disp:= current, att_cws:= engaged,

54 alt_eng:= off, alt_disp:= current]

55 ENDIF

56

57 tran_alt_eng(st): state =

58 IF alt_eng(st) = off AND alt_disp(st) = pre_selected THEN

59 IF altitude(st)/= away THEN %% ENG

60 st WITH [att_cws:= off, fpa_sel:= off, alt_eng:= engaged,

61 fpa_disp:= current]

62 ELSE %% ARM

63 st WITH [att_cws:= off, fpa_sel:= engaged, alt_eng:= armed]

64 ENDIF

65 ELSE

66 st%% IGNORE request

67 ENDIF

68

69 tran_input_alt(st): state =

70 IF alt_eng(st) = off THEN

71 st WITH [alt_disp: = pre_selected]

72 ELSE

73 st WITH [alt_eng: = off, alt_disp: = pre_selected,

74 att_cws: = engaged, fpa_sel: = off, fpa_disp: = current]

75 ENDIF

76

77 tran_input_fpa(st): state =

78 IF fpa_sel(st) = off THEN st WITH [fpa_disp: = pre_selected]
ELSE st ENDIF

79

80 tran_input_cas(st): state =

81 IF cas_eng(st) = off THEN st WITH [cas_disp: = pre_selected]
ELSE st ENDIF

82

83 tran_alt_gets_near(st): state =

84 IF alt_eng(st) = armed THEN

85 st WITH [altitude: = near_pre_selected, alt_eng: = engaged,

86 fpa_sel: = off, fpa_disp: = current]

87 ELSE

88 st WITH [altitude:= near_pre_selected]

89 ENDIF

90

91 tran_alt_reached(st): state =

92 IF alt_eng(st) = armed THEN

93 st WITH [altitude:= at_pre_selected, alt_disp:= current,

94 alt_eng:= engaged, fpa_sel:= off, fpa_disp:= current]

95 ELSE

96 st WITH [altitude:= at_pre_selected, alt_disp:= current]

97 ENDIF

98

99 tran_fpa_reached(st): state = st WITH [fpa_disp:= current]

100

101 nextstate(st, event): state =

102 CASES event OF

103 press_att_cws: tran_att_cws(st),

104 press_alt_eng: tran_alt_eng(st),

105 press_fpa_sel: tran_fpa_sel(st),

106 press_cas_eng: tran_cas_eng(st),

107 input_alt: tran_input_alt(st),

108 input_fpa: tran_input_fpa(st),

109 input_cas: tran_input_cas(st),

110 alt_reached: tran_alt_reached(st),

111 fpa_reached: tran_fpa_reached(st),

112 alt_gets_near: tran_alt_gets_near(st)

113 ENDCASES

114

115 END tran

116

117 panel: THEORY

118 BEGIN

119

120 IMPORTING tran

121

122 event: VAR events

123 st: VAR state

124 P: VAR pred[state]

125

126 is_initial(st): bool = att_cws(st) = engaged

127 AND cas_eng(st) = off

128 AND fpa_sel(st) = off

129 AND alt_eng(st) = off

130 AND alt_disp(st) = current

131 AND fpa_disp(st) = current

132 AND cas_disp(st) = current

133

134 trace: TYPE = {s: sequence[state] |

135 is_initial(s(0)) AND

136 FORALL (i: nat):

137 EXISTS (e: events): s(i + 1) = nextstate(s(i), e)}

138

139 is_invariant(P): bool = FORALL (T: trace): FORALL (i: nat):

P(T(i))

140

141 invariant_cases: LEMMA

142 (FORALL st: (is_initial(st) IMPLIES P(st)) AND

143 (P(st) IMPLIES FORALL (e: events): P(nextstate(st, e))))

144 IMPLIES is_invariant(P)

145

146 mode_rqmt(st): bool =

147 (att_cws(st) = engaged OR fpa_sel(st) = engaged

148 OR alt_eng(st) = engaged) AND

149 (alt_eng(st)/= engaged OR fpa_sel(st)/= engaged) AND

150 (att_cws(st) = engaged IMPLIES

151 alt_eng(st)/= engaged AND fpa_sel(st)/= engaged) AND

152 (alt_eng(st) = armed IMPLIES fpa_sel(st) = engaged)

153

154 armed_rqmt(st): bool = (alt_eng(st) = armed IMPLIES altitude
(st) = away)

155

156 mode_invariant: THEOREM is_invariant(mode_rqmt)

157

158 armed_invariant: THEOREM is_invariant(armed_rqmt)

159

160 END panel

43.A.2 SPIN 模型列表

1 mtype = {pstate, activate}

2

```
3 bool side_active[2]= false;
4
5 chan MCP_commands[2]= [1] of {byte};/* Represents buttons,
dials */
6
7 chan switch_over[2]= [1] of {bit};/* Signal to activate other
MCP */
8
9 chan to_MCP[2]= [1] of {mtype, byte};/* Pipes between
MCPs */
10
11 proctype MCP (bit side)/* Mode-control panel process */
12 {
13 byte panel_state,c,s;
14 bit b;
15
16 do
17 :: switch_over[side]? b →/* Need to activate other side */
18 if
19 :: side_active[side] →
20 side_active[side]= false;
21 to_MCP[1-side]! activate,panel_state
22 :: else → skip
23 fi
24 :: MCP_commands[side]? c →
25/* Following represents a panel state transition */
```

26 panel_state = 1

27 :: to_MCP[side]? activate, s →/* Other MCP is passing the baton */

28 if

29 :: ! side_active[side] →

30 panel_state = s

31 side_active[side]= true

32 :: else → skip

33 fi

34 :: to_MCP[side]? pstate, s →/* Received a state update from other MCP */

35 If

36 :: ! side_active[side] →

37 panel_state = s

38 :: else → skip

39 fi

40 od

41 }

42

43 proctype switcher () {/* Generates switch-over inputs */

44 do

45 :: switch_over[0]! 0 → skip

46 :: switch_over[1]! 0 → skip od

47 od

48 }

49

```
50 proctype crew _ commands ( ) {/ * Simulates commands from
pilots * /
51 do
52 :: MCP_commands[0]! 0
53 :: MCP_commands[1]! 0 od
54 od
55 }
56
57 proctype monitor () {/ * Checks on invariant assertions * /
58 atomic {(side_active[0] && side_active[1]) →
59 assert(! (side_active[0] && side_active[1]))}
60 }
61
62 init {atomic {side_active[0]= true;
63 run MCP(0); run MCP(1) ;
64 run crew_commands();
65 run switcher();
66 run monitor()
67 }}
```

参考文献

[1] J. R. Burch, E. M. Clarke, K. L. McMillan, D. L. Dill, and L. J. Hwang. Symbolic model checking: 10_{20} states and beyond. *Information and Commutation*, 98, 142 – 170, 1992.

[2] E. M. Clarke and A. Emerson. Synthesis of synchronization skeletons for branching time temporal logic. In *Logic of Programs Workshop*, volume 131 of *Lecture Notes in Computer Science*, Springer-Verlag, Yorktown Heights, NY, 1981.

[3] E. M. Clarke, O. Grumberg, and D. Peled. *Model Checking*. MIT Press, Cambridge, MA, 1999.

[4] P. Cousot and R. Cousot. Abstract interpretation: A unified lattice model for static analysis of programs by construction or approximation of fixpoints. In *Fourth Symposium on Principles of Programming Languages*, pp. 238 – 353, 1977.

[5] P. Cousot, R. Cousot, J. Feret, L. Mauborgne, A. Mine, D. Monniaux, and X. Rival. The ASTREE analyzer. In *European Symposium on Programming (ESOP'05)*, volume 3444 of *Lecture Notes in Computer Science*, pp. 21 – 30, Springer, Heidelberg, Germany, 2005.

[6] M. Fahndrich and F. Logozzo. Static contract checking with abstract interpretation. In *Formal Verification of Object-Oriented Software FoVeOOS*, pp. 10 – 30, Springer-Verlag, Paris, France, 2010.

[7] M. J. C. Gordon and T. F. Melham. *Introduction to HOL: A Theorem Proving Environment for Higher-Order Logic*, Cambridge University Press, Cambridge, England, 1993.

[8] G. Holzmann. The model checker Spin. *IEEE Transactions on Software Engineering*, 23(5): 279 – 295, 1997.

[9] G. Holzmann. *The Spin Model Checker: Primer and Reference Manual*. Addison-Wesley, Pearson Education, Boston, 2004.

[10] INRIA. *The Coq Proof Assistant Reference Manual*. http://coq. inria. fr/ documentation.

[11] M. Kaufmann, P. Manolios, and J. S. Moore. *Computer-Aided Reasoning: An*

Approach. Kluwer Academic Press, Dordrecht, Netherlands, 2000.

[12] G. Luttgen and V. Carreno. Analyzing mode confusion via model checking. Technical Report NASA/CR - 1999 - 209332 (ICASE Report No. 99 - 18), NASA Langley Research Center, May 1999.

[13] The MathWorks. PolySpace verifier. http://www. mathworks. com/products/polyspace.

[14] J. F. Monin and M. G. Hinchey. *Understanding Formal Methods*. Springer, NY, 2003.

[15] NASA Langley PVS library collection. Theories and proofs available at http://shemesh. larc. nasa. gov/fm/ftp/larc/PVS-library/pvslib. html.

[16] NuSMV symbolic model checker. http://nusmv. fbk. eu/NuSMV.

[17] S. Owre, J. Rushby, and N. Shankar. PVS: A prototype verification system. In *11th International Conference on Automated Déduction (CADE)*, volume 607 of *Lecture Notes in Artificial Intelligence*, pp. 748 - 752, Saratoga, NY, 1992.

[18] S. Owre, J. Rushby, N. Shankar, and F. von Henke. Formal verification for fault-tolerant architectures: Prolegomena to the design of PVS. *IEEE Transactions on Software Engineering*, 21(2): 107 - 125, 1995.

[19] L. C. Paulson. *Isabelle: A Generic Theorem Prover*, volume 828 of LNCS, Springer, Heidelberg, Germany, 1994.

[20] J. P. Queille and J. Sifakis. Specification and verification of concurrent systems in Cesar. In *Fifth International Symposium on Programming*, volume 137 of *Lecture Notes in Computer Science*, pp. 195 - 220. Springer-Verlag, Heidelberg, Germany, 1981.

[21] RTCA, Inc. Washington, DC. *DO - 333*, *Formal Methods Supplement to DO - 178C and DO - 278A*, December 13, 2011. http://www. rtca. org.

[22] A. Venet and G. P. Brat. Precise and efficient static array bound checking for large embedded C programs. In *International Conference on Programming*

Language Design and Implementation (*PLDI*), pp. 231 - 242, 2004.

[23] Darren Cofer and Steven Miller. Formal Methods Case Studies for DO - 333. Technical Report NASA/CR - 2014 - 218244, NASA Langley Research Center, April 2014. Available at http://ntrs.nasa.gov.

44

导航与跟踪

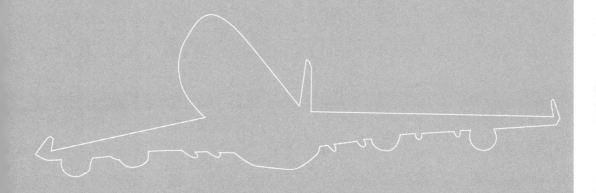

44.1　导言

导航("Nav")任务与许多航空电子设备的功能是相互配合的。为了阐明要点,本章不讨论密集编队、制导、操纵、将燃油/噪声/污染减至最低程度,或者到达时间管理等问题,而把重点放在任何时刻以传感器输出组合可获得的最高精度来确定位置和速度(加上适用的其他变量,如加速度、垂直速度、航向等)。位置可以表示为始于一个指定点的矢量位移,或者用经度、纬度、平均海拔高度或大地水平面高度,或者兼用两种高度来表示。速度可以采用各种方位基准(如大地北、通用横向麦卡托(UTM)格网北、跑道中心线、具有或者不具有地球恒星速率旋转矩的偏置方位等)的局部平面坐标系来表示。原则上任何一组坐标轴都可使用,例如以地球为中心的地球固定(ECEF)坐标系,用一个笛卡儿(Cartesian)矢量定义位置,或者笛卡儿坐标系中的速度,也可用地速、航迹角以及地面航迹角来表示,但在任何一种情况下都应该使用公认的约定。

在变化的条件下用任何配置都可以接近最佳精度。这种技术是航位推算法,它最适用于惯性导航系统(INS)。实质上,INS 通过导出的数据进行运行累积来提供三维的连续位置、速度和姿态。每当导航传感器给出一个完全或部分的定位时,代表导航系统状态的整组变量就会进行一次不连续的更新,每个状态变量重新调整的数目由基于现代估计理论的加权运算决定。通过这种方式,随着每一次更新,时间"0"向前移动(因此保持当前状态),用于航位推算装置的"初始"状态事实上也重新初始化。计算机控制的操作很容易调整实际中可能出现的状况(不完整的定位、不一致的数据率、间断的可用性、改变测量几何和变化的精度),从而提供具有极好灵活性的柔性降级备份。这种方法内在地组合了航位推算数据的短期精度和导航装置的长期精度。紧耦合 GPS/INS被认为是最佳协同作用方案的例子,其中惯性信息提供短期的辅助,大大地改善了窄带码和/或载波跟踪的响应,而 GPS 信息抵消了 INS 长期累积的误差。

导航的目标早就不只是确定地理位置了。在过去的 10 余年里,人们做了大量的工作，将导航与传感器稳定和飞行控制综合起来，从惯性仪表中获得双倍或三倍的"里程效益"。更老一些的辅助任务是目标锁定、精确瞄准、跟踪、天线稳定、图像传感器的稳定(转移对准)等。阵列天线(包括一些单元失效时用柔性降级来恢复功能)的数字波束成形(DBF)技术，需要那些失效单元瞬时相对位置的重复数据。在可变形的结构中，这会要求使用多重低成本的转移-对准惯性测量单元(IMU)，或者要求使用空间数据适配气动力的弹性模型。这种多重的要求强调了组合操作的重要性。本章的余下部分将说明应当如何进行这种组合。

44.2 基本原理

为了实现上述目标，需要在新、旧信息之间取得最可用的平衡，以避免两种极端，即过分依靠旧数据，或者按照每次最新的输入立刻做出结论。现代估计算法提供了这种平衡，它接受来自导航传感器的每个数据片断，按照其作用立即进行加权，以搞清楚每一个被估计的变量。确定数据片段的作用要考虑各种因素，即数据能在多大程度上揭示对每一个变量的影响。这些因素包括以下几个方面：

(1) 瞬时几何参数(如沿某条斜线的距离隐含多个坐标方向的信息)。

(2) 每次测量的定时(如按已知时间间隔的距离测量隐含了速度和位置信息)。

(3) 与测量前已有的估计精度相比较的数据精度。

只有考虑了所有这些因素后，精度、灵活性以及通用性才能达到最大限度。为了逐步处理各种情况，现以一架悬停在恒定高度的直升机作为例子，其高度值需要在重复观察高度表的基础上确定。设第一次测量的初始事后估计为$\hat{Y}_1$，第二次测量预计的事前估计为$\hat{x}_2^{(-)}$，那么用第三次观察来修正该估值，

得到

$$\hat{x}_2^{(-)} = \hat{x}_1^{(+)}, \ \hat{x}_2^{(+)} = \hat{x}_2^{(-)} + \frac{1}{2} z_2, \ z_2 \triangleq \hat{Y}_2 - \hat{x}_2^{(-)} \qquad (44-1)$$

对于第三次观察有

$$\hat{x}_3^{(-)} = \hat{x}_2^{(+)}, \ \hat{x}_3^{(+)} = \hat{x}_3^{(-)} + \frac{1}{3} z_3, \ z_3 \triangleq \hat{Y}_3 - \hat{x}_3^{(-)} \qquad (44-2)$$

然后对于第四次观察有

$$\hat{x}_4^{(-)} = \hat{x}_3^{(+)}, \ \hat{x}_4^{(+)} = \hat{x}_4^{(-)} + \frac{1}{4} z_4, \ z_4 \triangleq \hat{Y}_4 - \hat{x}_4^{(-)} \qquad (44-3)$$

那么第 m 次观察的一般表达式为

$$\hat{x}_m^{(-)} = \hat{x}_{m-1}^{(+)}, \ \hat{x}_m^{(+)} = \hat{x}_m^{(-)} + \frac{1}{m} z_m, \ z_m \triangleq \hat{Y}_m - \hat{x}_m^{(-)} \qquad (44-4)$$

上式可以改写为

$$\hat{x}_m^{(+)} = \frac{m-1}{m} \hat{x}_m^{(-)} + \frac{1}{m} \hat{Y}_m, \ m > 0 \qquad (44-5)$$

将 $m=1$ 代入此方程式便产生先前提到的状态,即首次估计等于首次测量;将 $m=2$ 代入此方程式并结合该状态,产生第二次的一个事后估值,它等于最初两个测量值的平均值。连续以 $m=3,4,\cdots$ 代入,产生一般的结果为在第 m 次测量以后的估计值简单地等于所有测量值的平均值。

这样,式(44-1)～式(44-5)的递推估计方程式与从所有数据的平均值一步得出结果的整组估计之间建立了一个等效关系。众所周知,当所有的观察在统计上有相同的精度时,此时平均是最佳的。在这种条件下给出的递推必然是最优的。当测量误差为具有零均值和方差 R 的独立随机取样序列时,显然在第 m 次测量平均之后,均方根估值误差 $P_m^{(+)}$ 正好是 R/m。这是一个事后估值

（刚好包括了最后一次观察）的方差；对于事先估值，则方差 $P_m^{(-)}$ 为 $R/(m-1)$。
这启发我们把式（44-5）表示为分别由下列因子加权的新旧数据的混合和。

$$\frac{R}{P_m^{(-)}} = \frac{R/P_m^{(-)}}{1+R/P_m^{(-)}} = \frac{m-1}{m} \qquad (44-6)$$

和

$$\frac{P_m^{(-)}}{P_m^{(-)}+R} = \frac{1}{m} \qquad (44-7)$$

加权取决于方差，主要影响具有较低均方误差的信息。式（44-6）和式（44-7）左边表达的这种概念，可以扩展到比迄今考虑的特定（相同方差）场合更普遍的状况。我们现在将涉及更为复杂的任务。

作为第一步扩展，令高度表测量序列对高度 x_1 和垂直速度 x_2 估值进行重复修正。现在，对第 m 次观察的一般表达式可采用一个适用范围更广的形式：

$$\hat{x}_m^{(-)} = \boldsymbol{\Phi}_m \hat{x}_{m-1}^{(+)}, \ \hat{x}_m^{(+)} = \hat{x}_m^{(-)} + \boldsymbol{W}_m z_m, \ z_m \triangleq \hat{Y}_m - \hat{x}_{1,m}^{(-)}, \ \boldsymbol{x}_m \triangleq \begin{bmatrix} x_{m,1} \\ x_{m,2} \end{bmatrix}$$

$$(44-8)$$

这种方法包含了多重未知数的估计，这里系统的状态用一个状态矢量 x 来表示。此例中一个 2×1 的矢量含有两个状态变量，上标和下标的含义同引入的例子，但在上述状态中，按惯例用 $m,1$ 和 $m,2$ 分别表示 t_m 时刻的高度和垂直速度。对于这种动态情况，在时刻 t_m 的事前估计并非简单地等于前一刻的事后估计，前一刻的状态必须左侧乘上以下转移矩阵 $\boldsymbol{\Phi}_m$ 来完成时间外推。

$$\boldsymbol{\Phi}_m = \begin{bmatrix} 1 & t_m - t_{m-1} \\ 0 & 1 \end{bmatrix} \qquad (44-9)$$

与静态情况不同，现在经过的时间成为重要因素，因为不完善的感知速度增大了在各次观察之间高度的不确定性，而按已知时间间隔分隔的位置测量携

带了隐含的速度信息(在这种场合下,矢量估值能从标量数据获得)。用于每一次测量的加权受到下列 3 个因素的影响:

(1) 灵敏度矩阵 $\boldsymbol{H}_m$。它的 (i,j) 元素是第 m 次测得的数据矢量的第 i 个分量对就第 j 个状态变量的偏导数。在标量测量的情况下,对所有 m 值,$\boldsymbol{H}_m$ 是一个 1×2 矩阵 $[1 \quad 0]$。

(2) 在时刻 t_m 的状态估计中误差的协方差 $\boldsymbol{P}_m$(第 i 个对角线上元素 = 第 i 个状态变量估计的均方根误差);对角线外则有 $\boldsymbol{P}_{ij} = \boldsymbol{P}_{ji} = \sqrt{\boldsymbol{P}_{ii}\boldsymbol{P}_{jj}} \times$(第 i 个和第 j 个状态变量之间不确定性的关联系数)。

(3) 在时刻 t_m 的测量误差的协方差矩阵 $\boldsymbol{R}_m$(在标量测量的情况下,$\boldsymbol{R}_m$ 是一个 1×1 "矩阵",即标量方差 $\boldsymbol{R}_m$)。

虽然 $\boldsymbol{H}_m$ 和 $\boldsymbol{R}_m$ 的形式直接遵循它们的定义,但是 $\boldsymbol{P}_m$ 是随时间(如消除了速度误差对位置误差的影响)和测量事件(当信息增加时估计误差下降)而变化的。用这种"连续离散"的方法,降低了离散测量事件中的不确定性:

$$P_m^{(+)} = P_m^{(-)} - \boldsymbol{W}_m \boldsymbol{H}_m P_m^{(-)} \tag{44-10}$$

而且,在事件之间,动态特性遵循下列形式的连续模型:

$$\dot{\boldsymbol{P}} = \boldsymbol{AP} + \boldsymbol{PA}^T + \boldsymbol{E} \tag{44-11}$$

这里 $\boldsymbol{E}$ 作为一个强制函数来保持 $\boldsymbol{P}$ 的正定性(借此提供稳定性和有效控制记忆持续时间,这里估计量的"数据窗"用 T 来表示),而 $\boldsymbol{A}$ 定义了被估计的状态矢量的动态特性($\dot{x} = \boldsymbol{A}x$ 而 $\dot{\boldsymbol{\Phi}} = \boldsymbol{A\Phi}$),在本例子中有

$$\boldsymbol{A} = \begin{bmatrix} 0 & 1 \\ 0 & 0 \end{bmatrix}; \quad \begin{bmatrix} \dot{x}_1 \\ \dot{x}_2 \end{bmatrix} = \boldsymbol{A} \begin{bmatrix} x_1 \\ x_2 \end{bmatrix} \tag{44-12}$$

给定 $\boldsymbol{H}_m$、$\boldsymbol{R}_m$ 和 $P_m^{(-)}$ 之后,最佳的(卡尔曼)加权矩阵为

$$\boldsymbol{W}_m = P_m^{(-)} \boldsymbol{H}_m^T (\boldsymbol{H}_m P_m^{(-)} \boldsymbol{H}_m^T + \boldsymbol{R}_m)^{-1} \tag{44-13}$$

当上述变换式简化到除以一个标量(在这个例子中,标量变成方差 $\boldsymbol{R}_m$ 加上 $\boldsymbol{P}_{11}$)时,对标量测量而言,上式产生一个矢量 $\boldsymbol{W}_m$:

$$\boldsymbol{W}_m = P_m^{(-)}\boldsymbol{H}_m^T/(\boldsymbol{H}_m P_m^{(-)}\boldsymbol{H}_m^T + \boldsymbol{R}_m)^{-1} \qquad (44-14)$$

先前悬停直升机的例子被视为这种垂直导航方程的一种特殊情况。做进一步的探讨,水平导航还涉及另外的问题,即多于一个方向上的位置的不确定性,测量受到一个以上未知数的影响(如位置线(LOP)偏离一个基本方向,如北向或者东向,见图 44-1)。用经典的"罗盘-六分仪"方法,使用航位推算法可画出位置增量的连续累积,直到出现由两条相交的直线或者曲线所确定的一个定位点。然后,位置将从该定位点重新开始,继续推算航位,直到下一次定位。对于组合导航,基本上改变了推算程序。

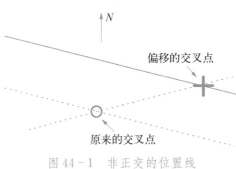

图 44-1 非正交的位置线

(1) 在重新设置初值时,要考虑数据的不完善性。正同已讨论的那样,卡尔曼加权[见式(44-13)和式(44-14)]是基于航位推算外推的精确度,以及每一次测量的方差和对每一个状态变量的测量灵敏度。最佳平衡是在旧的和新的信息中间做出的,而且这种内在的优化用于更新每一个状态变量(如应用到速度估计和位置估计,即使只能直接地观察到位置)。

(2) 定位可能是不完整的。在本例中一个相交位置线可能会丢失。一种最佳的更新仍然可由式(44-14) $\boldsymbol{W}_m$ 加权的部分定位数据来提供。

这两种可供选择的方式的含义可以用图 44-1 举例说明。图中画出的一对位置线代表部分的定位,但这两根线不必同步画出。使用下列关系式,每一个标量测量使整个状态矢量用式(44-14)的加权来优化更新,其关系为

$$\hat{x}_m^{(+)} = \hat{x}_m^{(-)} + \boldsymbol{W}_m z_m \qquad (44-15)$$

式中：z_m 是从时刻 t_m 的观察值减去预测的测量值形成的预测偏差，并经过测试验证，删除了杂乱的数据点。

$$z_m = y_m + \varepsilon = Y_m - \hat{Y}_m^{(-)} + \varepsilon = \hat{Y}_m - \hat{Y}_m^{(-)}; \quad \hat{Y}_m^{(-)} = Y(\hat{x}_m^{(-)}) \quad (44-16)$$

测量函数 $Y(x)$ 是一个典型的简单解析式(如到一个指定点的距离、到两个规定的基站位置的距离差、GPS 伪距或者载波相位差等)，它相对于每个位置状态的偏导数可以通过简单计算得到。H_m 的其他分量(如对速度状态变量的灵敏度)为 0，在这种场合下，那些状态的更新是由于在乘积 $P_m^{(-)} H_m^T$ 中 P 的对角线以外分量的动态变化而产生的。无论 R_m 是常量还是变量(如随着信号强度变化)，都作为一个已知量来处理；如果不能够精确地知道这个数量，可以取一个保守的上边界值。在启动估计处理时刻，状态估计中误差的协方差矩阵 P_0 也可以做同样处理。估计启动之后，对每次测量事件由式(44-10)跟踪其变化，测量之间由式(44-11)跟踪，因此总是可得到式(44-13)和式(44-14)的 P_0。

更需要注意的是，这些更新不是在新的实测坐标系上获得的，因为更新处理采用的是经典的"罗盘-六分仪"方法。就如老式领航仪知道如何使用局部信息一样，一个严格实现的现代估计方法也不会丧失那种功能。即使是在测量之间发生运动，在没有可靠的精确方法得到相交点的情况下，刚才所举的这个例子提供了最佳的更新。进一步说，即使从同步观察得到一个相交点，图 44-1 中交叉点的指北坐标也比指东的坐标更可信。为了表明这一点，测量误差实际上使虚线 LOP 被提升到如图 44-1 所示的实线位置，新的交点"＋"的北向坐标超过了"○"点的交点坐标，但是小于东西向坐标的偏移值。

在不同方向的不同灵敏度通过 H_m 已自动地被计及，就像 P 的动态特性将自动地给出速度更新，而没有按照各个测量的顺序变化直接形成速度，也像各个值一样本来就已考虑了测量精度的偏差。这样，理论上卡尔曼加权减轻了设计师的设计工作量，同时又保证有最佳的性能。在任何状态的估值中，没有其他的加权能够提供更小的均方根误差。事实上，这种保证是通过遵从附加的导则来实现的，它们中的一些应用了"广播节目表"（"across the board"）（如使用维持数值稳定性的算法），而其他的则是与应用相关。

现在已经为一般的使用确定了一种高度通用的基本方法，这种方法也可用于所述的一些特殊应用。刚才提到的通用性将从下面的例子中看出。特别应注意标准的运算步骤循环，各个动态模型和各个测量应能足以确定这种运算。

44.3 各种应用

现在通过离散的或者离散化的观察（不管是完全的还是部分的定位）来描述各种的运算，这些运算使用统一的形式。重复的瞬时，刷新值来表示状态的动态特性（dynamics）①。有限的空间有必要在这里对范围做某些限制。首先，所有的更新都将从与位置有关的测量开始（如多普勒频移可用作连续航位推算的数据源，但是这里并不考虑作为离散的定位）。此外，所有的导航参考坐标系是局部的平面坐标系。除了所熟知的北-东-下（NED）和东-北-上（ENU）坐标系之外，还包括了任何偏置方位坐标系（它相对地理坐标围绕当地垂直轴转过一个方位角）。虽然这些参考系不是惯性参考系（因此速度矢量不完全是导航坐标系中所表示的总加速度的时间积分），应该从已知的运动学角度做出调整，但这里不做深入的讨论。这里需要把先前提到的数据窗口 T 限制到不超过舒尔特（Schuler）周期（84 min）的 1/10 间隔内。考虑到多数现代航空电子应用在几分钟内所用测量数据的总量，因此这种限制并不苛刻。

---

① 动态特性（dynamics）和动力学（kinematics）两词的解释如下。在经典物理中，术语"动态特性"用来表示力和直线加速度之间的关系，或者力矩和旋转加速度之间的关系，而"动力学"描述加速度、速度和位置之间的关系。在估值领域，所有的状态的连续时变量都用术语"动态特性"来概括。

本节将引用参考文献[1]一文中提出的条件扩展、INS特性、更宽的误差建模、增强分析推演、分析推演物理基础，以及在每次单独运算中应用估计的许许多多实际要"做与不做"的问题。

44.3.1　沿一条直线的位置和速度

前面提到的垂直导航情况可以扩展到时变速度的情况，这里要使用准确的（不必是精确无误的）已知垂直加速 Z_V，即

$$\begin{bmatrix} \dot{x}_1 \\ \dot{x}_2 \end{bmatrix} = \begin{bmatrix} 0 & 1 \\ 0 & 0 \end{bmatrix} \begin{bmatrix} x_1 \\ x_2 \end{bmatrix} + \begin{bmatrix} 0 \\ Z_V \end{bmatrix} \tag{44-17}$$

上式可以有多种解释。若约定向上为正方向（例如，ENU 坐标系），则 x_1 可以代表任何基准面上的一个高度，x_2 为向上的速度；经简单的重新解释也可以调整为约定向下为正方向（NED 坐标系）。在任何情况下，上面的方程式正确地表征了实际的垂直位置和速度（用 Z_V 和所有 x 的真值），同样也表征估计的垂直位置和速度（在 Z_V 和所有 x 上方加音调符 ^ 表示）。

因此两值相减，也能够表征垂直位置和速度的不确定性（即估值误差，用代字符号 ~ 代替 Z_V 和所有 x 上的符号 ^）。这样就解释了该表达式在以下两种独立运算中的作用。

（1）把一个事后估计（紧接最后观察的结论）外推到下一个测量时刻，以得到一个状态矢量的事前估计。这个估计用来预计测量值。若很容易构成一个转移矩阵[如本例子中的式(44-9)]，则有时可用它做外推，但并不总能这样做。

（2）通过式(44-11)从时刻 t_{m-1} 到 t_m 与协方差矩阵的传递始于事后值 $P_{m-1}^{(+)}$ 终结于事前值 $P_m^{(-)}$。此外，使用式(44-9)的另外一种协方差传递形式也是可选择的。

这两步运算之后，在时刻 t_m 计算周期结束时，可以从式(44-14)得到增

益,从式(44-16)取得预测偏差,利用式(44-15)更新数据,并通过式(44-10)减小不确定性。

刚才描述的运算可以用一幅普通的图来表示。从航位推算(DR)位置增量累积过程中的速度数据可预计每次测量值。预计的和观察的定位之差 z(象征性地表示为用一个瞬间闭合开关来描述的离散事件)经位置增益 W_{pos} 和速度增益 W_{vel} 加权后用于更新数据。修正后的值用于此后的运算,为后续修正奠定基础。

为了确定高度和垂直速度,图 44-2 中测量预测方框可换成直接连接,将高度表定位与乘积(时间增量)×(垂直速度)的反复重新初始化的累积值进行比较。在图 44-2 特有的实现中,事后位置随时间变化,以跟踪真实位置,均方根(rms)位置误差将保持在 $\sqrt{P_{11}}$ 附近。在首次测量中,任意大的初始的不确定性使传感器的容差下降——然后以 $\sqrt{P_{22}}$ 决定的速率开始迅速上升。第二次测量产生了跟随另一次爬升的再次下降,但现在以较平缓的斜率下降,这是由于在已知的时间间隔内,从重复的位置观察中得到了隐含的速度信息。在有了足够的定位数据的情况下,该过程将逼近一个准静态状态,$\sqrt{P_{11}}$ 保持在接近传感器均方根误差的水平上。

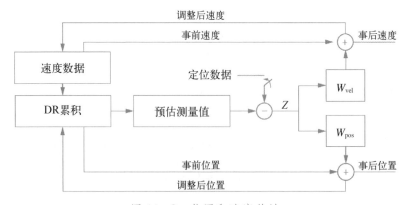

图 44-2　位置和速度估计

DR-航位推算;W_{vel}——速度增益;W_{pos}——位置增益

关于这一点可能会引出大量防止误解的说明和细节,有些很明显的情况将在这里提出来,其中有以下几点:

(1) 在采用静态例子的模拟中,式(44-7)左边以 $P_{m11}^{(-)}$ 代替 $P_m^{(-)}$,这意味着随着测量累积,大的初始加权后是较小的加权。如果定位来自具有可变容差的传感器,则整个方法依然可用,仅参数值有改变。当 RMS 定位误差较大时,图 44-3 所示的下降步幅将会小一些,而且斜率减少量也会小一些。

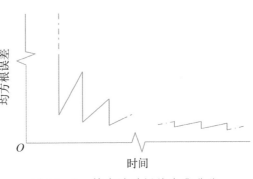

图 44-3　精度随时间的变化曲线

(2) 垂直速度可以是一个包括瞬时垂直加速度的乘积的累积,这个加速度来自加速度计,数据中含有由随机变化误差引起的偏移,即具有与式(44-11)中 E 一致的谱密度。当存在代表第三状态的偏移的情况下,在图 44-2 上将加上另一个分路,而且式(44-17)的一个增广矩阵形式可以定义瞬时的高度、垂直速度和垂直加速度的动态特性(取代恒定的偏移分量,扩展为指数相关的另一种通用表达式)。

$$\begin{bmatrix} \dot{x}_1 \\ \dot{x}_2 \\ \dot{x}_3 \end{bmatrix} = \begin{bmatrix} 1 & 0 & 0 \\ 0 & 1 & 0 \\ 0 & 0 & 0 \end{bmatrix} \begin{bmatrix} x_1 \\ x_2 \\ x_3 \end{bmatrix} + \begin{bmatrix} 0 \\ 0 \\ e \end{bmatrix} \qquad (44-18)$$

位置不确定性使曲线比图 44-3 线性速率更快地弯曲向上,而不是定位之间的直线上升。在第三次定位以后曲率开始降低。曲线需花费更长的时间到达准静态状态,而“稳定状态”与传感器均方根误差的接近程度,取决于数据窗口内计划的测量密度。

(3) 如下一节所推导的,式(44-12)和图 44-2 也可以代表沿着另一个方向,例如,北向或东向,或沿这两个方向的位置和速度估计。

44.3.2 三维空间的位置和速度

为了简便起见,这里仅对三维空间的位置和速度做简要的说明。首先考虑位置 x_1 在一条子午线上的偏移,x_1 用乘积项(纬度(L_{at})增量)×[总曲率半径(R_M+高度)]来表示。

$$R_M = \frac{a_E(1-e_E^2)}{(1-e_E^2\sin^2 L_{at})^{3/2}}; \ a_E = 6\ 378\ 137\ m;$$
$$e_E^2 = (2-f)f, \ f = \frac{1}{298.257\ 22} \tag{44-19}$$

为了使用式(44-12)中被估状态矢量动态特性 A,x_2 均规定为与速度的北向分量 V_N 相关的值。北向位置定位能够通过观察北极星(大约校准到略微偏离北极)的高度角来获得。为了使公式能用于东向航行情况,这时取曲率半径为 (R_P+h),其中 R_P 为

$$R_P = \frac{a_E}{\sqrt{1-e_E^2\sin^2 L_{at}}} \tag{44-20}$$

当纬度的变化速率为 $V_N/(R_M+h)$ 时,经度的变化速率为 $V_E \sec L_{at}/(R_P+h)$,h 为高度。

就是对数据窗口内有限的距离偏移,这种球状表达式也可以用于运动状态的外推,同时短程的地面法则允许使用简化的模型("平坦地球"的笛卡儿坐标),用作方程式(44-11)中矩阵外推算法的基础。原因在于式(44-15)和式(44-16)对状态矢量和估计偏移有非常不同的灵敏度,前者对此就不是那么临界。变量 δW 改变事后估计只有二次乘积 $z_m \delta W_m$ 这样一个量。相比之下,一次预期的测量(看似次要的模型近似)中的微小的变化,却能够在偏移上产生一个较大的偏差——一个较大数量上的小偏差。

因此,为了提高辅助状态矢量修正的精度(如动态传递中速度与时间量 Δt 的乘积),式(44-19)和式(44-20)适当地考虑了航路的曲率和航行中导航轴线方向的变化。在极区,航线 $\{\sec L_{at}\}$ 函数中众所周知的奇异性,需要一个经过修正的表达式(如以地球为中心的矢量)。

式(44-12)应用到所有的 3 个方向时,一开始就必须做出一个基本的决定。在实际应用时,要求诸轴线保持分隔,产生 3 个无耦合的二态估计值。这种形式的实例为雷达的远距离跟踪。当距离足够远时,在一个数据窗口范围内,视线(LOS)方向基本上保持固定(即无旋转)。如果对所有 3 个轴线采用相同的数据速率和精度来监测的话,经验表明,一个完全耦合的六态估值甚至也可以使位置误差椭球轴对准在传感器的距离/方位/仰角方向附近。在这种情况下,忽略传感器基准轴间的耦合几乎没有什么损失。因此,三个一组的无耦合二态估值都符合式(44-12)。在任何时间如果要把矢量分解到主要方向,只需在导航和传感器轴线之间做余弦矩阵的转换,这总是可以做到的。

当不具备上面提到的条件时,则推算方法需要修正。如果视线(LOS)的方向有旋转(在短距离上发生),或者所有 3 个轴都没有用相同的数据率进行监测,那么去耦也许可接受,也许不可以接受,但在任一情况下,估计都是次优的。如果一个轴(或者一对轴)没有得到检测,则一个完全耦合的六态估值显著地超过没有耦合的三个一组的性能。在这种情况下,虽然式(44-12)代表了每一个轴线都没有耦合的动态特性,但是当传感器视线方向旋转时,耦合将来自测量灵敏度 H 中多重变化的投影。

即使如此,耦合公式具有一个分块形式的简单动态模型,由扰动加速度 e 产生的相对位置矢量 $\boldsymbol{R}$ 和速度矢量 $\boldsymbol{V}$ 为

$$\begin{bmatrix} \dot{\boldsymbol{R}} \\ \dot{\boldsymbol{V}} \end{bmatrix} = \begin{bmatrix} \boldsymbol{0} & \boldsymbol{I} \\ \boldsymbol{0} & \boldsymbol{0} \end{bmatrix} \begin{bmatrix} \boldsymbol{R} \\ \boldsymbol{V} \end{bmatrix} + \begin{bmatrix} 0 \\ e \end{bmatrix} \tag{44-21}$$

这里 **I** 和 **0** 分别为单位分块矩阵和零矩阵。下一节将扩展这些概念。

44.3.3 被跟踪目标的位置、速度和加速度

本章已经反复说明,即速度可以从已知时间间隔的各个相关测量结果中导出。事实上,速度随时间的变化是能够推导出来的。如果按照刚才给出的方法进一步加以推广,那么位置基准并不需要是固定的。现在要讨论的例子是,携带雷达和惯导的超声速喷气式飞机的原点是移动的,其状态在接受估计的目标可以是外部的,目标的运动独立于携带传感器的平台,由传感器提供对目标的各种测量。

对于跟踪,首先考虑已经讨论过的没有耦合的情况,此时 3 个独立估值通道的每一个通道对应一个传感器的参考轴线方向,每一个通道有 3 个与运动学相关的状态矢量,代表被跟踪目标(传感器相对被跟踪目标)的相对位置、相对速度和总的(不是相对的)加速度的方向分量[①]。在一个通道中用来传递测量之间状态估计的表达式,符合标准的运动方程,即

$$
\begin{bmatrix} \hat{x}_{m1}^{(-)} \\ \hat{x}_{m2}^{(-)} \\ \hat{x}_{m3}^{(-)} \end{bmatrix} = \begin{bmatrix} 1 & t_m - t_{m-1} & \frac{1}{2}(t_m - t_{m-1})^2 \\ 0 & 1 & t_m - t_{m-1} \\ 0 & 0 & 1 \end{bmatrix} \begin{bmatrix} \hat{x}_{m-1,1}^{(+)} \\ \hat{x}_{m-1,2}^{(+)} \\ \hat{x}_{m-1,3}^{(+)} \end{bmatrix} + \begin{bmatrix} \frac{1}{2}(t_m - t_{m-1})q_m \\ q_m \\ 0 \end{bmatrix}
$$

$$(44-22)$$

这里 q_m 表示在 $t_m - t_{m-1}$ 期间,沿传感器通道方向 INS 速度的变化分量。在每个通道中,式(44-11)中的 **E** 只有一个非零值,是一个与数据窗口和测量误差方差 δ^2 有关的谱密度,即

---

① 使用相对加速度状态就意味放弃 INS 速度随时间变化的详细信息,而代之用被跟踪目标所用的随机模型来表征自身的加速度。为避免产生不必要的性能降低,对照式(44-18)可以看出,这里所用的动态模型有个非零均值的强制函数。

$$E_{33} = \left(\frac{20\delta^2/T^5}{g^2} \right)(g/s)^2 (\text{Hz}) \qquad (44-23)$$

为了把矢量估计表达式变换为完全耦合的 9 个状态矢量公式,可将 9×1 的状态矢量划分成 3 个 3×1 的相对位置矢量 $\boldsymbol{R}$、相对速度矢量 $\boldsymbol{V}_T$ 以及被跟踪目标的总加速度 $\boldsymbol{Z}_T$,所有矢量用 INS 参考坐标系来表达。然后用一个 3×3 的单位矩阵 $\boldsymbol{I}_{33}$ 替代式(44-22)中每个对角线元素、用一个 3×3 的零矩阵替代式中每个 0,并且用 $\boldsymbol{I}_{33}$ 乘以上式中每个对角线上方的元素,构成分块的状态转移矩阵。考虑到传递协方差的这个转移矩阵是按传感器参考轴来表示的,所以对于每次测量,适用于检测通道的各参数可用于式(44-23)。

在描述估计过程时,无疑必须注意状态矢量(如本例中为地理坐标)和协方差矩阵 $\boldsymbol{P}$(传感器轴线)使用了不同的坐标系。一个正交的三数组 $\boldsymbol{I}_b\boldsymbol{J}_b\boldsymbol{K}_b$ 与传感器视线的方向 $\boldsymbol{I}_b$ 一致,其俯仰轴 $\boldsymbol{J}_b$ 在正交平面内,方位轴 $\boldsymbol{I}_b \times \boldsymbol{J}_b$ 与此两个轴垂直。在每个测量时刻的瞬时方向,余弦矩阵 $\boldsymbol{T}_{b/A}$ 是已知的(来自传感器指向控制分系统)。结合从地理坐标到飞机坐标(从 INS 数据得到)的转换矩阵 $\boldsymbol{T}_{A/G}$ 可以得到从地理坐标到传感器坐标的转换:

$$\boldsymbol{T}_{b/G} = \boldsymbol{T}_{b/A}\boldsymbol{T}_{A/G} \qquad (44-24)$$

式(44-24)用来分解沿 $\boldsymbol{I}_b\boldsymbol{J}_b\boldsymbol{K}_b$ 位置的状态变量:

$$\frac{1}{|\boldsymbol{R}|}\boldsymbol{T}_{b/G}\boldsymbol{R} = \begin{bmatrix} 1 \\ p_A \\ -p_E \end{bmatrix} \qquad (44-25)$$

这里 p_A 和 p_E 是一小段弧度,代表从传感器视线分别向上向右偏离事前估计位置(由于不完善的控制,在 t_m 时刻被跟踪目标不在预期精确位置)。

为了运用式(44-16),把 p_A 和 p_E 在事前估计的测量中的作用可以看成是调整"瞄准点偏离十字准线"的方位("AZ")和仰角("EL")观察,所以在运算中一个全三维定位(距离、AZ、EL)为

$$
\begin{bmatrix} y_R \\ y_{AZ} \\ y_{EL} \end{bmatrix} = \begin{bmatrix} 1 & 0 & 0 \\ 0 & \dfrac{1}{|\boldsymbol{R}|} & 0 \\ 0 & 0 & \dfrac{1}{|\boldsymbol{R}|} \end{bmatrix} \boldsymbol{T}_{b/G} \boldsymbol{R} - \begin{bmatrix} 0 \\ p_A \\ -p_E \end{bmatrix} \qquad (44-26)
$$

因为 $\boldsymbol{R}$ 包含了前 3 个状态矢量,所以在式(44-26)中其矩阵系数给出了 $\boldsymbol{H}$ 的 3 个非零元素,例如对于标量位置观察,其组成如下。

(1) $\boldsymbol{T}_{b/G}$ 的上面一行用于距离测量。

(2) $\boldsymbol{T}_{b/G}$ 的中间一行除以标量距离,用于方位测量。

(3) $\boldsymbol{T}_{b/G}$ 的底部一行除以标量距离×(-1),用于仰角测量。

这种方法将标量距离系数和方向余弦作为已知量来处理,这样状态方程中的动态量和观察量基本上都是线性的。按本文作者的经验,这种处理几乎在所有的应用中都取得了成功。唯一需要扩展的是发生在距离数据的距离和精度处于极端情况下(传感器视线和距离矢量之间的夹角的余弦不能够统一设置的情况)。其他情况下,$\boldsymbol{T}_{b/G}$ 的上面一行足以满足相对位置状态矢量,而且当得到可靠的多普勒测量时,也满足相对速度状态矢量。

更详尽的论述将涉及许多补充的材料,包括雷达与光学探测条件、传感器的稳定性(即与跟踪间隔开来的不完善性)、误差预计、对加速度矢量逐渐旋转的动态修正、扩展多跟踪文件、传感器融合和其他跟踪估计公式的许多的不足之处等。由于有太多的细节内容,这里不可能一一列举。

44.3.4 三维空间中的位置、速度和姿态(INS 辅助导航)

在前面一节中,涉及从位置的测量序列来决定速度随时间的变化过程,而动态的速度变化是用加速度矢量来表示的。对具有高动态的导航来说(不同于跟踪一个外部目标),速度的变化过程常常与 INS 的角度指向联系在一起。例如沿平直的北部边界(Northbound)飞行中,相对于正北轴线的一个未知的仰角若在指示的向东速度上产生一个虚的斜升,在短期内,这种影响在加速度计输出的指示水平分量(这里为东向)的偏差 n_{aE} 中是不明显的。在更普遍的情况下,速度矢量误差将具有如下的变化率:

$$\dot{v} = \psi \times A + n_a = -A \times \psi + n_a \qquad (44-27)$$

这里黑体符号 v , n 包括与斜体字 v , n 表示对应的标量相等的地理分量, A 表示地理坐标上的矢量,是由国际数学联合会(IMU)按实践经验得出的总的非引力加速度矢量。在一个以 $\tilde{\omega}$ (rad/s)转动的导航坐标系中,结合 v 和位置矢量误差 r 之间固有的运动关系,具有不变定向错误偏差 ψ 的9状态动态矢量可以通过 3×3 矩阵划分来表示:

$$\begin{bmatrix} \dot{v} \\ \dot{r} \\ \psi \end{bmatrix} = \begin{bmatrix} -\tilde{\omega} \times & I & 0 \\ 0 & 0 & (-A \times) \\ 0 & 0 & 0 \end{bmatrix} \begin{bmatrix} v \\ r \\ \psi \end{bmatrix} + \begin{bmatrix} 0 \\ n_a \\ e \end{bmatrix} \qquad (44-28)$$

此式本身就可以做出许多直截了当的解释。为了简单明了起见,这里仅列出以下几种解释。

(1)对于捷联式系统,最初用飞机坐标表示的矢量来替代诸如 A 和 n_a 矢量,然后转换成地理坐标的矢量参数和系数将会以公认的形式出现。

(2)虽然 n_a 和 e 两者都表现为强制函数,但后者驱动最高阶的状态矢量,因此对数据窗起着主要的控制作用。

(3)如果 n_a 和 e 兼含偏差和时变随机(噪声)两个分量,则式(44-28)很容易重新表达为增广形式,这时偏差可以与估计的位置、速度和指向的校正一起来进行估计。

但是,尤其是加速度计的偏差成分,可观察性常常受到限制,因此增广公式应当谨慎使用。事实上,在许多场合下应当减少状态量的数量,如以下两个例子。

(1)在没有明显的持续水平加速度的情况下,定向错误的方位分量的可观察性大大地低于仰角分量。在有些运算中,建议省略第九个状态变量并删去矩阵的最后一行和最后一列得到的八态变量表示式来替代式(44-28)。

(2) 当省略了最后 3 个状态变量时,即去掉矩阵的最后三行和最后三列,那么结果就是完全耦合的三维位置和速度的估计式(44-21)。

上述选项可被看成是已经叙述过的标准周期处理的不同模式,按动态特性和测量模型定义进行运算。任何离散的观察都可以与式(44-28)或者刚才提到的替代方式一起使用,构成了此处为简化所采用限制条件(位置仅与观察有关,距离远小于地球半径)的模式。

至此,已给出了测量的各个表达式,它们是状态变量及其对状态变量灵敏度的函数,其中式(44-26)为距离和角度的数据表达式。下面讨论综合导航范围内的 GPS 信息。

44.4 运行与发展

作为《数字航空电子技术》早期版本中的"导航与跟踪"这一章的扩展,可以进行简单的发展历史回顾。导航集成中所需的大量技术在数十年前就得到了发展。最优、近优和次优估计方法在 1960 年前就形成了,而惯性导航技术更是在这之前早就建立了(尽管处理能力比要求更高的捷联惯导要晚 10 多年)。除了运行中的这两个关键技术之外,大量的关键理论仍与很多年前的一样,尽管这些算法并不要求所有的处理能力。在撰写本书时,为了收集现有所有传感器数据的模型及适用算法,以在包罗万象的现代估计框架内涵盖集成导航算法,为此所进行的首次尝试已超过 35 年[1]。因为在处理能力上持续发展(实际上是进步的)及能力增强的另一标志性事件:卫星导航,与以往不同之处在于现在能利用所有的部件。

在过去的几十年内,导航应用的爆炸式增长在很大程度上归功于 GPS。

在应用 GPS 之前,从未能在地球表面的任何地方有如此高精度的导航数据源。在本书中,读者可看到 GPS 数据如何用于下列应用场合:

(1) 同时接收从 4 颗空间运载体(SV)来的伪距观测来解决共维定位和用户时钟偏差。

(2) 对于每一个独立的 SV,用本地的差分 GPS 校准、组合补偿传播时延以及 SV 时钟和星历误差。

(3) 通过广域增强来进行补偿,它虽然不如局域增强精确,但是它适用于用户与参考基站之间间隔距离相当大的情况。

(4) 使用多个 SV 差分技术和多台接收机来消除上述误差和用户时钟偏差的影响。

(5) 将这些技术应用到载波相位和伪距测量,一旦解决了周期计数模糊之后,得到的定位值能够精确到 L 波段波长的几分之一。

下面将描述卫星数据在导航和跟踪应用中的用法。这些例子将首先讨论其方法,接下来是一些仿真结果,然后是测试(包含范式试验和飞行试验)。显然,所有这些材料都大大超出了目前的传统方法;从鲁棒性和可能简化操作来看,性能得到了极大的提高。

44.4.1　作为观察量的单独 GPS 测量

这里我们显然直接偏离了常规做法。每个 GPS 标量观察量将要求直接应用式(44 - 15)。为了强调这一点,我们首先说明稀疏测量程序例子的结果。初始运行是按实际 SV 数据,即第一次启用选择可用性(SA)降级之前的数据,这些数据来自一台已知固定位置上的接收机,但测量时间间隔有数小时。即使在那段时间,即要求最少测量所用的时间内,GPS 仍可得到 1 m 或者 2 m 的精度,对于具有良好几何特性和没有 SA 的 GPS 来说,这样的精度不会使人感到惊奇。

刚才所介绍的结果若认为是正常的情况,则证实了这样一个观点,即对于

GPS 来说完全的定位并不是必要的。当使用从随机数发生器产生的含有误差的仿真数据运行相同的算法时,这些算法也得出了可靠的结论。在各种条件下和伪距观测每 6s 总是不多于一次(即使这样缓慢的数据率,中间还有间断)的情况下,对高速飞机进行了仿真,结果仍没有显著变化。鉴于此,这里仅给出简要的概括。

(1) 一旦累积的测量足以产生导航解时,估值将是收敛的(如一个在三维空间运动的飞行器,在已知时钟状态情况下,对 3 个不同平面的 SV 的每一个或者初始所有状态均未知的 4 颗 SV 中的每一个,做两次异步测量)。

(2) 初始误差趋向减小,刚才提到的估计精度由经过几何放大的测量误差大小决定。

(3) 速度误差趋向与 RMS 测量误差(T)成正比,这里的 T 代表在一个航段上首次测量后经过的时间或者数据窗口,无论用哪一个,T 值是比较小的。开始时和当速度或方向变化时,分母 T 的前一个定义会产生一个瞬变过程。

(4) 多普勒数据可减小这个瞬变过程,而 INS 速度可辅助减小或者消除这种瞬变过程。

(5) 过大的初始化误差会对性能有所影响——易于追踪不精确方向余弦,但是这些影响可以通过用事后值重新对估计进行初始化和重复循环测试来消除。

这些结果反映了熟知的现实经验(包括由本书作者做的实际测量处理),这些结果强调以低速率部分定位的适用性,许多运行的系统迄今还没有利用这些经验[3]。

虽然刚才描述的方法是众所周知的(即完全符合通常的卡尔曼滤波更新周期),其性能也不惊人,但最后的评注是重要的。在众多应用中,SV 的视线常常受到地形、树叶、建筑物或携带 GPS 载体结构的遮挡。此外,还会出现 SV 中断运行(不管是计划性维修还是没有预料到的故障)、间歇的强干扰或者信号微弱、在某些 SV 视线方向上不利的多径几何等现象,这些问题会在临界的环境下出现。

撰写本书时,受真实需求的推动,有大量机会用紧密耦合(组合的)配置来替代松散(级联)的配置。紧密组合的双向特性提升了它带来的好处。由于跟踪回路(码环以及激活时的载波相位跟踪)有助于估值,因此更新的状态增强了维持回路稳定工作的能力。对于适当组合的 GPS/INS 来说,这种增强甚至在出现快速变化的窄带情况时也起作用。环路响应不必跟随动态特性,而只要跟随感知的动态特性中的误差。

还应注意的是,刚才描述的结果是在各种条件下获得的,可以在一个很宽的精度范围内调整。对单独 SV 的观测灵敏度 H 包含了 SV 到接收机的单位矢量。当卫星观测是差分方式时,灵敏度 H 包含了两个 SV 到接收机的单位矢量的差。测量结果可以是伪距(典型条件下＜10 m)、差分校正的伪距(＜2 m)或者载波相位(消除了模糊后＜1 cm)。在所有的情况下,可达到的性能由这些测量值及每一个航段 H 的跨度决定。当使用这里给出的标准更新程序时,类似的情况适用于其他导航设备。

44.4.2　与速度相关的可观测量：载波相位中的序列改变

所有的可观测量被限制为直接依赖于定位,并能通过如下方法推断可跟踪的动态行为：

(1) 由式(44-11)通过协方差矩阵中的时变性进行耦合。

(2) 辅助方法(如通过惯性数据)。

(3) 组合方法——利用与位置相关观测值对惯性导航系统进行更新,并结合式(44-11)中的卡尔曼增益进行调整。

1 s 内载波相位的变化是对基本处理过程的一个扩展。这一方法通过分段估计使其在传统方法的基础上取得了重大的进步,主要表现如下：

(1) 与相位相关的测量值仅用于门(DR)(而非定位)控信号。

(2) 通过伪距修正,整合结果流速度前馈。

（3）就像载波相位不用于定位一样，伪距不用于动力学系统，通过动力学方程单独估计位置。

（4）动态观测值与最低阶的状态对时间的积分值成线性比例关系。

根据最后一点，出于篇幅的原因本章内容显得不够完善。在文献[2]中，对于借助于和不借助于惯性导航系统两种情况，所有设计的理论和分析基础相结合的大量优势都详细地被编写出来了，并通过很多敞篷车测试和飞行测试的图形结果来支持这些理论。飞行测试的一个例子表明了低成本惯性导航系统的精确性，如文献[2]第 104 页的表格所示（又见其参考引用网页中一个页面描述）。在选定的测量时刻观察，在表格中，7 个卫星在 1 s 时的相位增量残差幅值均为 0 或 1 cm（6 个与给定值的差值）。在高空飞行近一个小时（即除起飞时航向不确定性引起比较大的杆臂向量误差的情况）时，获得了以 cm/s 为单位的均方根速度精度。而对于没有惯性导航系统的情况下系统的性能，8.1.2 节中（参考文献[6]的第 154 页～第 162 页）指出，除转向暂态外，均方根速度误差的单位为 dm/s。

由此表明，尽管精确性非常重要，但仅为众多属性中的一个。没有使用载波相位数据的传统方法时，这种方法带来了其他的好处。可以通过与相位载波测量的传统应用进行比较，得到最好的解释，即如下乘积：

$$(L-带波长)\times(整数+分数) \qquad (44-29)$$

其中，分数是精确测量值，而整数必须是确定的。

当明确知道整数时，结果就很准确。然而，即使是最好的整数提取方法偶尔也会很不准确；在更正之前可能会出现不可接受的延时的情况，结果甚至还会是灾难性的。要消除这种可能，非常需要使用 1 s 的变化：所有相位永远都不明确，也就是说，整数也可能是未知的，在构造序列差分时不起作用。同时，允许存在不连续性的情况，一旦两个连续的载波相位的相差在数量上满足单次测量接收机自主完整性监测（RAIM）测试的量就可以立即接受再现信号。该技术对于使用基于快速傅里叶变换(FFT)的接收机是特别有效的,对所有相关单元提供无条件访问(而不是由跟踪环路提供的有限子集),没有相位失真(因为 FFT 相位对频率特性是线性的)。另外还有一个细微且非常重要的优点:子掩码载波相位变化的可接受性。电离层和对流层时序偏移在 1 s 内变化很小。传统系统不接受来自低仰角卫星的测量。特别是考虑到几何传播的改善,这种方法防止了对于重要信息的不必要损失。飞行数据中包含了卫星滑落到地平线的信息;当然,子屏蔽伪距不可接受,但 1 s 的载波相位变化是完全可以接受的,直到不再检测到卫星为止。而且,相位变化对星历误差不敏感;即使卫星位置出现了偏差,卫星位置的变化也是准确的。

上面对于该技术优点的描述似乎还不够,该技术也适用于使用来自其他全球卫星导航系统(GNSS)(伽利略、GLONASS 等)的卫星。目前,这种互操作性越来越受到关注。虽然前面提到的重要优点是仅使用一个卫星(即 GPS)就可实现,其优势可以利用 GNSS 来进一步放大;与相位本身相比,载流子相位的序列变化更容易混合。在前面的讨论中描述了导航的用法,并在下一节中将描述跟踪的用法。和传统方法相比,在所有情况下均超过 1 s 的载波相位序列变化使得性能得到了极大的得升。应该相信,尽管目前还缺乏运营体系,但其绝对有必要去推动业界广泛接受该技术。

44.4.3　跟踪:相对速度和位置确定

可以很容易将 44.4.1 和 44.4.2 节中的讨论扩展到本机与入侵者之间相对位置和相对速度的确定:不仅通过计算可知每个飞机的 GNSS 位置和速度估计,并通过一些数据链路交换这些估计,而且还可以通过交换 GNSS 观测量本身[3]。对于需要高精度和高完整性解决方案的应用,后一种方法非常有效。在前一种方法中,入侵者轨迹可以使用 44.3.3 节所述的方法根据位置(和速度)报告的历史生成。在工作环境中,通过广播式自动相关监视(ADS-B)将位置和速度报告传输到地面和其他飞机,同时还包含了表示传输估计的准确性和完整性的参数。更多细节请见第 23 章。

在测量方法中,两机间还通过 ADS－B 数据链路发送原始 GNSS 测量值,接收端将接收到的可观测量(如 GNSS 伪距和载波相位测量)与本地可观测量进行组合,建立入侵者的轨迹。给定本机和入侵者的原始可观察值,则可利用距离单一差分、双重差分和序列差分准确地推导本机和交通之间的距离向量以及一段时间内距离向量的变化。后者在数量上直接与一段时间的平均速度相关。由于在任何冲突情况下,大多数观测值误差在空间和时间上高度相关,所以它们将抵消,从而得到对相对位置和速度更好、更鲁棒的估计。该方法的优点在于增强了可观测性,基准参考相互独立,能通过估计器的协方差矩阵来获得内在二元性指标,保证了估计器中的已有相关性,得到了测量的最佳权重,并能实现数据筛选和其他完整性方法,如接收机自体完好性监控(RAIM)。更深入的描述,请参考文献[4,5]。飞行测试数据表明,这种基于测量的方法可以实现米级相对位置精度和毫米/秒(mm/s)级相对速度估计。

当前位置估计的不确定性指的是估计位置的不确定性(EPU)[6]。仅使用跟踪滤波器的状态转移部分[即式(44－8)],可以预测对时间范围 T_i 的轨迹。也可以估计该预测中的不确定性[即式(44－10)],并将其称为估计的轨迹不确定性(ETU)。在图 44－4 中给出了 EPU 和 ETU 的示例冲突场景。在统计意义上来说,ETU 在确定预测的接近点和距离损失方面起着重要作用,在这种情况下,当两个 ETU 圆相交时,ETU 的作用就非常突出。因此,跟踪性能是飞机监控应用(ASA)的重要组成部分,特别是对于冲突检测和解决(CDR)方法。

预测本身和交通状况的质量随时间在不断变化,因此冲突检测取决于时间范围 T_i、自身和交通的动态以及预测处理的概率特征。虽然由于初始位置估计的 EPU 是统计学上的界限,但由于速度估计的误差,ETU 将随着时间的推移而增长,这应该纳入冲突检测算法中。

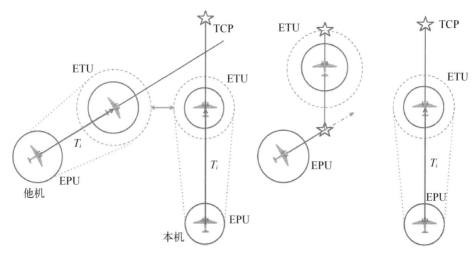

图 44-4 估计位置和轨迹的不确定性   图 44-5 非标称操作的检测

图 44-5 说明了更好的速度精度可以怎样帮助检测交通入侵者偏离其标称飞行路径的非标称情况[7]：精度越高,该非标称行为的检测时间越短。因此,准确的速度知识是非常重要的,因为它减少了 ETU 的大小,并且能够检测入侵者从其标称飞行轨迹的非标称动作。

44.5 小结

本章讲述了导航系统集成跟踪的原理与应用。受到篇幅的限制,前面的讨论中也讲述了一些操作使用。出于篇幅的原因,一些主题不可避免地被忽略了,要深入地进行研究可以参考以下文献。

参考文献

[1] Journal and Conference Proceedings from the Institute of Navigation, Alexandria,

VA.

[2] Tutorials from Conferences sponsored by the Institute of Navigation (Alexandria, VA) and the *Position Location and Navigation Symposium* (*PLANS*) *of the Institute of Electrical and Electronic Engineers* (IEEE).

[3] *Transactions of the Institute of Electrical and Electronic Engineers* (*IEEE*) *Aerospace and Electronic Systems Society* (AES).

[4] Bierman, G. J., *Factorized Methods for Discrete Sequential Estimation*, Academic Press, New York, 1977.

[5] Institute of Navigation Redbooks (reprints of selected GPS papers): Vol. 1: 1980, Vol. 2: 1984, Vol. 3: 1986, Vol. 4: 1993, Vol. 5: 1998; Alexandria, VA. 703/ 683 – 7101.

[6] Brown, R. G. and Hwang, P. Y. C., *Introduction to Random Signals and Applied Kalman Filtering*, Wiley, New York, 1996.

[7] Kayton, M. and Fried, W. R. (eds.), *Avionics Navigation Systems*, 1997.

[8] Farrell, J. L., Collision avoidance by speed change, *Coordinates Magazine*, Ⅷ (9), September 2012, 8 – 12.

[9] Farrell, J. L., Collision avoidance by speed change, *International Journal of Unmanned Systems Engineering* (*IJUS Eng*), 1(1), 2013, 1 – 8.

[10] Farrell, J. L., *Integrated Aircraft Navigation*, Academic Press, New York, 1976. (Now available in paperback only; 800/628 – 0885 or 410/647 – 6165.)

[11] Farrell, J. L., *GNSS Aided Navigation & Tracking—Inertially Augmented or Autonomous*, American Literary Press, Baltimore, MD, 2007 (http:// JamesLFarrell. com).

[12] Farrell, J. L., McConkey, E. D., and Stevens, C. G., Send measurements not coordinates, *Navigation* (*Journal of the Institute of Navigation*), 46(3), Fall 1999, 203 – 215.

[13] Duan, P. and Uijt de Haag, M., Flight test results of a conflict detection method

using ADS‑B with raw GNSS measurements, *Proceedings of the ION GNSS*, 2012, Nashville, TN.

[14] Duan, P., Uijt de Haag, M., and Farrell, J. L., Transmitting raw GNSS measurements as part of ADSB: Why, how, and flight test results, *Proceedings of the AIAA/IEEE 31st Digital Avionics Systems Conference (DASC)*, Williamsburg, VA, October 2012.

[15] RTCA SC‑186, Minimum aviation system performance standards (MASPS) for aircraft surveillance applications, DO‑289, Washington, DC, December 9, 2003.

[16] Bezawada, R., Duan, P., and Uijt de Haag, M., Hazard tracking with integrity for surveillance pplications, *Proceedings of the 30th Digital Avionics Systems Conference (DASC)*, Seattle, WA, October 2011, pp. 8C1‑1 ‑ 8C1‑15.

第 4 部分
总　结

通过本书，作者重点关注了航空电子技术、方法和功能，而这些技术、方法和功能可能已经得到应用，或正在积极开发服务于国家空管系统中的 NextGen。总而言之，这些技术、方法和功能都有可能在不久的将来得以应用。在这总结性的篇章中，Mark Ballin 将当前航空电子功能与可能被称为 FarGen 的一系列技术联系起来。希望本章的内容和本书能帮助读者在未来的时间里实现这些功能。

45

未来发展前沿: 共享空域并
增加自主性

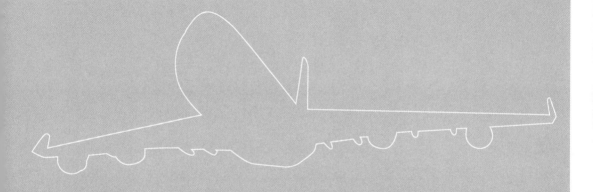

45.1   导言

美国国家空域系统负责每天超过 5 万次航班的安全及高效运行。它是一个庞大且操作复杂的系统，由数千个相互影响的参与者、数百个空中交通管制设施以及数千件空中和地面设备和软件系统组成。将新的操作和先进技术的概念应用于该系统，它能提供比当前系统更多的操作。系统用户应能在降低对环境影响的同时实现更高水平的操作效率和调度可靠性。

系统的高度复杂性使得新的操作模式转换极具挑战。最要紧的是安全保障。任何变革都需要联邦航空管理局(FAA)、机场、航空公司和技术供应商投入大量资本。任何新设备和操作程序必须与原有系统和程序可交互。还需要培训大量的操作人员，以适应新的技术和程序。变革要求系统利益相关者和国际民用航空组织达成一致共识。因此，FAA 评估了变革的可预测性、对创新的共识、对快速变革响应计划的坚持以及快速部署创新的操作保证。然而，当前系统的操作和维护成本也非常大，并且还需要系统实现的现代化。为了提高美国航空运输的能力、效率和安全保障性，美国正在开发下一代航空运输系统(NextGen)。其中，空中交通管理(ATM)的现代化是重中之重。作为单一欧洲空中交通管理研究(SESAR)计划的一部分，协调工作也正在欧洲开展。

在航空管理早期，飞行员只负责空中导航和交通管理。随着时间的推移，为了实现更高的安全性，更有效地管理有限的资源(如跑道)，更好地利用地面监视技术，该管理转移到了一个主要基于地面的交通管理系统。这种变化似乎正在减缓或部分出现逆转。我们正在探索和确定一种新的前沿机载能力，使驾驶舱协助和承担部分 ATM 责任。本章介绍了一些需要增强驾驶舱作用的现代化想法和趋势，它还描述了可能在空域现代化中推动这些发展趋势的先进操作概念和使能驾驶舱技术。

45.2 第一步：利用现有的飞机能力

对于近期，NextGen 和 SESAR 都强调要更多地利用现有的机载能力。现代飞行管理系统(FMS)能够准确地预测和飞出高效飞行路径，以满足飞行计划中某一点的要求到达时间(RTA)。NextGen 航空电子路线图和 RTCA 工作组确定并建议以现有的单一 RTA 符合能力作为有效利用空域和在下降期间高效飞行的手段，以提高系统容量并减少航空运输对环境的影响。定制到达的概念利用了现有的飞机航迹遵从能力，使配备数据链路能力的飞机遵循由空中导航服务供应商(ANSP)计算并上传到飞机的有效固定路线到达航迹。

当前在 ATM 模式中使用的现有飞机，在提供巨大改进潜力的同时，将要求新增一些功能，以便实现空中和地面之间的信息交换。需要新增交换航迹和交通管理约束的功能，以方便对数据的访问，从而减少机载系统和地面系统的航迹预测不确定性。要使用现有的机载能力，就还需新的地面自动化系统和空中交通管制员决策支持工具，以生成准确稳定的交通管理约束。而且，机载和地面系统之间新的协商解决程序也是必不可少的。

许多操作可行性问题必须得到解决，才能利用现有的飞机能力。性能较差的飞机必须使用传统的空中交通管制程序进行管理。管制员可能需要根据装备类型改变其控制策略，而且一些策略可能需要限制管制员的灵活性和解决问题的自由度。为了说明操作的难度，以一项受控的到达时间研究为例。该研究要求两架按航迹飞行的现代飞机，预测和飞出开环下降曲线，以满足下降底部的时间间距要求。研究发现，在下降底部终端录入 RTA 定位中目标间距为 120 s 或更小时，会发生小部分的间隔违规。这些违规行为的发生是由于飞机性能包络、速度策略和导航策略的差异而导致的。因此，为了保持较小间距，将需要某种形式的有源控制，以确保为每两架飞机之间保持合适的间隔或间距。这种能力必须基于对每架飞机的当前飞行状态和各种性能及其航迹生成和导航策略的深入了解。有源控制可能需要空中交通管制员利用有限的控制选项来监视和干预，这也就增加了任务的复杂性和工作量。要提供 ANSP 掌握的每架飞机的具体策略，会增加公司专有信息的数据管理以及实时交换的复杂度和费用。

因此，鉴于 ANSP 在短期内仍将是飞机的航迹管理员，也就需要扩展新的ANSP 能力来实现效益。对现有飞机能力的依赖可能又会引起操作可行性问题，从而严重限制可以实现的效益。

45.3   中期 NextGen：提升机载能力，支持空域管理

当联合发展规划办公室(JPDO)在 2003 年启动 NextGen 时，其目的是转型，通过对当今的运营提供革命性的变化来建立一个系统，以满足三倍及三倍以上的交通需求。如果组织、技术和政治方面的问题得到了解决，可以相信，到2025 年将取得通过实施短期和中期 NextGen 所力求提供的增长能力。用于满足 2025 年目标能力的中期系统正在开发中，争取到 2018 年完成。图 45-1 显

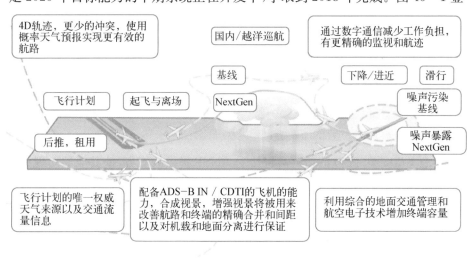

图 45-1   针对典型航行的目标 NextGen 2025 能力(来自联合发展规划办公室，针对 2025 年的目标 NextGen 能力，2011 年 11 月)

示了这些高级别的能力。飞行员和管制员的角色和职责没有什么变化,但在新的监视、通信和航迹管理功能的支持下,他们将拥有新的决策支持工具。

两个新的中期能力是建立基于航迹的运行(TBO),需要规划、遵守和交换由 3 个空间维度和时间的 4D 飞行航迹及基于性能的运行和服务(PBO),其中飞机满足特定性能标准的能力被用于增加国家空域系统的容量和效率。未来空域管理可能需要 4D 航迹,而该航迹由与多个目标相关的多个约束定义。遵守 4D 航迹间隙可能包括几个指定航路点的 RTA 和对计划航迹的连续牵制。

45.3.1　中期 NextGen 运行概念

中期 NextGen 运行概念(如 TBO 和 PBO)另外还需要大量机载和地面基础设施,使飞机与地面系统能够进行数据交换,并通过有限的航迹管理委派发挥更积极的作用。对机载系统必须开发一种在机载系统和 ANSP 系统之间交换和解释轨道信息的通用方法,而 ANSP 系统必须进行机载监视。这两种能力都需要大量增加 FMS 航迹预测和导航功能。

TBO 的前提是:通过使用精确航迹并与 ANSP 和其他空域用户共享航迹计划,可提高飞行运行的可预测性。可预测性的提高又会使得容量、效率和 ANSP 生产力得到提高,同时保证安全性。TBO 由空域管理者通过许可实现的飞机策略管理转向在更长时间范围内管理具体飞机航迹的更具战略性的方法。TBO 依靠未来飞机系统产生和执行 4D 航迹,定义为飞机航路在空间和时间的中心线再加上位置的不确定性。

为飞机安装 TBO 的运营商将接受 ANSP 提供的服务,使其能够实现运营效益。如果 B 类终端空域可降低到有效的进场和离场,从而使其他运营商能进入剩余空域,这样会使许多未安装 TBO 的飞机也可能受益。TBO 还有可能促进在拥挤环境中精确控制飞机间隔和间距。结合优化了的天气信息,预计将允许 TBO 大多数时间访问更多的空域,从而提高容量并更好地利用有限的空域和机场资源。TBO 还有可能提高飞行能力,以飞出精确的噪声敏感性并减少起飞和到达路径的排放。

PBO 将为定义 NextGen 中的过程和空域访问提供基础。在 PBO 下，通信、导航和监视(CNS)性能将作为操作批准的基础，而不是今天系统的具体装备。PBO 根据实时要求和可用的机载能力，对有限的空域资源进行管理。ANSP 将提供基于性能的服务，为具有较高 CNS 性能的飞机提供运行优势。

由 NextGen 识别的所有 4D 航迹相关概念和程序都依赖于所需导航性能(RNP)的区域导航(RNAV)能力。RNP 被定义为在限定空域运行所需的导航性能准确度的声明。此外，RNP RNAV 定义为扩展 RNP，还包括 RTCA DO - 236B 中定义的牵制要求、区域导航功能和性能标准。

新的 4D 航迹相关概念还需要使用实际导航性能(ANP)、导航计算的准确度以及当前 FMS 生成的飞机位置的相关完整性。ANP 用于衡量 FMS 导航估计位置的质量。

为中期 NextGen 定义的概念和过程包括下面几个方面。

(1) 基于航迹的间隔管理：自动化和共享航迹信息用于管理飞机、空域和危害(如天气和地形)之间的间隔。如果有空中监视，某些飞机可被 ANSP 临时授权进行自行间隔。对于未被授权间隔的飞机，ANSP 自动化管理短期冲突驱动的 4D 航迹更新，并假定基于意图的冲突检测和解决是必要的。因此，需要对 4D 航迹有共同认识，这就要求飞机和 ANSP 之间进行航迹交换。

(2) 受控到达时间(CTA)：4D 路径的一个或多个航路点可被 ANSP 约束，以要求飞机在规定性能公差内的特定时间降落。在 CTA 中，这些约束等同于以飞机为中心的 RTA 概念。为了控制流量，可指定多个 CTA 约束。

(3) 通道流量：在需求高峰时段，大量可分离的飞机可与通道绑定在一起。飞机在通道内自行分离，而 ANSP 保持通道和其他飞机之间的间隔。所需概念包括参与飞机的 4D 航迹、CTA 和 RNP 能力。

(4) 飞机合并和间隔[也称为驾驶舱飞行间隔管理(FIM)]：指示具有 4D 航迹管理功能的飞机实现并在一些操作概念上与 ANSP 指定的领队飞机保持

间隔。该程序需要机载监视和相对 4D 航迹管理的概念,而不是地球参考系或绝对时间航迹管理的概念。

(5) 基于航迹的地面操作:地面操作的过程包括在低能见度条件下的自主间隔、进入 FAA 受控地面运动区域的调度以及一些位置的到达调度,例如现用跑道交叉口。

45.3.2　中期 NextGen 技术推动者

中期 NextGen 系统将继续最大限度地利用大多数现代飞机上已有的航空电子系统,例如 FMS 和 FMS 耦合自动飞行系统。此外,对于选择装备以利用新服务的运营商,将需要一些新的系统。飞机和地面系统设备之间的数据通信将起到关键作用,支持这些操作的其他技术包括机载监视和 4D 航迹预测引导。

45.3.2.1　数据通信

几个中期运行的概念依赖于飞机和 ANSP 之间的数据通信。一些语音通信将由装备齐全的飞机的数字数据链路所取代,主要用于发布经修订的 ANSP 许可和指令。其中一些将涉及 FMS 兼容飞行计划更新的上行链路。预计将带来这样一些好处,包括更高效的运行,减少温室气体,以及通过使用基于航迹的路线和优化降落曲线降低运营成本;通过更快发布许可改进管制员和机组生产力,并减少通信错误。

45.3.2.2　机载监视

已经建立的广播式自动相关监视(ADS-B)作为监视设备,今后将为空域用户和 ANSP 提供实质性好处。增加飞机操作自主性的运行概念通常依赖于 ADS-B 监视来向机载系统所提供的交通位置和状态信息。由于监视依赖于起降飞机的导航系统,ADS-B 提供高度准确的位置和状态,并且根据标准的发展,它可在将来提供 FMS 耦合的意图信息。FAA 规定,到 2020 年,目前模式 C 空域运行的所有飞机都将配备 ADS-B 发送能力(ADS-B OUT)。第 23

章详细描述了 ADS-B。TCAS(在第 22 章中描述)还提供了用于碰撞检测和规避的交通监视。

45.3.2.3   4D 航迹预测与引导

FMS 的主要能力是为给定飞行计划生成 4D 飞行航迹。大多数系统利用飞机性能数据和预报风来生成可由飞机飞行的航迹。通常将路径定义为用户所定义的成本指数(CI)的函数,操作员能够通过该指数提供相对于燃料效率值的适宜飞行时间值。由于 FMS 航迹预测通常包含时间(作为航迹的元素),因此,已有许多关于控制飞机飞行时间的研发工作,以实现规定的时间目标。由于性能模型、预报风和温度的准确度都很高,所以当前系统非常精确。而一些 CTA 概念可能涉及多个 RTA 约束,因此,可能要求 FMS 未来能够产生具有多个时间约束的航迹。FMS 的制造商和研究实验室已经开发了几种研究系统。在一个研究系统中,RTA 航路点的结束条件被用作下一个 RTA 航路点的航线段的初始条件。需要为每个 RTA 航线段计算和维持单独的 CI 限值和公差值。多个 RTA 系统还可能需要约束管理和松弛能力,从而为可能不兼容的流量管理约束提供最优航迹解决方案。这些概念可能需要某种形式的 RTA 公差极限,该未来极限可能由纵向(即沿跑道方向)RNP 包容度规范提供。而纵向 RNP 值可从指定的时间公差或时间 RNP 值推出。

NextGen 基于时间的运行概念可能需要 3 种可能的时间控制引导方法。RTA 预测引导被设计为使用航迹预测技术在离散航路点处实现 RTAs,类似于现有 FMS 所使用的方法。在一些概念中,可能会涉及连续时间控制引导,即沿预先计算的航迹操纵飞机,同时连续保持或实现时间准确度;还可能需要配对相关的速度引导,特别是执行容量受限的终端到达运行时更会涉及。

RTA 预测引导依靠航迹预测来生成飞行航迹,以实现期望的到达时间目标。航迹生成器将对可能的航迹进行迭代,直到到达 RTA 航路点的估计时间在预定公差内。可采用多种方法来完成该迭代。参考文献[13]的原型系统使用 CI 作为迭代的独立变量,因为过去的研究表明,这种方法可产生在规定飞行时间内达到最优燃料效率的航迹。一旦已经生成实现 RTA 的预测航迹,飞机将按照正常 FMS 翻滚、俯仰和速度引导飞行。航迹生成器将会定期更新沿参考航迹的当前飞机位置到 RTA 航路点的估计到达时间以及最长和最短到达时间。如果估计到达时间比 RTA 的时间提前或延后的时间超过设定的时间误差公差,那么 FMS 将触发新的航迹迭代以满足 RTA。然后,FMS 将提供关于这个新航迹的引导。该过程会持续到飞机到达 RTA 航路点或者从飞行计划中删除 RTA 为止。

连续时间控制引导提供了沿预先计算的 4D 参考航迹管理飞机飞行时间的能力。时间误差是基于飞机相对于所计算航迹的当前位置,而不是基于到达某个未来 RTA 航路点的估计时间。飞机为确保间隔需要预先协商航迹这一运行概念,可能有必要采用连续时间控制引导方法。如果已经计算航迹以在指定航路点实现 RTA,飞机则通过调整整个飞行过程中的速度,以遵从参考航迹的时间曲线来实现该 RTA。只要不超出飞机性能范围,就不需要为了遵从参考航迹而重新计算。然而,连续时间控制引导必须补偿参考航迹计算中的风预报误差,因而可能导致不必要的燃料消耗。而且,误差还可能使飞机遇到性能瓶颈,从而无法遵照航迹规划。定期更新参考航迹可更新风的信息,并减少为追踪时间轨迹而操作油门和/或减速板的需要,从而提高该技术的燃料效率。由于定期更新修改了参考航迹,它们可能不适用于需要 ANSP 航迹合约的概念。

配对相关的速度引导也可能是中期 NextGen 电子飞行包或基于 FMS 的引导模式。这种引导模式在空中相对间隔这一概念中使用。该模式将利用 ADS-B 或其他监视来建立相对于另一飞机的规定间隔。该引导可用于维持时间间隔或距离,或者在飞机航迹中的未来点实现间隔(具体描述见下节)。使用航迹预测作为间隔引导的元素,使得飞机既能跟随长机,又能飞不同航线。

45.4 长期运行概念"FarGen"

尽管中期 NextGen 会带来实质性改进,但全面解决运行可行性问题和充分实现 NextGen 目标可能需要运行概念,涉及人工操作和自动化之间以及 ANSP 和驾驶舱之间的作用和职责的重大变化。这些概念将依赖于更先进的机载和地面技术。一些组织将 NAS 运营中的下一个革命性步骤称为"FarGen"。适用于长期解决方案的一种拟议方法是通过增加使用计算机自动化和空中/地面数据交换来支持和维持 ANSP 的作用。虽然该方法可通过利用自动化的优点来改进系统性能,但它可能是一种高度复杂且昂贵的解决方案。另一种方法是继续沿着 PBO 的发展路径,通过改进飞机航空电子设备来提高机载能力,并引入新的航空电子系统,允许将特定职责从 ANSP 进一步转移到机组人员。下面讨论后一种方法。

引入机载监视概念(如 ADS-B)产生了一种新的运行模式,其中将减少对集中式空域系统现代化的依赖,有利于实现分散现代化。1995 年,RTCA 第三工作组将"自由飞行"定义为在仪表飞行规则下安全高效的飞行操作能力,其中操作员可自由地实时选择其路径和速度,从而使 ANSP 集中管理交通流量。自由飞行的支持者认为,目前的系统对用户群造成了巨大的障碍,使其不得不依赖于大型固定基础设施,然而由于这些基础设施的复杂性和规模使其极难实现现代化。他们还认为,集中空中交通管制限制了与竞争有关的业务决策。因此,自由飞行的目的不仅要优化系统,而且应为开放系统,以允许每个用户进行自我优化。

自由飞行运动促使美国和欧洲基于以上这些原则进行研发。由 NASA 从 1997 年到 2004 年的调查的分布式空中/地面交通管理(DAG-TM)是从自由飞行发展而来的一个概念。DAG-TM 的前提是,通过共享与飞行意图、交通和空域环境有关的信息、所有涉及的系统参与者之间协作决策、将决策权分配给最适当的决策者,将能够大大提高系统容量以及空域用户的灵活性和效率。

机组人员、ANSP 和航空运行控制组织都既作为信息供应商又作为用户进行交流，从而使各级交通管理决策可能进行协作和合作。DAG‐TM 假设，分配决策权力将是通过最大限度地减少人为工作量瓶颈的发生而增加国家空域系统能力的关键推动力。因为额外增加的每架飞机都将对交通管理直接做出贡献，DAG‐TM 提供了线性可扩展系统的可能性，通过成比例地增加基础设施和人类决策能力来满足增加的要求。整个系统的可靠性和安全性也将通过增加业务管理能力的冗余度而得以改进。用户可以凭自己的偏好来制定计划和操作，其中 ATM 偏差仅在需要时发生。DAG‐TM 研究确定并确立了两个新的长期驾驶舱作用——空中间隔保障和空中相对间隔的可行性。

45.4.1 空中间隔保障

空中间隔保障是一种潜在的未来空域管理功能，允许机组人员在约束航线和无约束终端到达环境中自主运行。基本理念的变化也可用于地面操作，以提供额外的安全层。通过使用先进的驾驶舱能力，机组人员负责与其他飞机和限制空域保持间隔。基于驾驶舱的间隔理念依靠使用最佳信息来确定是否可预测与另一架飞机的间隔损失或对危害空域的侵犯，以及机组人员是否应在每种特定情况下采取行动。关于飞机的航迹信息可能仅包括状态数据，也可能还包括在自动飞行系统启动时从目标状态到 FMS 级意图的各级意图。

空中间隔所需的主要功能是附近交通监视、驾驶舱交通信息显示（CDTI）以及交通冲突检测和解决系统。通常假定通过当前或将来的 ADS‐B 实例来提供交通监视，但其他交通信息源可能是可用的并需要进一步增强。假定需要使用 CDTI 才能提高机组人员对交通的态势感知，人为因素研究表明，单靠机组人员的感知是不够的，需要使用冲突检测和分辨自动化来辅助机组人员决策。由于有限资源的公平管理和分配本质上是一个集中功能，用于确定 ANSP 执行拥塞空域和终端的操作约束，并且执行空中间隔必须遵守这些约束。在确定到达计量地或目的地的规定时间、遵循或保持与另一飞机的间隔要求或要求避开空域范围时,可应用这些约束。

空中间隔的最终好处可能是实现一个至关重要的功能,即将短期事件的策略管理与有限空域资源的战略管理分开。有限资源的管理最好通过规划实现,而存在高度不确定性的情况下,策略管理可能需要更加灵活地应对不断变化的情况。如果可将策略控制(如间隔保障)与战略问题(如吞吐量管理)分开,这两个问题可能都会变得更简单,并能独立解决。与 ANSP 相比,飞机能提供更大的灵活性和响应带宽来克服干扰,因而更能遵守分配的时间表。遵守改进的时间表又可提供更稳定的规划环境,从而能采用更简单的 ANSP 调度算法,并且能够更好地管理有限的系统资源。此外,流量限制的建立通常不仅源于实际系统限制(例如,比目的地容量更高的要求),而且还要防止交通密度超过管制员区域可接受的水平。如果飞机能够完全将其自身与所有其他飞机(包括常规管理飞机)间隔开来,则它们就不会给区域管制员增加工作量。因而,自主间隔飞机可能会免于遵守一些流量限制措施,从而激励空域用户装备所需的空中能力。

45.4.2 空中相对间隔

空中相对间隔,通常称为 FIM,是指机组人员负责维持与另一飞机的间隔或在指定位置实现间隔。最初设想是为了让机组人员主动最大化机场的到达吞吐量,当时使用的还是仪表方法。FIM 的早期实例化计划用于中期 NextGen,但从长期来看,广泛使用 FIM 可能促使多跑道机场实现最佳的飞行高效到达和离开吞吐量。ANSP 提供了跟随长机的间隔,并为机组人员发出许可,使其遵守算法产生的速度提示,以实现该间隔。此外,假设通过当前或将来的 ADS-B 实例来提供监视,管制员负责维持间隔,因此设想的间隔显著大于最小间隔标准。当到达流量包含大量可实现 FIM 的飞机时,可能就有大量连续的自主间隔飞机,每架飞机在分配的导程上间隔开。相对于简单间隔算法,基于长机的预测航迹的间隔算法具有操作优势。假设长机的限定航线和速度分布与尾随飞机共享,在不同航线上飞行的飞机可彼此相对间隔开。基于航迹的算法使飞机能够在保持间隔的同时完成最佳的下降曲线,基于航迹的间隔也可解释不同的最终进近速度和风环境。

2011 年,ADS－B 航空规则制定委员会引入了"限定间距"的概念,将授权管制员动态分配间隔边界。动态间隔允许飞机实现的间隔比目前静态间隔标准所允许的间隔更近。当条件允许时,例如当长机的尾流被侧风吹离尾随飞机的路径时,具有限定间距的空中间隔可显著增加系统吞吐量。

因为机组人员能够非常准确地管理自己管辖范围内的航迹,空中相对间隔可进一步促进遵守最大化吞吐量的约束。准确度的增加促使减少间隔缓冲区,因此提高了吞吐量。然而,空中交通管制员实现此类准确度受到了若干因素的影响。由于基于尾流规避所需的间隔可根据长机和尾随飞机的重量级别而变化,因此管制员必须确定每对飞机所需的特定间隔,从而为一些组合提供较大的间隔缓冲区。固有通信时间要求和离散速度差距增加了闭环系统延迟,这就需要减小稳定性的控制增益,从而降低了准确度。管制员采用合用线路通信并同时管理几架飞机,使得到达流中一次只有一架飞机接收许可。空中相对间隔还可促进当今未充分利用的机场实现成本效益的增长,将来,需求还会不断增加。因为每架飞机都具有很大一部分所需的基础设施并具有人类决策能力,因此随着要求的增加,这些航站区域需要增加的地面基础设施将极少。这也就要求基于 ANSP 对交通流进行一些预处理。

虽然空中间隔研究的最初目的是利用飞机精确控制其航迹的能力,但在刚研究时并不清楚相对引导或绝对时间引导能否产生最好的结果。相对引导方法是相对于另一架飞机的航迹控制本机的航迹,而绝对时间方法是相对于ANSP 分配的约束(如 RTA)引导本机的航迹。预计相对控制将减少对精确ANSP 调度预测的依赖。在存在高度不确定性的环境中,这种稳健性将会减少管制员的工作量,并且降低基于 ANSP 调度算法的到达时隙预测准确度。如果低估了到达容量或者某些飞机需要退出到达流,则绝对时间系统将创建缺失的到达时隙(除非定期重新计算到达时间表),并且向每个到达的飞机分配新的RTA。为了补偿,ANSP 调度研究系统有意通过调度比容量有限的跑道来更快适应终端进入的固定时间,从而向终端空域分配一些延迟吸收。调度补偿允许更好地定位飞机,以恢复丢失的时隙。因此,无论是机载还是 ANSP 控制的绝对时间引导,都需要飞机以比其额定速度更慢的速度飞行(其代价是降低飞行效率),从而吸收这种延迟。如果使用空中相对间隔,则不需要该终端空域前载。飞机使用其精确的飞行引导来补偿航迹预测的不确定性,并且在到达流上传播其速度调整。

45.4.3　远期 NextGen 技术实现手段

远期概念将进一步增加驾驶舱系统和机组的作用和职责。后续的研究需要根据新的作用创建安全、高效和具有成本效益的操作,但须深入了解基本技术和原则。技术实现手段包括网络通信、冲突检测和解决、飞行优化和机组人员决策支持。须将这些技术开发成可认证且经济实惠的机载系统。

45.4.3.1　网络通信

除了为 NextGen 规划数据链路之外,为了提供机载和地面系统间的信息,未来可能会更加依赖高带宽网络通信。飞行中的互联网系统已经为乘客提供了高带宽双向通信能力。这些互联网系统或独立的专用系统可能能够提供高质量的高空风和对流天气数据。它们还能够接收机载系统或机组人员的信息,并向驾驶舱提供基于云的飞行管理服务。

45.4.3.2　冲突检测、预防和解决

国际民用航空组织(ICAO)将冲突定义为两架飞机之间的预期间隔丢失。空中间隔概念将需要驾驶舱自动检测交通冲突,以有足够时间进行机动,然后确定避免间隔丢失的机动策略。为了开发这些技术并探索具有空中间隔责任的未来系统的行为,NASA 已经开发了一种驾驶舱研究系统,称为自动操作计划器(AOP)。下面的讨论将使用 AOP 示例来描述间隔保障技术的要素,

图 45 - 2 概述系统的功能。AOP 从飞机系统接收本机状态、飞行计划和飞行模式信息,通过基于语音通信的数据链路或机组输入接收交通监视、ATM 约束和关于空域环境的信息。使用机组人员提供的首选问题解决方案,AOP 执行本机航迹管理,并向机组人员提供航迹更改通知。在一些模式中,AOP 依靠飞机 FMS 的航迹生成功能,向飞机系统提供用于执行的修改航迹。在操作中,AOP 功能可能是高级 FMS 的要素,并且将能够访问准确的性能模型和实时飞机状态信息。

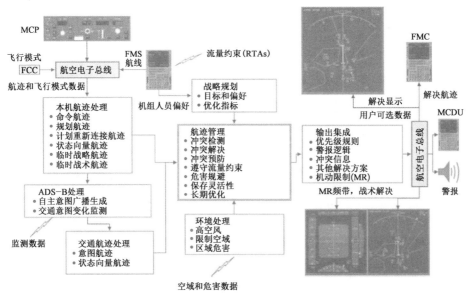

图 45 - 2 NASA AOP 研究系统

自动冲突检测是所有未来自动间隔保障功能的关键要素,它将与提供内层安全性的防撞功能一起使用。ATM 研究和无人空中系统社区已经开发了许多空中冲突检测算法。根据应用,可能需要对协作和非协作交通进行冲突检测。协作冲突检测依赖于交通信息源,例如 ADS - B。如果 ADS - B 的未来实例化提供有限的意图信息,则可基于交通状态和部分飞机的飞行计划来执行冲突检测。这有可以在更大的预测时间范围内提高检测准确度,减少误警和漏警,并能预测一些潜在的错误。非协作冲突检测依赖于有源监视,因此交通意图必须由该自动化功能(如使用)推断。

一些间隔保障概念还可能通过改变本机航迹来执行冲突检测的功能。该功能称为冲突预防,适用于禁止通过本机机动而产生新冲突的概念。AOP 的冲突预防功能探测潜在的航迹变化,如 FMS MOD 航线的变化,在转换到自动飞行耦合模式时重新连接航线,并在遵循航迹时将会产生新的冲突情况,改变策略机动、航向或垂直速度等。

冲突解决通常有两种方式。策略冲突解决定义为一种解决冲突的机动方式,但并未考虑本机的飞行计划,而战略解决被定义为一个包括与预期的飞行计划重新连接和恢复的航迹变化。两种解决方法都有优点和缺点。策略系统可能最适合提供一种可证明的安全冲突解决功能,从而低成本以提供有限的能力来促进运营模式向未来过渡。战略系统可能最适合于希望在严格流量管理和空域限制的空域环境中或在机组工作量较高的环境中优化其航迹的空域用户。这些系统也可能需要集成同一区域空中的空域间隔和 ANSP 管理运营。在密集且高度约束的交通环境中,战略冲突解决功能可能需要考虑所有已知的约束,同时确定本机的适当航迹。约束包括附近的交通、特殊用途空域、天气和其他环境危害,以及 ANSP 为了安全或加快交通流量而施加的到达时间、速度或高度约束。越早检测到冲突,能协调解决方案与飞行计划目标的可能性就越大。在检测到很少引起注意的冲突时,可能会为了安全而搁置飞行计划目标。因此,空中间隔概念(如 NASA 的自主飞行规则)可与策略和战略检测与解决策略结合使用。

AOP 基于最近的进近点之前的剩余时间为每个冲突选择冲突解决策略。如果有几分钟可用,AOP 选择战略解决。考虑到本机飞行计划和所有飞行计划约束可减少不必要和过多的机动,从而尽量减少所有飞机的航迹变化数量,进而提升总体系统稳定性。为了进一步提高系统稳定性,AOP 生成不会与已知交通流量产生新冲突的机动解决方法。战略算法利用由飞机提供的意图信息（如可用），并且它们可考虑每架飞机的几个潜在航线，以确定能应对航迹不确定性和失误的稳健机动方法。战略解决算法还可采用灵活性保留的概念，解决方案规避了被预测为拥挤的空域。如果将战略解决方案整合到 FMS 飞行计划中，则可在整个事件期间在 FMS 引导模式下实现机动解决方案。将战略解决整合到飞行计划中的一个重要好处是，修改的 FMS 飞行计划可作为新的本机意图向其他飞机广播。如果解决冲突的时间较短，则 AOP 利用基于通行权规则的策略解决方案。使用规则（而不是协调消息）被称为隐式协调，并且在减少飞机之间的数据交换要求中具有重要意义。策略解决方案可利用来自飞机的意图信息（如果可用），但飞行员在执行机动解决之后必须手动重新连接飞机的飞行计划。在无本机自动化或飞机的冲突检测系统使用的某种形式的意图推断时，采用策略解决方案的飞机可能不会提供飞机的意图信息。

45.4.3.3　飞行优化

高效的飞行路径管理和乘座舒适度对于空域用户非常重要。为了执行涉及这些操作人员的飞行目标以及飞机冲突、区域危害、飞机性能限制和 ANSP 施加的飞行约束的航迹规划，战略冲突解决算法可采用迭代搜索，以实现最优解决方案航迹。当检测冲突时，优化策略解决功能试图基于用户指定的成本函数和其他用户的偏好输入来提供最佳无冲突解决方案。AOP 研究系统使用这样一类函数：利用 FMS 航迹生成能力来预测本机航迹，以确保解决航迹在飞机的性能范围内。如果检测到冲突，则解决算法重复地扰乱、评估和选择一组航迹。每一条航迹都是调用 FMS 航迹生成器产生的。AOP 使用一组预定义的扰动模式来减少搜索计算，将可由飞机飞行和解决冲突且不会产生新冲突的扰动航迹与成本函数进行比较。通过使用进化算法，这些航迹中的最优航迹为下一次迭代提供了新的扰动航迹。不断迭代，直到满足最优条件。

45.4.3.4　机组人员决策支持

对于以人为中心的飞行管理概念，机组人员在所有飞行决策中都具有最终权威性。因此，未来的机载系统将向机组人员提供态势感知信息和决策支持建议。未来的驾驶舱能力可能需要提供交互式工具,以增强机组人员态势感知,并在必要时为自动化提出的解决方案提供替代解决方案。界面将为机组人员提供直接飞行引导(他们可选择忽略它),或警告机组人员有威胁,允许机组人员在执行之前制定解决方案或评估建议的解决方案。机组人员还要能向驾驶舱自动化提供输入。驾驶舱工具应设计为使机组人员以最小化影响机组人员工作量的方式执行建议的行动。从长期来看,人类和智能机器可以集成,形成类似于马和骑手的关系。这个概念称为 H-隐喻。未来的飞机将与机组人员互动,机组人员只作为具有有限态势感知的半自动智能体。飞机将有自我保护的"本能"和有限的独立意志。像一匹马被引导跳过一个障碍(不认为它可清除)一样,飞机将能够根据环境或情况刺激产生一套反应行为,并在飞行员认为危险的情况下提供反馈。马通过紧张行为向骑手提供反馈。触觉控制允许飞机通过模拟飞行员正在接触的飞行控制中的运动感觉来向飞行员提供触觉反馈。这可让飞行员和飞机之间实现有效的双向通信。在这个 H-隐喻中,研究人员研究了松缰绳(将给飞机更多的自主性和责任)和紧缰绳(飞行员有更多的责任)的概念。

45.5　更长远的观点:操作自主性

从最广的角度来看,空域是一种社会资源。应尽可能地使用所有潜在的空域,同时保障地面和空中安全。管理空域资源的系统还必须促进飞机的高效飞行,最小化相关成本,并保护环境。现有的航线运营几乎肯定会继续长期存在,但是将来它们可能只会使用共享空域的一小部分。预想的新型飞机包括自主无人驾驶飞机(独立和集体协调行动)、无人驾驶货运飞机以及体积非常大但重量比空气还轻的货运飞机。有些飞机将位于固定位置的上方,有些可能与地面相连。一组飞机可能按队形飞行,以实现飞行效率。空域还必须满足私人飞机和小型点对点运输带来的预期爆炸性增长需求。空域的这些新用途有可能增加社会流动性,以较低的成本和较低的环境影响货物运输,改进对地球大气和生态系统的研究,通过改进或大大降低关键服务的成本来增强安全性,这些服务包括消防、紧急医疗运送、搜索和救援、边境和邻国监测以及检查我们的基础设施等。因此,从长期来看,使用国家空域的飞机和其他系统的数量可能远超过今天的数量。图 45-3 是这一未来的快照。通常,私人飞机彼此之间、与机器人交通工具以及未来飞机共享空域。

图 45-3　许多空域用户的安全共存在未来将是至关重要的

大量飞机及其彼此之间的接近性将使得集中计划和控制每架飞机既不切实际且成本又非常高。通信带宽过大,通信延迟会对系统响应有直接影响,并且系统管理问题也将会非常复杂。一种可能的解决方案是最大限度地依赖飞机操作自主性。在未来完全操作自主的场景中,每次飞行都有其独特的目的,并且其任务和相关飞行航迹的控制是独立的。每架飞机都将负责与所有其他飞机安全共享空域。根据通用操作规则和程序,安全功能将由每个操作人员负责。通过使用通用规则或实时对等协调飞机之间的动作,无线访问动态数据库将会使飞机在飞行期间规避所有的有害操作。未来将会尽量减少固定的地面导航和监视系统，以促进建设具有成本效益的可扩展和需求自适应的基础设施。以飞机为中心的先进技术对实现这一未来场景至关重要。使能概念可能包括网络中心操作(NCO)和分散式命令和控制。

45.5.1   网络中心操作

NCO 的概念源自一种广泛认可的趋势，即通信带宽、数据交换可靠性、数据普及性、安全性和可定制性的能力正在急剧增强。以网络为中心的概念利用这些能力来为大量分布式系统设备提供非常丰富的信息。这些概念的价值可能与关于哪些系统设备可被自动化或人为控制的讨论无关。可得到的好处包括每个设备能从网络中提取信息并向其他设备提供信息。理论上，这产生了一种常见的详细态势感知。多年来，管理理论家很青睐 NCO，尤其是在商业领域，互联网可以说是 NCO 应用的成功例子。

NCO 可使空域操作能够利用云、集群和网络计算概念。这些概念应用于大规模计算网络，以提高应用开发及其升级的效率，并减少重复开发和数据存储。它们使得使用位置与处理或存储位置分开，从而具有高效且一致地访问多点或多方的相同能力。对信息的访问可以是同步的，也可以是异步的。对于广泛分布的应用或数据，仅需对集中式应用或数据库进行一次能力修改和升级（如飞机的航迹模型）。这可缩短飞机、ANSP 和航空公司运营中心在进行软件、模型、数据库和其他功能升级时的停机时间。功能与使用位置的分离还能最小化处理、存储以及软件在使用位置的驻留。由于这些功能必须能按需访问，因此可靠且安全的网络功能对于这些网络计算概念在安全关键应用的成功实施至关重要。

NextGen 和 ICAO 提出一种类似 NCO 的初始跨国空域能力，称为全系统信息管理(SWIM)，但现有信息表明，SWIM 的目的不同于 NCO 的一般概念。SWIM 倡导将其视为数据生产者和消费者之间的安全信息经纪人。SWIM 还将寻求减少对等系统之间的接口数量。每个系统都会将其信息发送到 SWIM

的中央存储库,然后翻译数据并提供给其他人。由于所需信息可存放在任何地方,许多人就设想 SWIM 启用"虚拟设备"——功能不变但不再需要实体设备,可以是位于任何地方的机构,例如机场塔台。

45.5.2　分散式命令和控制

除了共享感知之外,以网络为中心的通信实际上可实现完全不同的运营方法:高度分散的决策。Brynjolfsson、Hitt 和许多社交网络理论家研究了通信革命带来的运营变革潜力。如果 NCO 不仅可增强态势感知,运营组织还可在很多重要方面进行改变。分层和紧密结构管理和控制被高响应分散控制所取代,其扰动适应性增强了,对个人培训的要求也增强了,但完成一项任务所需的人数减少了。2003 年出版的一本有影响力的书中将这些思想称为"边缘力量"。虽然该书的主题是军事活动,但所阐述的基本原则适用于多种活动,包括民用航空。该书的作者认为,由于将决策权分配给了组织内具有最及时且最高质量信息的人员,而这些人员通常又与运营环境直接互动,从而实现了真正的转变。中央管理者只控制那些应集中管理的任务。对于所有其他决定,管理者只提供一般任务目标,并允许组织边缘的各单位自主决定如何完成任务。这在参考文献中被称为"自同步",其实现需要有技术精湛的系统参与者共同完成。使用基于机器的决策可抵消使用这种广泛技能带来的一些成本。

然而,自同步实际上与 NCO 的基本目标是相互对立的,NCO 为所有人提供通用深层感知。如果每个人都有同样的感知,那么就不需要将决策权下放;目前的中央功能(如间隔保障)可能保持不变。所有决策将继续集中进行,高带宽通信使用瘦客户机系统来模拟本地化控制。这种架构要付出的代价是高度依赖于通信的可用性和完整性。事实上,由于在通信崩溃时分散式权威概念表现得更稳健,因此军事组织开始使用分散式权威概念。然而,共享态势感知仍然是一个关键因素,因为边缘上的各单位确实相互互动,并且共享感知对于中央功能能否起作用至关重要。

　　系统灵活性的大幅度提高可能是分散式命令和控制空中交通带来的巨大好处。灵活性是一种灵活的能力，能够快速适应不断变化或意外的情况，对军事系统有明显的好处。虽然空域管理通常不涉及击败一个有意不可预测的对手，但它确实涉及许多不确定性形式的管理。增强直接与干扰相互作用的那些人员的感知、能力和权力使系统能够更快地做出反应。与中央决策系统相比，飞行员或机载智能机器可更快地做出决策，并且具有更好的本地信息。只要人类决策者参与其中，本地驾驶舱控制可能就显得尤其重要。通常，基于经验的专业知识不能转换成发送到中央系统的通信消息。因此，无论通信的速度有多快，基于分散式人类专业知识的信息处理都不能由中央系统执行。

　　分散式基础设施还可以促进要求自适应和自我现代化的系统特性的发展。即使在设备的监视范围内没有飞机，今天的地面雷达也能全面覆盖受控空域。适应要求的监视系统有可能更加实惠。如果监视分布到边缘(在这种情况下，分配给每架飞机)，那么监视能力在需要(许多飞机占据一定空域时)时会变得更强大。在不需要(空域中没有飞机时)时，它也不会造成任何影响。最终，自我现代化可能是最重要的自主运行属性。集中控制通常需要固定的基础设施，例如地面雷达监视和大型网络计算平台。由于存在与大型系统的资金和管理相关的问题，基础设施的维护成本较高，且难以用更现代的设备替换。如果某一用户群依赖基础设施，则淘汰过时的基础设施也很困难。具有自主参与者的分布式系统在很大程度上具有自我更新的能力。随着具有使能基础设施和能力的飞机停用，它们将被具有更新基础设施和能力增强的新型飞机取代。

参考文献

[1] Pyster，A.，More disciplined than agile at the federal aviation administration，Presentation by the Deputy Assistant Administrator for Information Services and

Deputy Chief Information Officer, Federal Aviation Administration, March 19, 2003.

[2] Joint Planning and Development Office, Concept of operations for the next generation air transportation system, Version 2.0, June 13, 2007.

[3] Joint Planning and Development Office, NextGen avionics roadmap, Version 1.0, October 24, 2008.

[4] RTCA, Task Force 5: NextGen Mid-Term Implementation Task Force Report, Washington, DC, September 2009.

[5] Chong, R. S. and Smith, E. C., Using data communications to manage tailored arrivals in the terminal domain: A feasibility study, *Ninth USA/Europe Air Traffic Management Research and Development Seminar*, Berlin, Germany, June 2011.

[6] Klooster, J. K. and de Smedt, D., Controlled time-of-arrival spacing analysis, *Ninth USA/Europe Air Traffic Management Research and Development Seminar*, Berlin, Germany, June 2011.

[7] Joint Planning and Development Office, Targeted NextGen capabilities for 2025, November 2011.

[8] RTCA, *Minimum Aviation System Performance Standards: Required Navigation Performance for Area Navigation*, RTCA DO–236B, October 28, 2003.

[9] Lee, H. P. and Leffler, M. F., *Development of the L–1011 Four-Dimensional Flight Management System*, NASA CR 3700, February 1984.

[10] DeJonge, M. K., Time controlled navigation and guidance for 737 aircraft, *Aerospace and Electronics Conference*, NAECON, 1988.

[11] Jackson, M. R. C., Sharma, V., Haissig, C. M., and Elgersma, M., Airborne technology for distributed air traffic management, Decision and Control, *2005 European Control Conference*, CDC–ECC'05, *44th IEEE Conference on Decision*

and Control, December 2005.

[12] Korn, B. and Kuenz, A., 4D FMS for increasing efficiency of TMA operations, *25th Digital Avionics Systems Conference*, IEEE/AIAA, October 2006.

[13] Ballin, M. G., Williams, D. H., Allen, B. D., and Palmer, M. T., Prototype flight management capabilities to explore temporal RNP concepts, *27th Digital Avionics Systems Conference*, IEEE/AIAA, October 2008, Minneapolis, MN.

[14] Sorensen, J. A. and Waters, M. H., Airborne method to minimize fuel with fixed time-of-arrival constraints, *Journal of Guidance and Control*, 4, May 1981.

[15] Burrows, J. W., Fuel-optimal aircraft trajectories with fixed arrival times, *Journal of Guidance and Control*, 6, January 1983.

[16] Final Report of the RTCA Task Force 3: Free Flight Implementation. RTCA, Inc., Washington, DC, October 1995.

[17] NASA advanced air transportation technologies project: Concept definition for distributed air/ground traffic management (DAG - TM), Version 1.0, September 1999.

[18] Wickens, C. D., Mavor, A. S., Parasuraman, R., and McGee, J. P., eds., *The Future of Air Traffic Control: Human Operators and Automation*, National Academy Press, Washington, DC, 1998.

[19] Federal Aviation Administration, Recommendations to define a strategy for incorporating ADS - B in technologies into the national airspace system. A report from the ADS - B in aviation rulemaking committee to the federal aviation administration, September 30, 2011.

[20] Ballin, M. G. and Erzberger, H., Potential benefits of terminal airspace traffic automation for arrivals, *Journal of Guidance, Control, and Dynamics*, 21 (6), 1998.

[21] Karr, D. A., Vivona, R. A., Roscoe, D. A., DePascale, S. M., and Wing, D. J., Autonomous operations planner: A Flexible Platform for Research in

Flight-Deck Support for Airborne Self-Separation, AIAA – 2012 – 5417, September 2012.

[22] Wing, D. J. and Cotton, W. B. , *Autonomous Flight Rules: A Concept for Self-Separation in U. S. Domestic Airspace*, NASA TP – 2011 – 217174, November 2011.

[23] Flemisch, F. O. , Adams, C. A. , Conway, S. R. , Goodrich, K. H. , Palmer, M. T. , and Schutte, P. C. , *The H-Metaphor as a Guideline for Vehicle Automation and Interaction*, NASA TM 2003 – 212672, 2003.

[24] Federal Aviation Administration, System Wide Information Management information link: http://www. faa. gov/nextgen/swim. Accessed on May 19, 2014.

[25] Brynjolfsson, E. and Hitt, L. , Beyond computation: Information technology, organizational transformation and business performance, *Journal of Economic Perspectives*, 14(4), 23 – 48, 2000.

[26] Alberts, D. S. and Hayes, R. E. , *Power to the Edge: Command ... Control ... in the Information Age*, Department of Defense Command and Control Research Program, CCRP Publications, 2003.

缩略语

AC	advisory circular	咨询通告
ACARS	aircraft communication addressing and report system	飞机通信寻址与报告系统
ACE	actuator control electronics	作动器控制电子设备
ACMF	airplane condition monitoring function	飞机状态监控功能
ACO	Aircraft Certification Office	飞机合格审定办公室
ACR	avionics computer resource	航空电子计算机资源
Ada	Ada	美国国防部标准高级语言
A/D	analog to digital(conversion)	模数转换
ADAS	auxiliary data acquisition system	辅助数据采集系统
ADC	analog to digital converter	模数变换器
ADF	automatic direction finder	自动定向仪
ADI	attitude direction indicator	垂直指引指示器
ADIRU	air data inertial reference unit	大气数据与惯性参考单元
ADM	air data module	大气数据模块
ADMS	aircraft diagnostic and maintenance system	飞机诊断与维护系统
ADS	automatic dependence surveillance	自动相关监视
ADS - B	automated dependence surveillance - B	广播式自动相关监视
AEEC	Airline Electronic Engineering Committee	(美国)航空公司电子工程委员会
AF	DME arc to a fix	至一个定位点的 DME 圆弧

AFDC	autopilot flight director computer	自动驾驶仪飞行指引计算机
AFTN	aeronautical fixed telecommunication network	固定航空电信网
AGC	automatic gain control	自动增益控制
AGL	aircraft above the ground level	飞机离地高度
Ah	Ampere-hour	安·时(或安时)
AHRS	attitude heading reference system	姿态航向参考系统
AIAA	American Institute of Aeronautics and Astronantics	美国航空航天学会
AIHS	aircrew integrated helmet system	飞行员综合头盔系统
AIMS	airplane information management system	飞机信息管理系统
AM	amplitude modulation	调幅
AMEL	active matrix elecluminescent	有源矩阵电致发光
AMSS	aeronautical mobile satellite services	航空移动卫星服务
ANSI	American National Standards Institute	美国国家标准协会
ANVIS	aviator's night vision imaging system	飞行员夜视成像系统
AOA	ACARS over AVLC	按 AVLC 协议传送 ACARS 消息
AOC	aeronautical operational communication	航空业务通信
AOM	acoustic optic modulator	声光调制器
APEX	application – executive interface	应用-执行软件接口
API	application program interface	应用程序接口
APU	auxiliary power unit	辅助电源设备
ARINC	Aeronautical Radio INC.	航空无线电公司
ARINC	Aeronautical Radio Inc.	(美国)航空无线电公司

ASCII	american standard code for information interchange	美国信息交换标准码
ASDE	airport surface detection equipment	机场地面探测设备
ATA	Air Transport Association	航空运输协会
ATC	air traffic control	空中交通管制
ATF	advanced tactical fighter	先进策略战斗机
ATM	asynchronous transfer mode	异步传输方式
ATN	aeronautical telecommunication network	航空电信网
ATN SARP	ATN standard and recommended practices	ATN 标准和推荐的操作规程
ATO	along – track offset	航迹偏置
ATS	automatic throttle system	自动油门系统
ATSU	air traffic service unit	空中交通服务单元
BAG	bandwidth allocation gap	带宽分配间隙
BC	bus controller	总线控制器
BCD	binary coded decimal	二进制码十进制
BEAM	beacon-based exception analysis for mnltimissions	基于信标的多任务异常分析
BIT (E)	built – in test (equipment)	机内自检(设备)
BIU	bus interface unit	总线接口单元
BM	bus monitor	总线监视器
BNR	binary	二进制
BR	Byzantine resilience	拜占庭恢复
BRG	bearing to go to waypoint	至一个航路点的方位
BSP	board support package	板级支持包

BT	bus terminal	总线终端
CA	course to an altitude	至一个给定高度的航向角
CAA	Civil Aeronautic Administration	(英国)民用航空管理局
CAD	computer – aided design	计算机辅助设计
CAE	computer – aided engineering	计算机辅助工程
CAN	controller area network	控制器局域网
CAS	calibrated airspeed	校正空速
CAS	crew alerting system	机组告警系统
CBM	condition-based maintenance	基于状态的维修
CC	control category	控制类别
CCA	cold cranking amperes	冷启动安培
CCR	common computing resource	公共计算资源
CCS	common core system	共用核心系统
CD	course to a distance	至一个DME距离的航向角
CDTI	cockpit display of traffic information	驾驶舱交通信息显示
CDU	control display unit	控制显示单元
CEP	circular error probable	圆概率误差
CF	course to a fix	至一个定位点的航向角
CFDS	centralized fault display system	中央故障显示系统
CFG	context free grammar	无上下文语法
CFIT	controlled flight into terrain	可控飞行撞地
CG	center of gravity	重心
CI	cost index	成本指数
CI	course to an intercept	至一个截获点的航向角
CM	configuration management	配置管理

CMC	central maintenance computer	中央维护计算机
CMF	common-mode failure	共模故障
CMU	communication management unit	通信管理单元
CNI	communication network interface	通信网络接口
CNS/ATM	communication, navigation, surveillance and air traffic management	通信、导航、监视和空中交通管理
COTS	commercial off the shelf	商用货架(产品)
CPCS	cabin pressure control system	客舱压力控制系统
CPDLC	controller pilot data link communications	空管员—飞行员数据链通信
CPM	core processor module	核心处理器模块
CPU	central processing unit	中央处理单元
CR	contrast ratio	对比度
CR	course to intercept a radial	截获一条径向线的航向角
CRAFT	Crainfield algorithm for fault tolerance	克兰费尔德容错算法
CRC	cyclic redundancy checking	循环冗余码校验
CRS	course	航向(角)
CRT	cathode ray tube	阴极射线管
CSMA	carrier sensed multiple access	载体侦听多重访问
CTF	contrast transfer function	对比度传递函数
CVR	cockpit voice recorder	驾驶舱通话记录器
CW	command word	指令字
DAC	digital to analog converter	数模变换器
D/A	digital to analog (conversion)	数模转换
DA	drift angle	偏流角

DAR	designated airworthiness representative	适航委任代表
DATAC	digital autonomous terminal access communication	数字式自主终端访问通信
DCGF	data conversion gateway function in AIMS	AIMS 中的数据转换网关功能
DEM – VAL	DEMonstration – VALidation	演示-确认
DEP	design eye position	设计眼位
DER	designated engineering representative	委任的工程代表
DF	direct to a fix	直接至一个定位点
DFBW	digital flight by wiring	数字式电传飞行控制
DGPS	differential global positioning system	差分全球定位系统
DH	decision height	决断高度
DME	distance measuring equipment	距离测量设备
DMIR	designated manufacturing inspection representative	委任的制造检验代表
DR	dead reckoning	航位推算
DSB	double – sideband	双边带
DSP	digital signal processor	数字信号处理器
DTED	digital terrain elevation database	数字地形高程数据库
DTG	distance to go	待飞距离
DTRK	desired track	要求航迹
DTW	dynamic time warping	动态时间偏移
DVI	direct voice input	直接语音输入
DW	data word	数据字
EASA	European Aviation Safety Agency	欧洲航空安全局

ECEF (frame)	earth centered earth fixed (frame)	地球为中心的地球固定 (坐标系)
EDAC	error detect and correct	差错检测和纠正
EDIU	engine data interface unit	发动机数据接口单元
EGPWS	enhanced ground proximity warning system	增强型近地告警系统
EICAS	engine indication and crew alerting system	发动机指示与机组告警系统
EIS	electronic instrument system	电子仪表系统
ELMS	electrical load management system	电气负载管理系统
EMC	electromagnetic compatibility	电磁兼容性
EME	electromagnetic environment	电磁环境
EMI	electromagnetic interference	电磁干扰
EOS	electrical overstress	电过载
EOT	end of transmission	传输终点
EPR	engine pressure ratio	发动机压力比
EPU	estimated position uncertainty	估计位置的不确定性
ES	end system	终端系统
ESD	electrostatic discharge	静电放电
ETA	estimated time of arrival	估计到达时间
ETOPS	extended rage twin operations	双发延长航程飞行
EUROCAE	Euro – Organization for Civil Aviation Equipment	欧洲民用航空设备组织
EVS	enhanced vision system	增强视觉系统

FA	course from fix to altitude	从定位点至一个给定高度的航向角
FAA	Federal Aviation Administration	美国联邦航空管理局
FAA	Federal Aviation Administration	(美国)联邦航空管理局
FADEC	full authority digital engine control	数字式全权限发动机控制
FANS	future air navigation system	未来空中航行系统
FAR	Federal Air Regulation	(美国)联邦航空条例
FBW	fly – by – wiring	电传操纵
FC	course from fix to distance	从定位点至一个给定距离的航向角
FCPC	flight control primary computer	飞行控制主计算机
FCR	fault containment region	故障封闭区
FCSC	flight control second computer	飞行控制辅助计算机
FD	course from Fix to DME Distance	从定位点至DME距离的航向角
FDA	Food and Drug Administration	(美国)食品药品监督管理局
FDIR	fault detection, isolation and recovery	故障检测、间隔与修复
FED	field emission	场发射显示器
FGS	flight guidance system	飞行制导系统
FHA	functional hazard assessment	功能危险性评估
FIR	flight information region	飞行信息区
FLIR	forward looking infrared	前视红外
FM	course from fix to manual termination	从定位点至人工终止点的航向角

FMC	flight management computer	飞行管理计算机
FMEA	failure modes and effects analysis	故障模式及影响分析
FMECA	failure modes, effects and criticality analysis	故障模式、影响及危害性分析
FMMEA	failure modes, mechanisins and effects analysis	故障模式、机理及影响分析
FMS	flight management system	飞行管理系统
FOV	field of view	视场
FPA	flight path angle	飞行航迹角
FPGA	field programmable gate array	现场可编程门阵列
FRC	federal radio commission	(美国)联邦无线电委员会
FSC	fuel system controller	燃油系统控制器
FSEU	flap slat electronic unit	襟翼与前缘缝翼电子单元
FSK	frequency shift keying	频移键控
FT - COM	fault - tolerant COMmunication	容错通信
FTR	fault - tolerant region	容错区
FTU	fault - tolerant unit	容错单元
GA	general aviation	通用航空
GCAS	ground collision avoidance system	地面防撞系统
GDOP	geometric dilution of precision	几何精确度减小
GENESIS	generic networked element for synthesis of integrated system	集成各综合系统的通用组网元件
GES	ground earth station	卫星地面站
GLONASS	global NAVigation satellite system	全球卫星导航系统
GLR	generalized likelihood ratio	广义似然比

GPM	generic processor module	通用处理器模块
GPS	global positioning system	全球定位系统
GPWS	ground proximity warning system	近地告警系统
GUI	graphical user interface	图形用户界面
HA	hold to a altitude	高度保持
HALT	highly accelerated life test	高加速寿命试验
HAS	hardware accomplishment summary	硬件完成总结
HCI	hardware configuration index	硬件配置索引
HDD	hard disk drive	硬盘驱动器
HDD	head – down display	下视显示器
HERF	high energy radio frequency	高能射频
HFDL	high frequency data link	高频数据链
HFDU	hf data unit	高频数据单元
HFE	human factors engineering	人素工程
HF	high frequency	高频
HF	hold，terminate at fix after 1 circuit	高度保持,盘旋一圈后在定位点终止
HF	hosted functions	宿主功能件
HGS	head-up guidance system	平显引导系统
HIRF	high intensity radiated field	高强度辐射场
HIS	hardware interface system	硬件接口系统
HMD	head mounted display	头戴式显示器
HM	health monitor	健康监控
HM	hold，manual termination	高度保持,人工终止
HMM	hidden Marcov modeling	隐式马可夫建模

HOL	high order language	高级语言
HRMFB	high reliability maintenance – free battery	高可靠性免维护蓄电池
HSI	horizontal situation indicator	水平情况指示器
HUD	head – up display	平视显示器
HUMS	health and usage monitoring system	健康与使用状况监测系统
IC	integrated circuits	集成电路
ICAO	international civil aviation organization	国际民用航空组织
ICD	interface control document	接口控制文件
IEEE	Institute of Electrical and Electronic Engineers	(美国)电气和电子工程师协会
IF	initial fix	初始定位点
IFR	instrument flight rules	仪表飞行规则
IFZ	independent fault zone	独立故障区
IHADSS	integrated helmet and display sighting system	综合头戴式与显示瞄准系统
IIVM	integrated intelligent vehicle management	综合智能飞行器管理
ILS	instrument landing system	仪表着陆系统
IMA	integrated modular avionics	综合模块化航空电子
IMC	instrument meteorological conditions	仪表气象条件
I/O	input/output	输入/输出
IOM	input/output module	输入/输出模块
IRQ	interruptive request	中断请求
ISO	International Standards Organization	国际标准化组织
IVHM	integrated vehicle health management	综合飞行器健康管理
IVZ	image viewing zone	图像可视区

JAA	Joint Airworthiness Administration	（欧洲）联合适航管理局
JAA	Joint Aviation Authorities	（欧洲）联合航空局
JHMCS	joint hemet cueing system	联合头戴式指示系统
JSF	joint strike fighter	联合攻击战斗机
JTIDS	joint tactical information distribution system	联合策略信息分布系统
KOL	kinds of operations list	操作类别表
LAAS	local area augmentation system	局域增强系统
LAN	local area network	局域网
LCD	liquid crystal display	液晶显示器
LDU	link data unit	链路数据单元
LED	light emitting diode	发光二极管
LNAV	lateral navigation	水平导航
LPC	linear predictive coding	线性预测编码
LRM	line replaceable module	外场可更换模块
LRRA	low range radio (or radar) altimeter	低高度无线电（或雷达）高度表
LRU	line replaceable unit	外场可更换单元
LSB	least significant bit	最低有效位
LSP	loadable software part	可加载的软件部件
MAAS	module acceptance accomplishment summary	模块验收完成总结
MAP	module acceptance plan	模块验收计划
MAT	maintenance access terminal	维护访问终端
MCDC	modified condition decision coverage	修改条件判定覆盖
MCDU	multipurpose control display unit	多用途控制显示单元
MCI	module configuration index	模块配置索引

MDA	minimum descent altitude	最低下降高度
MEDL	message descriptor list	消息描述符表
MEL	minimum equipment list	最少设备清单
MEMS	micro elector - mechanical system	微机电系统
MFCC	mel frequency cepstral coefficients	梅尔频率对数倒频系数
MFD	multi - function display	多功能显示器
MICA	multi-year interactive computer almanac	多年的交互式计算机天文年历
MLS	microwave landing system	微波着陆系统
MMI	man - machine interface	人机接口
MMR	multi - mode receiver	多模式接收机
MMW	millimeter wave	毫米波
MOV	motor - operated valve	电动机操纵阀门
MPE	maximum permissible exposure	最大允许曝光量
MRS	mechanical resonant scanner	机械谐振扫描器
MSB	most significant bit	最高有效位
MSK	minimum shift keying	最小频移键控
MSL	mean sea level	平均海平面
MTBF	mean time between failure	平均故障间隔时间
MTBUR	mean time between unscheduled removal	平均非预期拆卸间隔时间
MTF	modulation transfer function	调制传递函数
MUX	multiplexer	多路转换器
NASA	National Aeronautics and Space Administration	(美国)国家航空航天局
NATO	North Atlantic Treaty Organization	北大西洋公约组织
NDB	navigation data base	导航数据库

NN	neural network	神经网络
nSMR	n-modular safe module redundant	n 模数安全模块余度
NVIS	night vision image system	夜视成像系统
OBRM	onboard replaceable memories	机上可更换的存储器
ODA	organization delegation authorization	适航机构委任授权
OEM	original equipment manufacturer	原设备制造商
OEP	optical exit pupil	光学出射光瞳
OFP	operational flight programme	飞行操作程序
OHU	overhead unit	舱顶安装部件
OLED	organic light emitting diode	有机发光二极管
OMS	onboard maintenance system	机上维护系统
OS	operating system	操作系统
OSA – CBM	open system architecture for condition – based maintenance	基于状态维修的开放式系统结构
OSI	open system interconnect	开放系统互连
OSMA	outil de simulation des mouvements avion	飞机运动仿真工具(法)
PCI	peripheral component interconnect	外部部件互连
PDC	pre – departure clearance	离场前的放行许可
PDS	previously development software	以前开发的软件
PDU	pilot display unit	飞行员显示单元
PED	portable electronic device	便携式电子设备
PF	pilot flying	正飞行员
PFC	primary flight computer	主飞行计算机
PFD	primary flight display	主飞行显示器
PHAC	plan for hardware aspects of certification	硬件合格审定计划

PLRS	position location reporting system	位置定位报告系统
PMA	parts manufacturer approval	零部件制造商批准书
PMG	permanent magnet generator	永磁发电机
PNVS	pilot night vision system	飞行员夜视系统
PRAIM	predictive receiver autonomous integrity monitor	自主预测接收机完整性监视器
PSAC	plan for software aspects of certification	软件合格审定计划
PSA	power supply assembly	电源组件
PSK	phase shift keying	相移键控
PT	procedure turn	程序转弯
PTH	plated through hole	金属通孔
PTT	push to talk	按下按键通话
QAR	quick access recorder	快速存取记录器
RAM	random access memory	随机访问存储器
RAT	ram air turbine	冲压空气涡轮
RDA	replica – determinate agreement	复制-确认协议
RDC	remote data concentrator	远程数据集中器
RF	constant radius to a fix	至一个定位点的常值半径
RF	radio frequency	射频
RI	runway incursion	跑道侵入
RIU	remote interface unit	远程接口单元
RNAV	region navigation	区域导航
RNP	required navigation performance	所需导航性能
ROM	read only memory	只读存储器
ROSE	roster optical scanning engine	逐行光学扫描引擎

RSD	retinal scanning display	视网膜扫描显示器
RTA	required time of arrival	要求到达时间
RTCA	Radio Technical Committee for Aeronautics	(美国)航空无线电技术委员会
RTOS	real time operating system	实时操作系统
RTS	request to send	请求发送
RVR	runway visual range	能见的跑道距离
Rx	receiver	接收机
RZ	return to zero	归零
SA	selective availability	选择可用性
SAARU	standby attitude and air data reference unit	备用姿态与大气数据参考单元
SAE	Society of Automotive Engineers	(美国)国际自动机工程学会
SAL	system address label	系统地址标签
SAS	software accomplishment summary	软件完成总结
SB	scheduling block	预定时间片或时间片
SBS	system breakdown structure	系统分解结构
SCI	software configuration index	软件配置索引
SDU	satellite data unit	卫星数据单元
SEU	single - event upset	单一扰乱事件
SFAR	special federal air regulation	联邦航空特别条例
SHEL	software, hardware, environment, and liveware	软件、硬件、环境和使用人
SHM	subsystem health management	子系统健康管理

SID	standard instrument departure（procedure）	标准仪表离场(程序)
SLA	sealed lead acid（battery）	封闭型铅酸(蓄电池)
SMART	self‑monitoring analysis and reporting technology	自监测分析与报告技术
SNC	sealed nickel cadmium（battery）	封闭型镍镉(蓄电池)
SOS	slightly‑off‑specification	轻微偏离规范
SOT	start of transmission	传输起始点
SQA	software quality assurance	软件质量保证
SR	speech recognition	语音识别
SRM	speech recognition module	语音识别模块
SSB	single sideBand	单边带
SSM	sign/status matrix	符号/状态矩阵
SSR	second surveillance radar	二次监视雷达
STC	supplemented type certification	补充型号合格证
SUA	special use area	专用空域
SW	status word	状态字
TA	traffic advisory	交通咨询
TAC	thrust asymmetry compensation	推力非对称补偿
TAS	true airspeed	真空速
TAWS	terrain awareness warning system	地形感知告警系统
TCAS	traffic alert and collision avoidance system	交通告警和防撞系统
TCDS	type certification data sheet	型号合格审定数据单
TCP/IP	transmission control protocol/internet protocol	传输控制/互联网协议
T/C	top/climb	爬升顶点

TC	type certification	型号合格证
TDM	time division multiplexing	时分制多路传输
TDSS	top - down system simulation	自上而下的系统仿真
T/D	top/desc	下降顶点
TF	track to fix	至定位点的航迹
TFTP	trivial file transfer protocol	普通文件传输协议
TIA	type inspection authorization	型号检验授权书
TIS - B	traffic information service - broadcast	广播式交通信息服务
TMR	triple - modular redundancy	三模数余度
TRKERR	track angle error	航迹误差角
TSO	technical standards orders	技术标准规定
TSOA	technical standard order authorization	技术标准规定项目批准书
TTA	time - triggered architecture	时间触发结构
TTP	time - triggered protocol	时间触发协议
Tx	transmitter	发送机
UA	unusual attitude	异常姿态
UDP	user datagram protocol	用户数据报文协议
USAARL	U. S. Army'S Aeronautical Research Laboratory	美国陆军航空研究实验室
USAF	U. S. Air Force	美国空军
UV	ultra violet	紫外线
VA	heading to altitude	至一个给定高度的飞机航向
VC	voice control	话音控制
VCS	visual coupled system	视觉耦合系统

VD	heading to distance	至 DME 距离的飞机航向
VDL	VHF data link	甚高频数据链
VDR	VHF data radio	甚高频数据电台
VGA	video graphic adapter	视频图形适配器
VHM	vehicle health management	飞行器健康管理
VI	heading to intercept next leg	截获下一航段的飞机航向
VIA	versatile integrated avionics	通用综合航空电子
VIP	virtual image projection	虚像投影
VL	virtual link	虚拟链路
VLA	vented lead acid (battery)	排气型铅酸(蓄电池)
VMC	visual meteorological condition	目视气象条件
VM	heading to manual termination	至人工终止点的飞机航向
VNAV	vertical navigation	垂直导航
VNC	vented nickel cadmium (battery)	排气型镍镉(蓄电池)
VOR	VHF ommirange	甚高频全向无线电信标(伏尔)
VR	heading to intercept radial	截获径向线的飞机航向
VRD	virtual retinal display	虚拟视网膜显示器
VRLA	valve regulated lead acid (cell)	阀控式铅酸(单体电池)
VTAS	visual targeting acquision system	目视瞄准截获系统
WAAS	wide - area augmentation system	广域增强系统
XTRK	cross - track error	偏航距

索引

后记

2018 年春节即将到来之际，上海迎来了近 10 年来的一场大雪，繁华都市银装素裹，上海交通大学的校园格外安静。然而，上海作为中国商用飞机研制的桥头堡，在过去的 10 年经历了 ARJ21 - 700 取证和批生产交付、C919 下线首飞、CR929 宽体立项等重要节点，中国民机研制日新月异。国内以中国商飞为主制造商的航空电子设计、系统集成能力日益增强。我所在的上海交通大学航空航天学院尽管年轻，但是秉承了交通大学悠久的学术底蕴，在我国商用飞机航空电子领域始终敢为人先，坚持以面向国家战略、面向型号应用为导向，为民机航电基础研究与人才培养做出了积极贡献。

或许是巧合，2008 年中国商飞落户上海以来，我就作为一名年轻的科技工作者参与到民机航电科研工作中，并在 2013 年至 2014 年在中国商飞上海飞机设计研究院工作了一年。2010 年起，连续参加了 IEEE/AIAA 主办的数字航空系统会议（Digital Avionics System Conference DASC）会议，分别在华盛顿西雅图、弗吉尼亚威廉斯堡以及科罗拉多斯普林斯认识了国际上一大批在航电领域知名的专家学者。2012 年 10 月参加在弗吉尼亚威廉斯堡召开的第 31 届 DASC 会议时，大会专门安排了纪念 *Digital Avionics Handbook* 一书的作者 C. R. 斯比策先生这一环节，才悉知这个行业杰出的专家已经于 2011 年 11 月 8 日离开了我们。

或许又是巧合，三年前的今天，我带着女儿从皑皑白雪覆盖的美国伊利诺伊州爱德华兹维尔小镇回到上海，仿佛时空穿越。三年前，结束访学回国时，行李中托运着为纪念 C. R. 斯比策先生，由乌玛·弗雷尔和托马斯·费雷尔编著的 *Digital Avionics Handbook*（*Third Edition*）一书；三年后，我又为该书的中文版译著完成最后校对审稿，写下这篇后记。

2015 年很偶然的机会，中国航空工业集团公司科技委委员金德琨研究员提出了翻译 *Digital Avionics Handbook*（*Third Edition*）的建议，并向我推荐了主持翻译 *Digital Avionics Handbook*（*Second Edition*）中文译著的中国航空无线电电子研究所谢文涛研究员；也很有幸在 2016 年夏天见到了年岁已高的谢文涛先生，在谢先生家中，听取了 *Digital Avionics Handbook*（*Second Edition*）一书编译团队历时数年的编译过程，深为国内航空工业的老一辈科学家及工程师的严谨、朴实的态度而感动！随后，在金德琨研究员、谢文涛研究员、王国庆研究员的鼓励下，与上海交通大学出版社多次协商确认后，终于决定启动 *Digital Avionics Handbook*（*Third Edition*）的中文编译工作，到今天完成译稿，整整经历了两年。这期间，课题组先进航电与智能信息实验室（Advanced Avionics and Intelligent Information Laboratory，AAII Lab）全体师生同仁夜以继日，协同分工，精益求精，完成了翻译工作！

特别感谢早期带领研究团队在民机航电做出开创性工作的上海交通大学的敬忠良教授、胡士强教授！感谢金德琨研究员、谢文涛研究员孜孜不倦、一丝不苟的工作作风感染着我们青年一代科技工作者投身民机事业！感谢周贵荣研究员、赵春玲研究员、王金岩研究员、王国庆研究员、程宇峰研究员、于超鹏研究员、吴建民研究员、毛继志研究员等一大批型号一线科技工作者的默默付出，才有我国民机航电事业的进步和发展。

最后，用唐代诗人韩愈《春雪》"新年都未有芳华，二月初惊见草芽。白雪却嫌春色晚，故穿庭树作飞花"来总结我此刻的心情吧。

不忘初心，航空报国！

肖　刚

2018 年 2 月 4 日，立春，于上海交通大学闵行校区

大飞机出版工程　书目

一期书目（已出版）

《超声速飞机空气动力学和飞行力学》（译著）

《大型客机计算流体力学应用与发展》

《民用飞机总体设计》

《飞机飞行手册》（译著）

《运输类飞机的空气动力设计》（译著）

《雅克-42M 和雅克-242 飞机草图设计》（译著）

《飞机气动弹性力学和载荷导论》（译著）

《飞机推进》（译著）

《飞机燃油系统》（译著）

《全球航空业》（译著）

《航空发展的历程与真相》（译著）

二期书目（已出版）

《大型客机设计制造与使用经济性研究》

《飞机电气和电子系统——原理、维护和使用》（译著）

《民用飞机航空电子系统》

《非线性有限元及其在飞机结构设计中的应用》

《民用飞机复合材料结构设计与验证》

《飞机复合材料结构设计与分析》（译著）

《飞机复合材料结构强度分析》

《复合材料飞机结构强度设计与验证概论》

《复合材料连接》

《飞机结构设计与强度计算》

三期书目(已出版)

《适航理念与原则》

《适航性:航空器合格审定导论》(译著)

《民用飞机系统安全性设计与评估技术概论》

《民用航空器噪声合格审定概论》

《机载软件研制流程最佳实践》

《民用飞机金属结构耐久性与损伤容限设计》

《机载软件适航标准 DO－178B/C 研究》

《运输类飞机合格审定飞行试验指南》(编译)

《民用飞机复合材料结构适航验证概论》

《民用运输类飞机驾驶舱人为因素设计原则》

四期书目(已出版)

《航空燃气涡轮发动机工作原理及性能》

《航空发动机结构强度设计问题》

《航空燃气轮机涡轮气体动力学:流动机理及气动设计》

《先进燃气轮机燃烧室设计研发》

《航空燃气涡轮发动机控制》

《航空涡轮风扇发动机试验技术与方法》

《航空压气机气动热力学理论与应用》

《燃气涡轮发动机性能》(译著)

《航空发动机进排气系统气动热力学》

《燃气涡轮推进系统》(译著)

《燃气涡轮发动机的传热和空气系统》

五期书目(已出版)

《民机飞行控制系统设计的理论与方法》

《民机导航系统》

《民机液压系统》(英文版)

《民机供电系统》

《民机传感器系统》

《飞行仿真技术》

《民机飞控系统适航性设计与验证》

《大型运输机飞行控制系统试验技术》

《飞行控制系统设计和实现中的问题》(译著)

《现代飞机飞行控制系统工程》

六期书目(已出版)

《民用飞机构件先进成形技术》

《民用飞机热表特种工艺技术》

《航空发动机高温合金大型铸件精密成型技术》

《飞机材料与结构检测技术》

《民用飞机构件数控加工技术》

《民用飞机复合材料结构制造技术》

《民用飞机自动化装配系统与装备》

《复合材料连接技术》

《先进复合材料的制造工艺》(译著)

七期书目(已出版)

《支线飞机设计流程与关键技术管理》

《支线飞机验证试飞技术》

《支线飞机电传飞行控制系统研发及验证》

《支线飞机适航符合性设计与验证》

《支线飞机市场研究技术与方法》

《支线飞机设计技术实践与创新》

《支线飞机项目管理》

《支线飞机自动飞行与飞行管理设计与验证》

《支线飞机电磁环境效应设计与验证》

《支线飞机动力装置系统设计与验证》

《支线飞机强度设计与验证》

《支线飞机结构设计与验证》

《支线飞机环控系统研发与验证》

《支线飞机运行支持技术》

《ARJ21－700 新支线飞机项目发展历程、探索与创新》

《飞机运行安全与事故调查技术》

《基于可靠性的飞机维修优化》

《民用飞机实时监控与健康管理》

《民用飞机工业设计的理论与实践》

八期书目(已出版)

《航空电子系统综合化与综合技术》

《民用飞机飞行管理系统》

《民用飞机驾驶舱显示系统》

《民用飞机机载总线与网络》

《航空电子软件开发与适航》

《民用机载电子硬件开发实践》

《民用飞机无线电通信导航监视系统》

《飞机环境综合监视系统》

《民用客机健康管理系统》

《航空电子适航性分析技术与管理》

《民用飞机客舱与机载信息系统》

《民用飞机驾驶舱集成设计与适航验证》

《航空电子系统安全性设计与分析技术》

《民机飞机飞行记录系统——"黑匣子"》

《数字航空电子技术(上、下)》